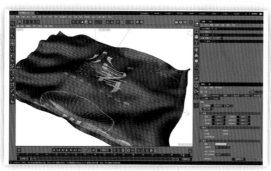

布料飘动

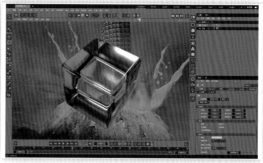

动态海报

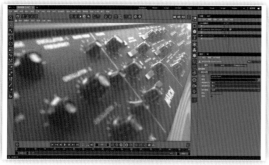

景深效果

创建摄像机

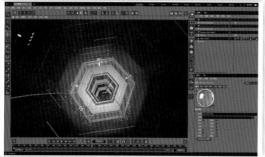

隧道动画

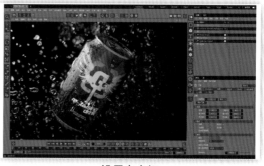

设置安全框

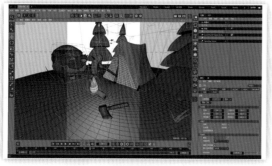

设置灯光

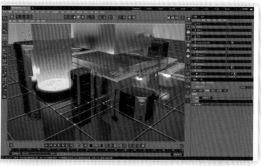

制作灯柱灯光

制作阳光效果

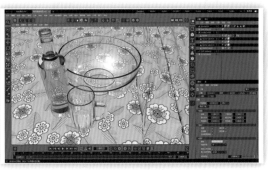

制作玻璃材质

制作渐变材质

制作金属材质

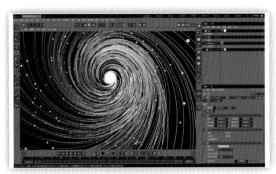

制作旋转光线

制作振动效果

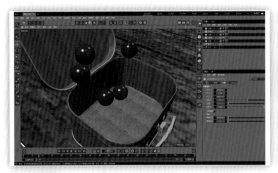

刚体球滚动动画

日光效果

Cinema 4D
从入门到精通
（微视频版）

靳太然　孙瑶　主编

内 容 简 介

本书是一本集视频教程和案例讲解于一体的 Cinema 4D 实用教材，全书基于 Cinema 4D R25 版本编写，书中讲解了使用 Cinema 4D 进行三维设计和动画制作的必备知识与技巧。全书共 18 章，内容涵盖 Cinema 4D 的多种建模方式、摄像机、灯光、材质和贴图、标签和环境、渲染器、运动图形、关键帧动画、粒子系统、动力学系统、体积和域、角色和毛发等方面的相关知识。本书每章介绍一个 Cinema 4D 技术模块，配合详细的案例操作视频，力求为读者带来良好的学习体验。

本书具有很强的实用性和可操作性，可作为高等学校相关专业的教材，也可作为从事三维设计工作的初中级读者的自学参考书，其中使用 Cinema 4D R19~R23 等版本的读者也可以参考学习。

本书对应的电子课件，所有案例的场景文件、实例文件和素材文件可以到 http://www.tupwk.com.cn/downpage 网站下载，也可以扫描前言中的二维码获取。扫描前言中的"扫一扫看视频"二维码可以直接观看教学视频。

图书在版编目(CIP)数据

Cinema 4D从入门到精通：微视频版 / 靳太然，孙瑶主编. —北京：清华大学出版社，2023.1

ISBN 978-7-302-62393-9

Ⅰ. ①C… Ⅱ. ①靳… ②孙… Ⅲ. ①三维动画软件 Ⅳ. ①TP391.414

中国国家版本馆CIP数据核字(2023)第012957号

责任编辑：胡辰浩
封面设计：高娟妮
版式设计：妙思品位
责任校对：成凤进
责任印制：丛怀宇

出版发行：清华大学出版社

　　　网　　　址：http://www.tup.com.cn，http://www.wqbook.com
　　　地　　　址：北京清华大学学研大厦A座　　　　邮　　编：100084
　　　社 总 机：010-83470000　　　　　　　　　　邮　　购：010-62786544
　　　投稿与读者服务：010-62776969，c-service@tup.tsinghua.edu.cn
　　　质 量 反 馈：010-62772015，zhiliang@tup.tsinghua.edu.cn

印 装 者：三河市龙大印装有限公司

经　　销：全国新华书店

开　　本：185mm×260mm　　　印　张：21　　　彩　插：1　　　字　数：485千字

版　　次：2023年3月第1版　　　印　次：2023年3月第1次印刷

定　　价：118.00元

产品编号：090005-01

Cinema 4D 是一款三维建模与特效设计软件，拥有强大的功能与较好的扩展性，被广泛应用于电商广告设计、CG 设计、影视特效设计、三维动画设计、产品设计、室内装潢设计、建筑设计、多媒体制作、游戏制作等诸多领域。近年来，随着越来越多的设计师开始使用 Cinema 4D 作为创作工具，该软件通过不断更新迭代，正向着智能化和多元化的方向发展。

本书以 Cinema 4D R25 版本为基础编写，全书从实用角度出发，全面系统地讲解了中文版 Cinema 4D R25 的常用功能模块，内容涵盖了 Cinema 4D R25 的常用工具、面板、对话框和菜单命令，是初中级读者学习 Cinema 4D 的自学参考书。

本书在通过图文介绍软件功能的同时，结合书中讲解的理论知识，精心安排了 120 集案例教学视频，详细演示书中案例的操作流程。读者可以通过手机扫描二维码的方式进行观看，快速理解书中介绍的知识点，将知识转化为使用技能。

一、本书内容特点

□ 内容合理，适合自学

本书总结了编者团队多年的设计经验及教学心得，在编写时充分考虑初学者的特点，内容设置由浅入深、循序渐进、案例丰富，力求全面细致地展现 Cinema 4D 在各行各业设计应用领域的各项功能，使读者能够通过书中的案例掌握三维设计工作中需要的各项技术。

□ 案例专业，视频讲解

本书中的大部分案例源于实际设计项目。为了提高读者的学习效率，本书为大部分案例配备相应的教学视频，详细讲解 Cinema 4D 软件中的操作要领，并在知识点的关键处给出提示和注释，可以帮助读者大大提高学习知识的效率。

□ 知行合一，通俗易懂

本书结合三维设计中的实际案例，详细讲解了应用 Cinema 4D 软件时的知识要点。读者可以通过案例快速掌握 Cinema 4D 的操作方法和技巧，并提升自身的设计实践能力。同时，在实战演示中的各个关键知识点处，本书给出了提示和注意事项，这些都是专业知识和经验的提炼，可以帮助读者在学习中更快、更容易地理解所学内容。

□ 技巧丰富，关键实用

为了使书中的案例和知识点更接近实际工作经验，本书穿插了大量的 Cinema 4D 实用技巧。以实战演示结合技巧讲解如何使用 Cinema 4D 进行设计，真正让读者学会 Cinema 4D，并能够独立、高效地完成各种三维效果的设计。

二、本书内容简介

本书以 Cinema 4D R25 为操作平台，全面介绍了 Cinema 4D 软件的相关知识，全书共分 18 章，各章内容简介如下。

Cinema 4D 从入门到精通（微视频版）

章　节	内容说明
第 1 章	主要介绍 Cinema 4D 的基础知识
第 2 章	主要介绍 Cinema 4D 的文件操作、对象操作和视图操作
第 3 章	主要介绍立方体、球体、平面、圆柱等几何体建模方法
第 4 章	主要介绍使用 Cinema 4D 自带的样条和画笔绘制样条进行建模的方法
第 5 章	主要介绍在 Cinema 4D 中为模型添加生成器，从而实现建模的方法
第 6 章	主要介绍在 Cinema 4D 中为模型添加变形器，制作出特殊模型的方法
第 7 章	主要介绍在"点""边""多边形"模式下建模的方法
第 8 章	主要介绍 Cinema 4D 摄像机工具的使用方法
第 9 章	主要介绍在 Cinema 4D 中使用灯光工具布置各种光源效果的方法
第 10 章	主要介绍 Cinema 4D 中材质与贴图的使用方法
第 11 章	主要介绍 Cinema 4D 中标签和环境的使用方法
第 12 章	主要介绍 Cinema 4D 内置渲染器的使用方法
第 13 章	主要介绍使用运动图形工具设计各种三维运动特效的方法
第 14 章	主要介绍 Cinema 4D 中关键帧动画的制作方法
第 15 章	主要介绍使用粒子和力场制作粒子运动特效的方法
第 16 章	主要介绍使用 Cinema 4D 动力学系统模拟自然界动作的方法
第 17 章	主要介绍 Cinema 4D 中体积和域的使用方法
第 18 章	主要介绍 Cinema 4D 的角色系统和毛发系统

三、本书配套资源及服务

　　本书提供配套的电子课件，所有案例的场景文件、实例文件和素材文件。读者可以扫描下方的二维码获取，也可以登录本书的信息支持网站 (http://www.tupwk.com.cn/downpage) 下载。扫描下方的视频二维码可以直接观看教学视频。

扫一扫　看视频

扫码推送配套资源到邮箱

　　本书由四川大学艺术学院的靳太然和孙瑶合作编写，其中靳太然编写了第 1、3、4、5、7、11、14、15、16、18 章，孙瑶编写了第 2、6、8、9、10、12、13、17 章。由于作者水平有限，本书难免有不足之处，欢迎广大读者批评指正。我们的邮箱是 992116@qq.com，电话是 010-62796045。

编　者

2022 年 9 月

第 10 章 材质和贴图

第 11 章 标签和环境

第 16 章　动力学系统

第 17 章　体积和域

第 18 章　角色和毛发

第1章
进入 Cinema 4D 世界

● 本章内容

　　Cinema 4D(简称 C4D)是一款由德国 Maxon Computer 公司开发的三维绘图软件,其以极高的运算速度和强大的渲染外挂而广受好评,常被应用于广告、电影、工业设计等诸多领域。本章将详细介绍 Cinema 4D 软件的基础知识,帮助读者对该软件建立一个初步的印象。

1.1 初识 Cinema 4D

Cinema 4D 是一款 3D 制作软件，拥有强大的功能和扩展性，并且操作简单，在全世界范围内都广受欢迎。

1.1.1 Cinema 4D 概述

近年来随着功能的不断加强和更新，Cinema 4D 的应用范围越来越广，常被应用于影视制作、平面设计、建筑效果、游戏创作和创意图形等诸多行业(在我国 Cinema 4D 更多应用于平面设计和影视后期包装这两个领域)，如图 1-1 所示。

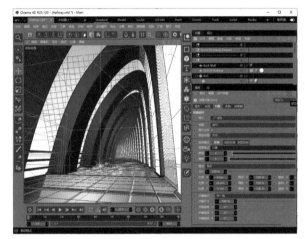

图 1-1　使用 Cinema 4D 制作并渲染三维场景

与 Maya、3ds Max 等其他 3D 软件类似，Cinema 4D 具备高端 3D 动画制作软件的各种功能。Cinema 4D 提供丰富的工具包，可以为广大用户带来更多的帮助和更高的效率。使用 Cinema 4D 会让设计师在创作设计时感到非常轻松，在工作过程中更加得心应手，从而能够集中更多的精力于创意设计之中。

1.1.2 Cinema 4D 的特点

相比其他一些常见的三维软件，Cinema 4D 将很多需要在后台运行的程序进行了图形化和参数化设计，这对于创作者来说更加友好。其特点主要有以下 3 个。

□ 简洁易学的界面：在 Cinema 4D 中，各个功能界面的设置都非常简洁合理，几乎每个工具和菜单命令都有相对应的图标，用户可以直观地了解到每个图标的功能。这样，即使是初学者也能很快记住命令。相比于复杂的 3ds Max 和 Maya，学习 Cinema 4D 更快捷。零基础学习 Cinema 4D 的周期一般在 3 个月左右，而已经掌握了 3ds Max 或 Maya 的进阶学习者的学习周期则一般只需要 2~3 周。

□ 高效的渲染速度：Cinema 4D 拥有目前业界最快的渲染引擎，只需要很短时间就能完成渲染，而其他三维软件则一般需要 Cinema 4D 两三倍的渲染时间才能渲染出同样的画面效果。

□ 人性化的操作模块：Cinema 4D 在基础模块中融合了很多复杂的命令，让原本需要通过多个步骤才能实现的效果，只需要在基础模块中简单修改参数便可实现。

此外，Cinema 4D 的设置自由度较高，该软件的快捷键等都可以自由定义，快捷键支持组合设定，用户甚至可以将 Cinema 4D 的快捷键设定为 Photoshop 的快捷键。

1.2　Cinema 4D 的工作界面

本节将介绍 Cinema 4D 的工作界面，帮助读者建立 Cinema 4D 软件的初步认识。

1.2.1　第一次打开 Cinema 4D

安装并启动 Cinema 4D 后，将进入图 1-2 所示的工作界面。Cinema 4D 的工作界面分为多个区域，包括菜单栏、工具栏、视图窗口、对象面板、属性面板、时间线、导航栏等。

图 1-2　Cinema 4D 的工作界面

1.2.2　菜单栏

Cinema 4D 的菜单栏包括【文件】【编辑】【创建】【模式】【选择】【工具】【样条】【网格】【体积】【运动图形】【角色】【动画】【模拟】【跟踪器】【渲染】【扩展】【窗口】等菜单，选择这些菜单命令后，在弹出的菜单中基本包含了 Cinema 4D 所有的工具和命令。下面将主要介绍菜单栏中比较重要的几个菜单的功能。

1. 文件

选择【文件】菜单命令后，在弹出的菜单中可以对场景文件进行新建、保存、合并和退出等操作，【文件】菜单如图 1-3 所示。其中重要命令的功能说明如表 1-1 所示。

表 1-1　【文件】菜单中的重要命令

命　令	说　明	
新建项目	新建一个空白项目	
打开项目	打开已有的项目	
合并项目	将已有的项目或模型合并进现有的项目中	
恢复保存的项目	返回项目的原始版本	
关闭项目	关闭当前视图中显示的项目文件	
关闭所有项目	关闭软件打开的所有项目文件	
保存项目	保存当前项目	
另存项目为	将当前项目保存为另一个文件	
增量保存	将项目保存为多个版本	
保存工程(包含资源)	保存场景文件，包含外部链接的资源文件	
导出	将场景文件保存为其他三维软件的格式	图 1-3　【文件】菜单
退出	关闭 Cinema 4D	

2. 编辑

使用【编辑】菜单可以对场景或对象进行一些基本操作，【编辑】菜单如图 1-4 所示。其中重要命令的功能说明如下。

- □ 撤销：返回上一步操作。
- □ 复制：复制场景中的对象。
- □ 粘贴：粘贴复制的对象。
- □ 工程设置：打开图 1-5 所示的【工程】面板。在该面板中可以设置场景的一些通用参数，例如，【工程缩放】可以设置场景单位(默认为"厘米")；【帧率】可以设置动画播放的帧率；【颜色】可以设置创建几何体的统一颜色(默认为"60% 灰色")。
- □ 设置：打开图 1-6 所示的【设置】窗口。在该窗口中可以设定软件的语言、显示的字体与字号、软件界面颜色和文件保存等信息。关闭【设置】窗口后，设置的信息将自动保存。若用户需要恢复 Cinema 4D 系统默认的设置，可以单击【设置】窗口左下角的【打开配置文件夹】按钮，在打开的对话框中删除所有文件，然后重新启动 Cinema 4D 即可。

图 1-4　【编辑】菜单　　　图 1-5　【工程】面板　　　图 1-6　【设置】窗口

【知识点滴】

在首次启动 Cinema 4D 时，软件中的某些命令会高亮显示。若用户不想显示这种高亮效果，可以打开图 1-6 所示的【设置】窗口，在【高亮特性】下拉列表中选择【关闭】选项，关闭命令的高亮显示。

3. 创建

【创建】菜单用于创建 Cinema 4D 中的大部分对象，如图 1-7 所示。其中重要命令的功能说明如表 1-2 所示。

表 1-2　【创建】菜单中的重要命令

命　令	说　明
样条参数对象	创建系统自带的样条图案和样条编辑工具
网格参数对象	创建系统自带的参数化几何体
生成器	创建系统自带的生成器，以编辑样条和对象的造型
变形器	创建系统自带的变形器工具，以编辑对象的造型
域	创建一个区域，该区域可以影响其中的对象，形成各种效果
场景	创建系统自带的场景工具，提供背景、天空和地面等工具
摄像机	创建系统自带的摄像机
灯光	创建系统自带的灯光对象
材质	创建新材质和系统自带的常见材质
标签	创建对象的标签属性
XRef	创建工作流程文件，以方便管理和修改多项工程文件
物理天空	创建模拟真实天空效果的物理天空模型

图 1-7　【创建】菜单

4. 选择

【选择】菜单用于控制选择对象的具体方式，如图 1-8 左图所示。其中重要命令的功能说明如下。

- □ 实时选择：设置选择对象的类型。
- □ 框选：选取单个对象。
- □ 循环选择：选择对象周围一圈的点、边或多边形(常用于多边形建模)。
- □ 反选：选取选择对象以外的所有对象。
- □ 选择过滤：在弹出的子菜单中可以设置选择对象的类型，如图 1-8 右图所示。

【技巧点拨】

Cinema 4D 提供了打开【选择】菜单的快捷方式：按下 V 键将会在视图窗口中显示图 1-9 所示的 8 个菜单界面，其中提供了【选择】菜单命令。

5. 工具

【工具】菜单提供了一些场景制作中的辅助工具，如图 1-10 所示。其中重要命令的功能说明如下。

- □ 命令器：选择该命令后，可以在打开的搜索框中输入需要的命令。
- □ 移动 / 旋转：移动和旋转对象。
- □ 排列：对选中的对象按线性、圆环或参考样条的类型进行排列。

图 1-8 【选择】菜单　　　图 1-9 视图窗口命令　　　图 1-10 【工具】菜单

6. 网格

【网格】菜单针对可编辑对象提供了各种编辑命令，如图 1-11 所示。其中重要命令的功能说明如下。

- □ 多边形画笔：可以快速选中可编辑对象的点、边或多边形并进行移动。

□ 倒角：可为编辑对象增加倒角效果。

□ 挤压：为可编辑对象增加挤压效果。

□ 线性切割：可为编辑对象添加任意方向的线段。

7. 体积

【体积】菜单可为对象增加体积效果，从而实现更加复杂的模型制作，【体积】菜单如图 1-12 所示。其中重要命令的功能说明如下。

□ 体积生成：为对象增加【体积生成】生成器，将其转换为体积效果。

□ 体积网格：将体积效果的对象转换为网格形式，只有在网格形式下，对象才可被渲染。

8. 运动图形

【运动图形】菜单提供了多种组合模型的方式，为建模提供了非常大的便利，【运动图形】菜单如图 1-13 左图所示。其中重要命令的功能说明如下。

□ 克隆：提供了"网格排列""线性""放射""对象""蜂窝阵列"5 种克隆方式，如图 1-13 右图所示。

□ 矩阵：类似克隆，应用矩阵后的对象无法被渲染，需要配合克隆使用。

  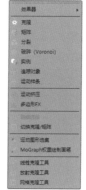 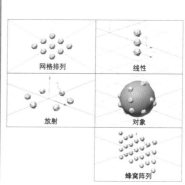

图 1-11　【网格】菜单　图 1-12　【体积】菜单　图 1-13　【运动图形】菜单和克隆效果

□ 破碎(Voronoi)：将对象进行任意形式的破碎，如图 1-14 所示。

破碎前　　　　　　　破碎后　　　　　　　偏移碎片

图 1-14　破碎对象

□ 实例：复制需要的对象，当修改原有对象的参数时，复制对象的参数也会一并修改。

□ 追踪对象：显示运动对象的路径(在制作粒子特效时经常使用该命令)。

9. 角色

【角色】菜单提供制作角色动画的模型、关节、蒙皮、肌肉和权重等工具，如图 1-15 所示(关于【角色】菜单中命令的使用方法，本书将在后面的章节中详细介绍)。

10. 动画

【动画】菜单中的命令可以控制制作动画时的各项参数，【动画】菜单如图 1-16 左图所示。其中重要命令的功能说明如下。

- 播放模式：提供动画的播放模式，包括"简单""循环""往复"3 种模式。
- 回放：选择该命令后，在弹出的子菜单中可以设置动画向前播放、向后播放和停止等操作，如图 1-16 右图所示。
- 记录：选择该命令后，在弹出的子菜单中提供了记录关键帧的各种方式。
- 帧频：选择该命令后，在弹出的子菜单中提供了多种动画播放的帧频，可用于控制动画的播放速度。

11. 模拟

【模拟】菜单提供了动力学、粒子和毛发对象的各种工具，如图 1-17 所示。

 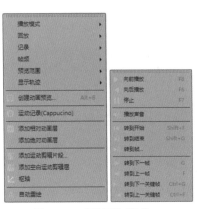 

图 1-15　【角色】菜单　　　　图 1-16　【动画】菜单　　　　图 1-17　【模拟】菜单

12. 渲染

【渲染】菜单提供了渲染所需的各种工具，如图 1-18 所示。其中重要命令的功能说明如下。

- 渲染活动视图：在当前视图中显示渲染效果。
- 区域渲染：框选出需要渲染的位置单独渲染。
- 渲染到图像查看器：选择该命令后将打开【图像查看器】窗口显示渲染效果，如图 1-19 所示。

□ 添加到渲染队列：将当前镜头添加到渲染队列等待渲染(该命令可以方便多镜头进行共同渲染)。

□ 渲染队列：渲染队列中的所有镜头。

□ 编辑渲染设置：选择该命令后，在打开的【渲染设置】窗口中可以设置渲染参数。

13. 窗口

【窗口】菜单罗列了 Cinema 4D 软件的各种窗口，可以在打开的多个场景中自由切换，【窗口】菜单如图 1-20 所示。

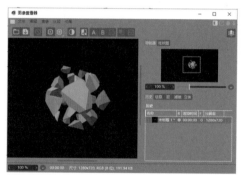

图 1-18　【渲染】菜单　　　　　图 1-19　【图像查看器】窗口　　　　　图 1-20　【窗口】菜单

【知识点滴】

Cinema 4D 软件更新速度较快，从而导致不同版本软件的工作界面布局存在一些差异。在实际工作中，用户可以在熟悉 Cinema 4D 工作界面后，通过【窗口】菜单中的【自定义布局】命令设置 Cinema 4D 软件界面的布局，按照自己的习惯将一些命令单独放在工具栏中，以提高工作效率。

1.2.3　工具栏

Cinema 4D 的工具栏对菜单栏中重要的功能进行了分类集合，并能根据工作界面的大小自动调整。若当前工作界面较小，那么界面上显示的工具栏按钮就会不完整，一些图标会被隐藏。此时如果要显示被隐藏的图标，可以在工具栏的空白处单击，待鼠标光标变为抓手形状后，左右或上下拖动即可，如图 1-21 所示。

图 1-21　显示工具栏中隐藏的按钮

工具栏中的工具按照特点可以分为两类。一类是独立工具，单击这些工具按钮即可执行相应的命令，例如，单击如图1-22左图所示的【材质管理器】按钮 将打开【材质】面板；单击【坐标管理器】按钮 将打开【坐标】窗口。

另一类图标以工具组的形式显示，将多个功能相似的工具集合在一个图标下。此类图标的右下角显示一个三角形标记，如 、 、 、 等，单击并按住这些图标将显示相应的工具组，如图1-22右图所示。

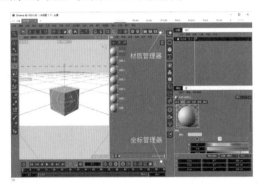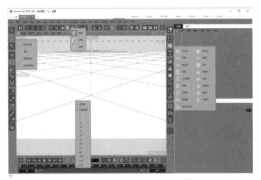

图1-22　工具栏中的两类图标按钮

下面将详细介绍其中比较重要的一些常用图标的具体功能。

1. 几何体工具

在工具栏中长按【立方体】图标 将弹出【参数对象】列表，其中罗列有系统预定义的参数化几何体，选择其中的某一个几何体图标，即可在视图窗口中创建相应的模型。例如，选择【人形素体】选项，可创建一个人形素体模型，如图1-23所示。

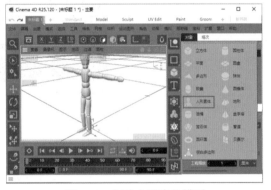

图1-23　创建人形素体模型

2. 选择类工具

长按工具栏中的【实时选择】图标 ，在弹出的列表中将显示Cinema 4D提供的多种选择工具，如图1-24所示。

选择类工具中各种工具的功能说明如下。

☐ 实时选择：单击可选择某个对象，光标显示为一个圆圈(快捷键：9)。

☐ 框选：光标显示为一个矩形，通过绘制矩形框，选择一个或多个对象(快捷键：0)。

图1-24　选择类工具

☐ 套索选择：光标显示为一个套索，通过绘制任意形状选择一个或多个对象。

☐ 多边形选择：光标显示为多边形，通过绘制多边形选择一个或多个对象。

【技巧点拨】

按住 Shift 键可以增加选择对象，按住 Ctrl 键可以减少选择对象。

3. 移动/旋转/缩放工具

【移动】【旋转】【缩放】工具是编辑模型时最常用的 3 个工具。使用【移动】工具
✛ (快捷键：E)可以将对象沿 X、Y、Z 轴向的任意轴移动；使用【旋转】工具↻ (快捷键：
R)可以将对象沿 X、Y、Z 轴向的任意轴旋转；使用【缩放】工具🔲 (快捷键：T)可以将对
象沿 X、Y、Z 轴向的任意轴缩放，如图 1-25 所示。

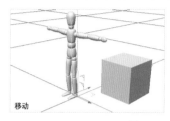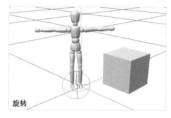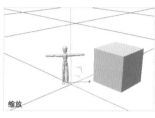

图 1-25　移动(左图)、旋转(中图)和缩放(右图)模型

4. 放置与动态放置工具

使用工具栏中的【放置】工具，将在模型上方显示图 1-26 左图所示的旋转轴。此
时按住模型拖动，可以快速将一个模型放置在另一个模型的表面，如图 1-26 右图所示。

图 1-26　放置模型

同时，左右拖动【放置】工具旋转轴，可以调整选中模型的旋转角度(如图 1-27 左图所示)，
上下拖动旋转轴顶部的控制柄可以调整模型的大小，如图 1-27 右图所示。

图 1-27　旋转与调整模型

选中工具栏中的【放置】工具后，【属性】面板中将显示放置属性，如图 1-28 所示。
用户可以通过该面板设置放置模型的具体参数。

　□　参考点：包括【轴心】和【边界框】两个选项，用于选择放置模型时被放置模型
　　　的参考点位置。

◻ 方向：包括【保持】【法线】【自定义】
三个选项，用于选择拖动放置模型时，模型
的自动对齐方向。

◻ 向上方向：用于选择放置旋转轴的方向。

◻ 偏移：用于设置放置模型时的偏移距离。

◻ 防止碰撞：选中【防止碰撞】复选框后可
以避免将对象放置在模型上时，与其他模型
产生碰撞。

图 1-28　放置【属性】面板

◻ 克隆模式：用于设置复制模型的方式。

与【放置】工具类似，使用工具栏中的【动态放置】工具 ，可以通过拖动场景中的
物体，在调整其位置的同时，与其他物体发生碰撞，如图 1-29 所示，从而制作出自然的
物体堆叠效果。

图 1-29　动态放置模型

5. 坐标类工具

工具栏中的坐标类工具包括【X- 轴】【Y- 轴】【Z- 轴】【坐标系统】4 个工具
。在默认情况下，【X- 轴】【Y- 轴】【Z- 轴】3 个图标 X Y Z 处于激活状态，
表示对象可以沿 X 轴、Y 轴、Z 轴 3 个轴向在拖动视图时进行移动、旋转、缩放。若单击【X- 轴】
【Y- 轴】【Z- 轴】这 3 个图标，其状态将变为锁定状态 X Y Z，表示系统禁止对象在 X 轴、
Y 轴、Z 轴中进行移动、旋转和缩放。选中一个对象后，锁定其某一个轴向，可以限制其
在该轴向上的编辑操作。

例如，只激活 Y 轴而
锁定 X 和 Z 轴 X Y Z 时，
使用【旋转】工具 ↻，在场
景中的空白位置拖动鼠标，
模型将只在 Y 轴方向产生
旋转，如图 1-30 所示。

【坐标系统】图标 用
于调整切换坐标的方式，包

图 1-30　模型只在 Y 轴方向旋转

括【全局】 和【局部】 两种状态模式。当模型进行旋转后，使用【局部】 坐标系统
模式进行移动时，模型会按照其本身的局部方向进行移动，如图 1-31 左图所示。当模型
进行旋转后，使用【全局】 坐标系统方式进行移动时，模型会按照系统视图中的全局坐
标方向进行移动，如图 1-31 右图所示。

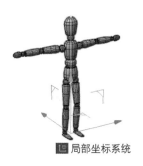

🔲 局部坐标系统　　　　　　　　　　🔲 全局坐标系统

图 1-31　局部坐标系统(左图)和全局坐标系统(右图)

6. 体积类工具

长按工具栏中的【体积生成】按钮🔺，系统将弹出【体积】面板，其中罗列了 Cinema 4D 自带的各种体积类工具，如图 1-32 所示。其中各工具说明如表 1-3 所示。

表 1-3　体积类工具

工　具	说　明	
体积生成	将多个对象合并为一个不可被渲染的新对象	
体积网格	将体积模型实体化	
SDF 平滑	设置 SDF 平滑滤镜	
雾平滑	设置雾平滑滤镜	图 1-32　体积类工具
矢量平滑	设置矢量平滑滤镜	

7. 渲染类工具

Cinema 4D 中用于渲染的工具包括【渲染活动视图】工具🖼、【渲染到图像查看器】工具🖼和【编辑渲染设置】工具🖼。

🔲 单击工具栏中的【渲染活动视图】按钮🖼(快捷键：Ctrl+R)，将在操作的视图中显示渲染效果。当用户使用多视图显示时，可以实时查看模型的渲染效果，如图 1-33 所示。

🔲 单击工具栏中的【渲染到图像查看器】按钮🖼(快捷键：Shift+R)，系统将渲染的效果显示在【图像查看器】窗口中，如图 1-34 所示。在【图像查看器】窗口中可以将模型的渲染效果进行保存、调色或对比等。

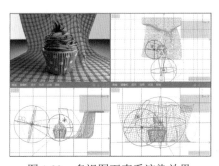

图 1-33　多视图下查看渲染效果　　　图 1-34　【图像查看器】窗口

□ 单击工具栏中的【编辑渲染设置】按钮▣(快捷键：Ctrl+B)，将打开图 1-35 所示的【渲染设置】窗口，在该窗口中可以设置模型的渲染参数(本书将在第 12 章中进行详细介绍)。

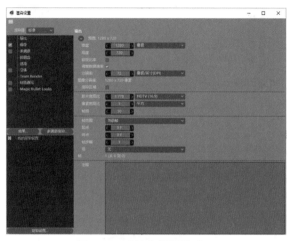

图 1-35　【渲染设置】窗口

8. 样条工具

长按工具栏中的【矩形】按钮▢，系统将弹出"样条"面板，其中罗列了 Cinema 4D 中自带的样条、图案和样条编辑工具(本书将在第 4 章中进行详细介绍)，如图 1-36 所示。

9. 生成器建模工具

长按工具栏中的【细分曲面】按钮✲，系统将弹出"生成器"面板，其中罗列了 Cinema 4D 自带的部分生成器建模工具(本书将在第 5 章中进行详细介绍)，如图 1-37 所示。

10. 变形器建模工具

长按工具栏中的【弯曲】按钮◉，系统将弹出"变形器"面板，其中罗列了 Cinema 4D 自带的各种变形器建模工具(本书将在第 6 章中进行详细介绍)，如图 1-38 所示。

图 1-36　样条工具　　图 1-37　生成器建模工具　　图 1-38　变形器建模工具

11. 运动图形工具

长按工具栏中的【克隆】按钮🌀，系统将弹出"运动图形"面板，其中罗列了 Cinema 4D 自带的运动图形工具，如图 1-39 所示。

12. 线性域工具

长按工具栏中的【线性域】按钮🧲，系统将弹出"域"面板，其中罗列了 Cinema 4D 自带的各种线性域工具，如图 1-40 所示。

13. 文本工具

长按工具栏中的【文本】按钮🅣，系统将弹出"文本"面板，其中包括【文本】和【文本样条】两个文本工具(本书将在第 4 章中进行详细介绍)，如图 1-41 所示。

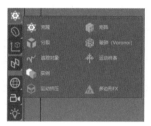

图 1-39　运动图形工具

图 1-40　线性域工具

图 1-41　文本工具

14. 场景辅助工具

长按工具栏中的【天空】按钮🌐，系统将弹出"场景"面板，其中罗列了系统自带的天空、地板、环境、背景、前景、舞台工具，如图 1-42 所示。

15. 摄像机工具

长按工具栏中的【摄像机】按钮📷，系统将弹出"摄像机"面板，其中罗列了系统自带的摄像机、目标摄像机和立体摄像机工具(本书将在第 8 章中进行详细介绍)，如图 1-43 所示。

16. 灯光工具

长按工具栏中的【灯光】按钮💡，系统将弹出"灯光"面板，其中罗列了系统自带的各种灯光工具(本书将在第 9 章中进行详细介绍)，如图 1-44 所示。

图 1-42　场景辅助工具

图 1-43　摄像机工具

图 1-44　灯光工具

17. 转为可编辑对象工具

单击工具栏中的【转为可编辑对象】按钮(快捷键 C)可以将参数对象转换为可编辑对象。转换完成后，可以对可编辑对象的点、线和多边形进行编辑。

☐ 单击工具栏中的【点】按钮◉，可进入"点"层级编辑模式(后面简称"点"模式)，在"点"模式中，用户可以对可编辑对象的点进行编辑，如图 1-45 所示。

☐ 单击工具栏中的【边】按钮⬞，可进入"边"层级编辑模式(后面简称"边"模式，也称"线"模式)，在"边"模式中，用户可以对可编辑对象的边进行编辑，如图 1-46 所示。

☐ 单击工具栏中的【多边形】按钮⬛，可进入"多边形"层级编辑模式(后面简称"多边形"模式)，在"多边形"模式中，用户可编辑对象的面，如图 1-47 所示。

图 1-45　"点"模式　　　　图 1-46　"边"模式　　　　图 1-47　"多边形"模式

18. 模型工具

当模型对象处于"点""边"或"多边形"模式时，单击工具栏中的【模型】按钮◉，可将选中的对象切换为模型状态，如图 1-48 所示。

19. 纹理工具

单击工具栏中的【纹理】按钮◉，可以使用【移动】【缩放】【旋转】等工具调整模型的贴图纹理坐标。

20. 启用轴心工具

单击工具栏中的【启用轴心】按钮⬜，可以修改对象的轴心位置(再次单击【启用轴心】按钮⬜可退出轴心修改模式)，如图 1-49 所示。

 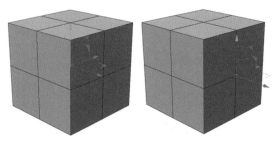

图 1-48　"模型"状态　　　　　图 1-49　修改模型对象的轴心位置

21. 视窗独显工具

【视窗独显】【视窗独显自动】【视窗层级独显】3 个工具都用于控制在视图中单独选择的对象。

□ 单击工具栏中的【视窗独显】按钮◉，使其成为激活状态◉，可以单独显示场景中选中的对象。

□ 单击工具栏中的【视窗独显自动】按钮Ⓐ，使其成为激活状态Ⓐ，可以切换至动态选择独选模式。

□ 长按工具栏中的【视窗独显自动】按钮Ⓐ，在弹出的面板中选择【视窗层级独显】工具Ⓑ，如图 1-50 所示，可以在视图中隔离所选对象(包括子级)。

图 1-50　视窗层级独显

22. 启用捕捉工具

单击工具栏中的【启用捕捉】按钮Ⓤ (快捷键：Shift+S)，可以开启捕捉模式。长按该按钮，在弹出的面板中可以选择【启用量化】工具◉，可以为文档内的活动工具启用量化，如图 1-51 所示。

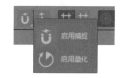

图 1-51　启用捕捉工具

1.2.4　视图窗口

视图窗口是编辑与观察模型的主要区域，Cinema 4D 默认在视图窗口中显示透视视图，如图 1-52 所示。

1.2.5　【对象】面板

【对象】面板位于 Cinema 4D 工作界面的右上方，其中显示视图窗口中所有的对象名称，并显示各对象之间的层级关系，如图 1-53 所示。在【对象】面板中选择【场次】选项，还可以打开【场次】面板，如图 1-54 所示，该面板通常用于保存动画场景的参数属性。

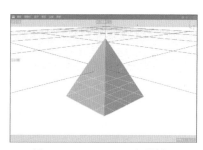

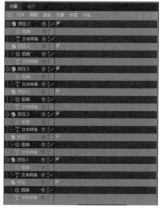

图 1-52　Cinema 4D 视图窗口　　　　图 1-53　【对象】面板　　　　图 1-54　【场次】面板

1.2.6　【属性】面板

【属性】面板显示所有对象、工具和命令的参数属性，通常包括【基本】【坐标】和【对象】3 个选项卡，如图 1-55 所示。

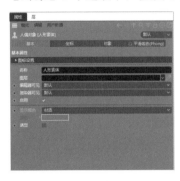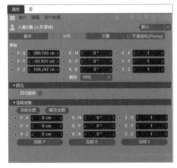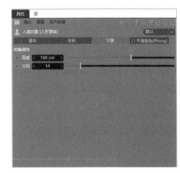

图 1-55　【属性】面板

在【属性】面板中选择【层】选项，将显示图 1-56 所示的【层】面板，该面板用于新建与管理图层(其中包含【独显】【查看】【渲染】【管理】【锁定】【动画】【生成器】【变形器】【表达式】【参考】等选项)。

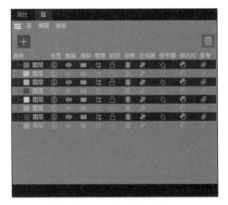

图 1-56　【层】面板

1.2.7　时间线

时间线是 Cinema 4D 控制动画效果的调节面板，如图 1-57 所示。其中包含播放动画、添加关键帧和控制动画速率等功能(关于"时间线"相关工具的使用方法，本书将在后面的章节中进行详细介绍)。

图 1-57　时间线

1.2.8 【材质】面板

在 Cinema 4D 上方工具栏中单击【材质管理器】按钮 将打开【材质】面板。【材质】面板是场景材质图标的管理面板，双击该面板中的空白区域可以创建新的默认材质，单击并按住 按钮，则可以在弹出的列表中选择创建其他类型的材质，如图 1-58 所示。

双击【材质】面板中的材质图标，在打开的【材质编辑器】窗口中，可以调节材质的各种属性，如图 1-59 所示。

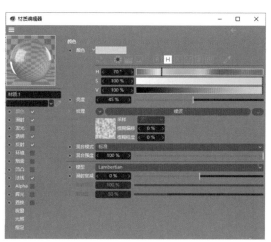

图 1-58 【材质】面板 　　　　图 1-59 【材质编辑器】窗口

1.2.9 【坐标】窗口

单击 Cinema 4D 工作界面右下方工具栏中的【坐标管理器】按钮 将打开【坐标】窗口。在该窗口中，用户可以调节物体在三维空间中的坐标、尺寸和旋转角度，如图 1-60 所示。

图 1-60 【坐标】窗口

1.2.10 导航栏

导航栏位于 Cinema 4D 菜单栏的上方，包括【撤销】/【恢复】工具、项目列表和界面布局列表，如图 1-61 所示。

图 1-61 导航栏

1. 撤销和重做工具

单击导航栏左侧的【撤销】按钮 (快捷键：Ctrl+Z)可以撤销已经执行的操作；单击【重做】按钮 (快捷键：Ctrl+Y)则可以恢复被撤销的操作。

2. 项目列表

单击导航栏中的【新项目】按钮➕，可以立即创建一个新的 Cinema 4D 项目，并以默认项目名称"未标题 1""未标题 2""未标题 3"……显示在项目列表中。单击项目列表中的项目名称即可在多个项目之间进行切换。

3. 界面布局列表

如果用户在设置 Cinema 4D 界面中将界面布局弄乱了，则可以通过导航栏右侧的界面布局列表快速恢复工作界面(其中 Standard 为 Cinema 4D 默认的标准界面布局)，如图 1-62 所示。

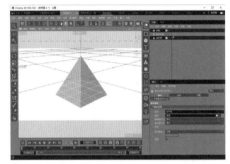

| Standard 界面布局 | UV 编辑器界面布局 |

图 1-62　切换 Cinema 4D 界面布局

1.3　Cinema 4D 视图控制

Cinema 4D 中的基本视图控制一般基于 Alt 键进行操作，如表 1-4 所示。

表 1-4　Cinema 4D 的基本视图控制操作

视图控制	操 作	效 果
旋转视图	Alt+ 鼠标左键	
移动视图	Alt+ 鼠标中键	
缩放视图	Alt+ 鼠标右键(或滚动鼠标滚轮)	
切换至四视图	单击鼠标中键(或按 F5 键)	

此外，通过 Cinema 4D 视图窗口四周的各类按钮，用户还可以对视图的显示模式、显示元素、显示布局和显示方位进行自由切换。

1.3.1　视图显示方位

在视图窗口的左上角菜单栏中选择【摄像机】菜单命令，用户可以在弹出的菜单中选择用于切换不同方位视图的命令，如图 1-63 所示。

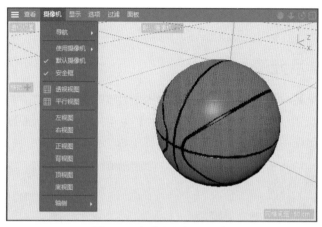

图 1-63　切换视图显示方位

【技巧点拨】

按 F1 键可以快速切换至透视视图，按 F4 键可以快速切换至正视图。

1.3.2　视图显示模式

在视图窗口的菜单栏中选择【显示】菜单命令，用户可以从弹出的菜单中选择视图的不同显示方式，如图 1-64 所示。其中重要命令选项的功能说明如表 1-5 所示。

表 1-5　【显示】菜单中的重要命令

命　　令	说　　明	效　　果	
光影着色	仅显示对象的颜色和明暗效果		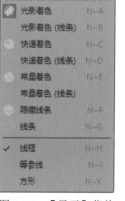
光影着色(线条)	不仅显示对象的颜色和明暗效果，还显示对象的线框		
常量着色	仅显示对象的颜色，不显示明暗效果		图 1-64　【显示】菜单
线条	仅显示对象的线框		

【技巧点拨】

在【显示】菜单中每种显示效果后面都跟着一组字母，例如，【光影着色 N~A】命令，【光影着色(线条)N~B】，这些字母是对应命令的快捷键。当我们需要切换视图显示模式时，先按 N 键，再按 A 键将切换至"光影着色"显示模式。按 N 键后，再按 B 键则会切换至"光影着色(线条)"显示模式。

1.3.3 视图显示元素

在视图窗口菜单栏中选择【显示】菜单命令，用户可以从弹出的菜单中控制视图中的显示元素，如图 1-65 所示。例如，取消【显示】菜单中【工作平面】命令的激活状态，将在视图窗口中关闭视图的栅格显示，效果如图 1-66 所示。

图 1-65　【显示】菜单

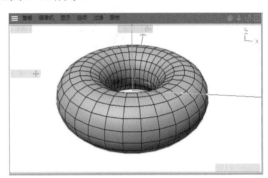

图 1-66　不显示工作平面

1.3.4 视图显示布局

在 Cinema 4D 视图窗口中除了可以选择四视图(单击鼠标中键或按 F5 键)，还可以选择其他视图布局模式。在视图窗口菜单栏中选择【面板】菜单命令，用户可以从弹出的菜单中选择视图的布局模式，如图 1-67 左图所示。其中重要命令选项的功能说明如表 1-6 所示。

表 1-6　【面板】菜单中的重要命令

命　令	说　明	
排列布局	选择该命令后，在弹出的子菜单中提供了多种视图布局模式，如图 1-67 右图所示	
新建视图面板	选择该命令后，将创建一个独立的视图窗口面板，用户可以通过在该面板中切换不同的显示模式、显示元素和显示布局来观察模式	
视图 1/ 视图 2/ 视图 3/ 视图 4	用于快速切换 4 种基本视图，用户可以按 F1~F4 键快速执行这 4 个命令	
全部视图	选择该命令后，将快速切换至四视图布局	图 1-67　【显示】菜单

实战演练：制作第一个 C4D 作品

本例将通过制作一个简单的布料飘动动画，帮助用户在操作中对 Cinema 4D 软件建立初步的认识。

01 在菜单栏中选择【创建】|【网格参数对象】|【平面】命令，在场景中创建一个平面对象，在【属性】面板中将【宽度】设置为 600cm，【高度】设置为 400cm，【高度分段】和【宽度分段】均设置为 40，如图 1-68 所示。

02 按住 Shift 键在菜单栏中选择【创建】|【变形器】|【颤动】命令，添加"颤动"变形器，在【属性】面板中将【硬度】设置为 0，如图 1-69 所示。

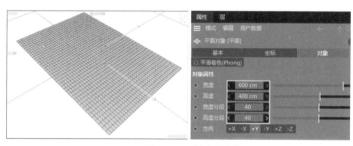
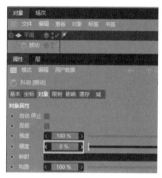

图 1-68　创建平面　　　　　　　　　　图 1-69　添加"颤动"变形器

03 在菜单栏中选择【模拟】|【力场】|【湍流】命令，添加"湍流"力场，在【属性】面板中将【强度】设置为 20cm，将【缩放】设置为 20%，如图 1-70 所示。

04 在【对象】面板中选中"颤动"，在【属性】面板中选择【影响】选项卡，然后将【对象】面板中的"湍流"拖动至【影响】选项框中，如图 1-71 所示。

05 在【对象】面板中选中"湍流"，然后按 Ctrl+C 和 Ctrl+V 快捷键，将其复制一份，得到"湍流 1"，在【属性】面板中将"湍流 1"的【强度】设置为 40cm，将【缩放】设置为 40%，如图 1-72 所示。

06 在【对象】面板中选中"颤动"，将【对象】面板中的"湍流 1"拖动至【属性】面板的【影响】选项框中，如图 1-73 所示。

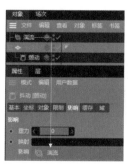

图 1-70　设置"湍流"　　图 1-71　设置"颤动"　　图 1-72　复制"湍流"　　图 1-73　设置"影响"

07 单击【时间线】面板中的【向前播放】按钮▶，即可得到图 1-74 所示的布料飘动效果的平面。

08 在菜单栏中选择【窗口】|【材质管理器】命令，打开【材质】窗口，单击【新的默认材质】按钮➕，创建一个"布料"材质，然后双击该材质打开【材质编辑器】窗口，选择【颜色】复选框，在系统显示的选项区域中单击【纹理】选项右侧的▦按钮，在打开的对话框中选择制作好的海报图片文件，如图 1-75 所示，最后单击【确定】按钮。

09 将【材质】窗口中制作的"布料"材质拖动至场景中的平面之上，为其赋予材质，如图 1-76 所示。

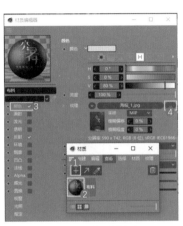

图 1-74 播放动画　　　　　　　　图 1-75 创建材质　　　　　　　图 1-76 赋予材质

10 单击工具栏中的【摄像机】按钮🎥，场景将自动添加摄像机。在【对象】面板中单击"摄像机"对象右侧的▣使其状态变为▣，然后在场景中调整摄像机视图(按住鼠标左键拖动调整摄像机视图的水平和垂直角度，滚动鼠标中键拉远或拉近视图)，如图 1-77 所示。

11 按下 Ctrl+B 快捷键打开【渲染设置】窗口，将【帧范围】设置为"全部帧"，然后按下 Shift+R 快捷键打开【图像查看器】窗口渲染动画，动画渲染效果如图 1-78 所示。

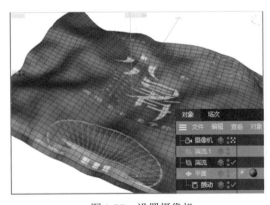

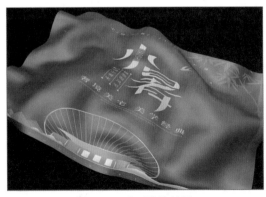

图 1-77 设置摄像机　　　　　　　　　　图 1-78 动画渲染效果

第2章

Cinema 4D 基础操作

● 本章内容

Cinema 4D 的基础操作主要包括文件操作、对象操作和视图操作三部分。通过学习这些操作，我们能够初步掌握软件的基本使用方法。

2.1　文件操作

文件操作是指对 Cinema 4D 文件的操作，包括打开、保存、导出 / 导入等。

视频讲解：打开文件

用户可以使用多种方法打开 Cinema 4D 文件。熟练掌握这些方法，有助于用户在不同操作环境下快速打开 Cinema 4D 文件，从而提高工作效率。

【执行方式】

☐ 系统桌面：双击扩展名为 ".c4d" 的 Cinema 4D 文件。

☐ 菜单栏：选择【文件】|【打开项目】命令，在打开的对话框中选择一个需要打开的 Cinema 4D 文件，然后单击【打开】按钮，如图 2-1 所示。

☐ 鼠标操作：将 Cinema 4D 文件拖动至 Cinema 4D 工作界面中。

☐ 快捷键：启动 Cinema 4D 后，按下 Ctrl+O 快捷键。

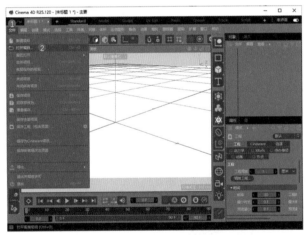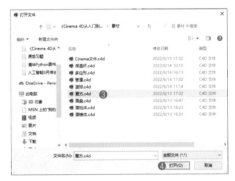

图 2-1　打开 Cinema 4D 文件

视频讲解：导出文件

在使用 Cinema 4D 制作模型或动画时，可以将一些常用的模型导出，以便能够反复使用(常用的模型导出格式有 .fbx、.obj、.3ds 等)。

【执行方式】

打开需要导出的 Cinema 4D 文件后，在菜单栏中选择【文件】|【导出】|【FBX(*.fbx)】命令，在打开的【FBX 导出设置】对话框中单击【确定】按钮，在打开的【保存文件】对话框中设置导出文件的名称和保存位置后，单击【保存】按钮即可，如图 2-2 所示。

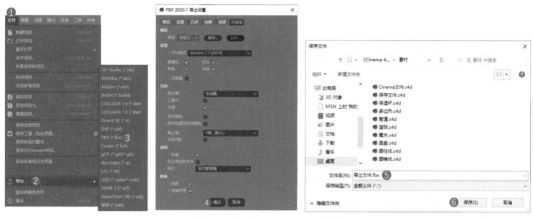

图 2-2　导出 Cinema 4D 文件

视频讲解：导入文件

在 Cinema 4D 中使用【合并项目】命令，可以将 .fbx 文件导入 Cinema 4D 中，也可以将 .cad 格式的文件合并到当前 Cinema 4D 文件中。

【执行方式】

在菜单栏中选择【文件】|【合并项目】命令，在打开的【打开文件】对话框中选择一个导出的 Cinema 4D 模型文件(如前面导出的 .fbx 文件)，然后单击【打开】按钮，打开【FBX 导入设置】对话框，单击【确定】按钮即可，如图 2-3 所示。

图 2-3　导入 Cinema 4D 文件

视频讲解：保存文件

在 Cinema 4D 中可以通过【保存项目】和【另存项目为】两种方式保存模型文件，前者直接保存已存在的文件，后者将打开对话框供用户选择保存路径。

【执行方式】

- □ 菜单栏：选择【文件】|【保存项目】命令(或【另存项目为】命令)，在打开的对话框中选择文件的保存路径，并输入文件名称后单击【保存】按钮。
- □ 快捷键：启动 Cinema 4D 后，按 Ctrl+S 快捷键(或按下 Ctrl+Shift+S 快捷键)。

视频讲解：保存所有场次和资源

使用 Cinema 4D 制作的场景中往往会存在很多模型、贴图、灯光等，使用【保存所有场次和资源】命令，可以将这些资源快速打包在一个文件夹中。

【执行方式】

在菜单栏中选择【文件】|【保存所有场次和资源】命令，打开【保存文件】对话框，设置文件的保存位置和名称后，单击【保存】按钮即可。

视频讲解：设置自动保存文件

在 Cinema 4D 中设置自动保存文件，可以让软件按设定的时间频率将打开的文件自动保存至指定的文件夹中。

【执行方式】

在菜单栏中选择【编辑】|【设置】命令，在打开的【设置】窗口中选择【文件】选项卡，然后选中【自动保存】选项区域中的【保存】复选框，即可在激活的选项区域中设置自动保存文件，如图 2-4 所示。

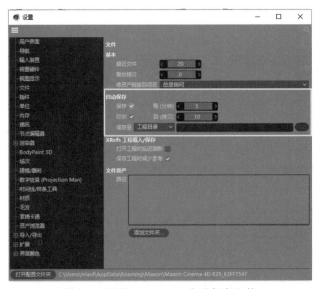

图 2-4　设置 Cinema 4D 自动保存文件

【参数说明】

- 每(分钟)：用于设置自动保存文件的时间间隔。
- 保存至：用于设置自动保存文件的位置(包括【工程目录】【用户命令】【自定义目录】)，若设置保存至"自定义目录"，则单击该选项后的按钮 ，可以打开【浏览文件】对话框，选择将模型文件保存至计算机中的自定义路径。

2.2　对象操作

Cinema 4D 中对象的基本操作是指对场景中的模型、灯光、摄像机等对象进行创建、选择、复制、修改、编辑等操作。下面将通过创建一组模型来介绍对象操作的具体方法。

实战演练：创建一组模型

学习 Cinema 4D 对象的基本操作，首先要掌握创建模型并修改模型参数的操作方法。

01 单击工具栏中的【立方体】按钮 ，在场景中创建一个立方体模型，如图 2-5 所示。

02 长按【立方体】按钮 ，在弹出的列表中选择【平面】工具 ，在场景中创建一个平面，然后在【属性】面板的【对象】选项卡中将平面的【宽度】和【高度】均设置为 1200cm，此时平面将变大，如图 2-6 所示。

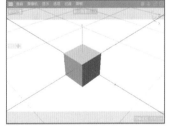
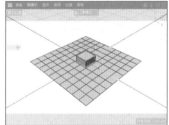
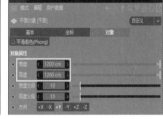

图 2-5　创建立方体　　　　　　图 2-6　创建并设置平面属性参数

03 在场景中选择步骤(1)创建的立方体，在工具栏中选择【移动】工具 ，沿 Y 轴移动立方体模型(如图 2-7 左图所示)。单击【坐标管理器】按钮 ，打开【坐标】窗口，在 Y 文本框中输入 100cm，如图 2-7 中图所示，效果如图 2-7 右图所示。

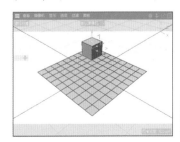

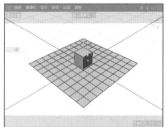

图 2-7　沿 Y 轴移动立方体模型

04 保持"立方体"模型对象的选中状态，按 Ctrl+C 快捷键复制对象，然后按 Ctrl+V 快捷键粘贴复制的对象。此时，【对象】面板中将自动创建一个名为"立方体1"的新对象(如图 2-8 左图所示)，而在场景中两个立方体重合显示为一个立方体(如图 2-8 中图所示)。

05 在工具栏中选择【移动】工具 ，沿 X 轴调整场景中"立方体"和"立方体1"对象的位置，如图 2-8 右图所示。

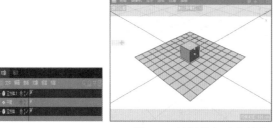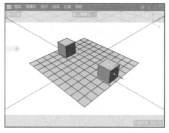

图 2-8　复制单个对象并移动位置

06 按住 Shift 键，同时选中场景中的"立方体"和"立方体1"两个对象(如图 2-9 左图)，使用步骤(4)和(5)的方法，将选中的两个对象复制两份，并调整其在场景中的位置，如图 2-9 中图所示。

07 此时，【对象】面板中将自动创建"立方体2""立方体3""立方体4""立方体5"几个对象名称，如图 2-9 右图所示。

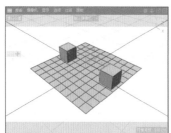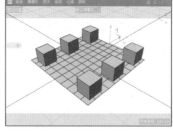

图 2-9　复制多个对象并移动位置

08 按住 Shift 键选中场景中所有的 6 个"立方体"对象，然后右击鼠标，从弹出的快捷菜单中选择【群组对象】命令(如图 2-10 左图所示)，将选中的所有对象创建为一个群组。此时【对象】面板中的所有立方体对象将被合并为一个名为"空白"的对象，如图 2-10 中图所示。此时，选中"空白"群组对象，可以同时移动场景中所有立方体的位置，如图 2-10 右图所示。

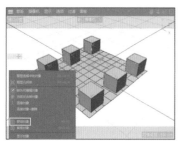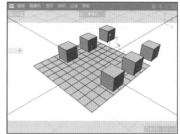

图 2-10　群组对象

视频讲解：删除对象

　　删除对象是 Cinema 4D 的基本操作之一。通常在场景中选中某个对象后，按 Delete 键即可将其删除。除此之外，还可以选择多个模型对象后进行删除。

【执行方式】

　　❑ 在场景中或【对象】面板中选中某个对象后(如图 2-11 左图和中图所示)，按 Delete 键，可以将选中的对象删除，如图 2-11 右图所示。

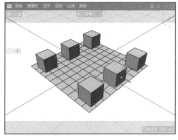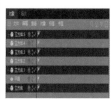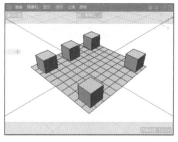

图 2-11　删除单个对象

　　❑ 在场景中或【对象】面板中按住 Shift 键选中多个对象后(如图 2-12 左图和中图所示)，按 Delete 键，可将选中的所有对象删除，如图 2-12 右图所示。

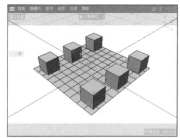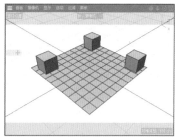

图 2-12　删除多个对象

视频讲解：移动对象

　　使用工具栏中的【移动】工具可以移动场景中的对象。在 Cinema 4D 中，可以将对象沿单一轴线进行移动，也可以沿多个轴线进行移动。

【执行方式】

　　在场景中或【对象】面板中选中一个(或多个)模型对象后，单击工具栏中的【移动】按钮，将在对象上显示坐标指针(如图 2-13 左图所示)。单击【坐标管理器】按钮，打开【坐标】窗口将显示选中对象的坐标，如图 2-13 中图所示。将鼠标指针放置在对象上的坐标指针上拖动即可移动对象(红色坐标指针为 X 轴，绿色坐标指针为 Y 轴，蓝色坐标指针为 Z 轴)，如图 2-13 右图所示。

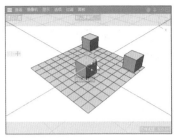

图 2-13　移动场景中的模型

用户也可以在选中对象后，在图 2-13 中图所示的【坐标】窗口的 X、Y、Z 坐标栏中输入数值，精确控制对象的移动位置。

【技巧点拨】

在建模时，若不能沿坐标指针移动对象(如 X、Y、Z 三个轴向移动)，很容易出现移动后对象位置错误的情况，这种错误在透视图中往往无法观察到。此时，需要在 4 个视图中观察模型对象，检查模型的位置是否正确。

视频讲解：旋转对象

使用工具栏中的【旋转】工具 ⟳ 可以将模型进行旋转，【旋转】工具 ⟳ 的使用方法与【移动】工具 ✛ 类似。

【执行方式】

在场景中或【对象】面板中选中一个(或多个)模型对象后，单击工具栏中的【旋转】按钮 ⟳，将在对象上显示图 2-14 左图所示的旋转轴(绿色为 X 轴，红色为 Y 轴，蓝色为 Z 轴)，把鼠标指针放置在某一个旋转轴上，在图 2-14 中图所示的【坐标】窗口中，可以通过输入参数值，设定对象按指定角度旋转。按住鼠标左键，则可以通过拖动鼠标旋转模型对象，如图 2-14 右图所示。

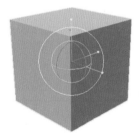

图 2-14　旋转场景中的模型

【技巧点拨】

使用【旋转】工具 ⟳ 时，将鼠标指针放置在旋转轴以外的位置，按住鼠标左键并拖动，可以使模型在多个方向旋转。

视频讲解：缩放对象

使用工具栏中的【缩放】工具可以将场景中的对象沿 3 个轴向缩小或放大模型对象(若沿一个轴向缩小或放大模型，即可在该轴向压扁或拉长模型)。

【执行方式】

在场景中或【对象】面板中选中一个(或多个)模型对象后，单击工具栏中的【缩放】按钮，将在对象上显示图 2-15 左图所示的坐标指针。此时，在【坐标】窗口中可以通过输入参数值，设定对象按指定大小缩放，如图 2-15 中图所示。按住鼠标左键，则可以通过拖动鼠标缩放模型对象，如图 2-15 右图所示。

图 2-15　缩放场景中的对象

视频讲解：调整对象轴心位置

在建模时，激活工具栏中的【启用轴心】工具(快捷键：L)，将模型对象的轴心设置到模型的中线位置，可以方便地对模型进行移动、旋转、缩放等操作。

【执行方式】

选中场景中的模型后，按C键将其转换为可编辑对象，然后单击工具栏中的【启用轴心】按钮，使其状态变为，即可调整模型对象的轴心位置，如图 2-16 所示。

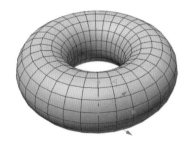

图 2-16　调整模型对象的轴心位置

调整模型的轴心位置后，可以方便地对模型进行移动、旋转、缩放等操作。

视频讲解：复制文件和模型

Cinema 4D 中有多种复制方法，本例将通过介绍最常用的几种复制方法，帮助用户掌握复制文件与模型的方法。

【执行方式】

☐ 拖动复制：选择工具栏中的【移动】工具➕后，选择场景中的模型对象，按住Ctrl 键拖动模型，即可复制模型，如图 2-17 所示。

☐ 原地复制：在场景中选中模型对象后，按 Ctrl+C 快捷键进行复制，然后按 Ctrl+V快捷键进行粘贴，即可将选中的对象原地复制。此时，【对象】面板中将显示复制模型的名称，使用工具栏中的【移动】工具➕移动模型，即可看到复制的模型。

☐ 沿直线复制：选择模型后，在菜单栏中选择【工具】|【复制】命令(此时模型并没有被复制)，在【属性】面板中可以看到复制的参数，设置【模式】为"线性"、【副本】数为 2，以及【移动】参数的 X 为 300cm、Y 为 50cm、Z 为 0cm，即可沿着直线复制出两个模型，如图 2-18 所示。

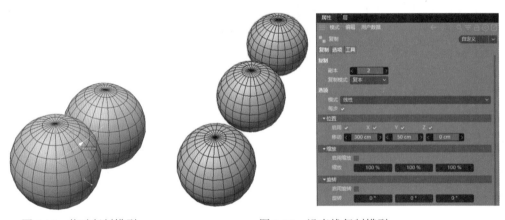

图 2-17　拖动复制模型　　　　　　　图 2-18　沿直线复制模型

☐ 沿圆复制：选择模型后，在菜单栏中选择【工具】|【复制】命令，在【属性】面板中设置【模式】为"圆环"，【副本】数为 8，可以设置模型沿圆复制，如图 2-19所示。

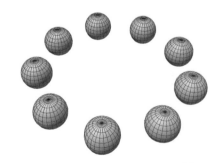

图 2-19　沿圆复制模型

□ 沿样条路径复制：使用工具栏中的【样条画笔】工具 在顶视图中绘制一个曲线样条，然后选择模型，在菜单栏中选择【工具】|【复制】命令，在【属性】面板中设置【模式】为【沿着样条】，在【对象】面板中拖动"样条"至【属性】面板的【样条】选项后方，并设置【副本】数量(如 3)，即可使模型沿着绘制的样条路径进行复制，如图 2-20 所示。

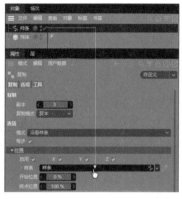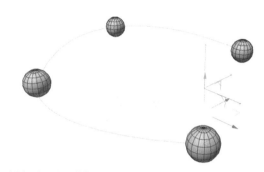

图 2-20　沿样条路径复制模型

视频讲解：捕捉对象

Cinema 4D 中有很多种捕捉工具，用户可以利用捕捉工具捕捉模型的顶点、边、多边形、轴心等。

【执行方式】

单击工具栏中的【启用捕捉】按钮 ，将其状态设置为 ，激活捕捉工具，然后单击【建模设置】按钮 ，在打开的【捕捉】面板中设置【模式】为【3D 捕捉】，【捕捉半径】为 30，并选中【点】复选框，指定使用点模式，如图 2-21 所示。然后在图 2-22 左图所示的场景中移动球体，当球体接近金字塔模型顶部时，将自动被吸附到金字塔模型顶部的点上，如图 2-22 右图所示。

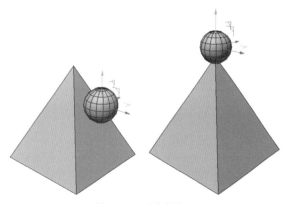

图 2-21　【捕捉】面板　　　　　　　　　图 2-22　顶点捕捉

视频讲解：隐藏和显示对象

隐藏和显示模型对象也是 Cinema 4D 的基本操作之一。本例将介绍最常用的两种方法。

【执行方式】

☐ 方法 1：在【对象】面板中单击模型名称后的■按钮，第一次单击该按钮后，按钮颜色变为绿色，如图 2-23 左图所示；第二次单击该按钮后，按钮颜色变为红色，如图 2-23 中图所示，此时模型在场景中被隐藏；第三次单击该按钮后，按钮颜色为灰色，模型在场景中重新显示，如图 2-23 右图所示。

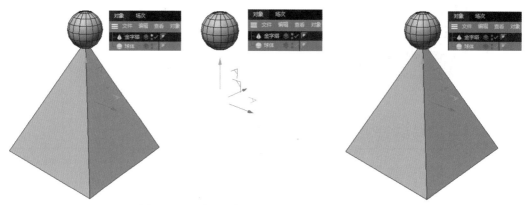

图 2-23　通过【对象】面板隐藏与显示模型对象

☐ 方法 2：在场景中选择模型后，单击工具栏中的【视窗独显】按钮，将其状态激活为，此时场景中除了被选中的模型对象，其他的所有对象都将被隐藏。取消【视窗独显】工具的激活状态，则可以重新显示场景中的所有模型对象。

2.3　视图操作

Cinema 4D 的视图基本操作是指对视图区域中的操作，包括设置视图的显示效果、更改界面颜色等。

视频讲解：自定义界面颜色

打开 Cinema 4D 时，界面颜色较深(接近黑色)。此时，用户可以通过【设置】窗口自定义界面颜色。

【执行方式】

在菜单栏中选择【编辑】|【设置】命令(快捷键：Ctrl+E)，打开【设置】窗口，选择【界

面颜色】选项左侧的按钮，在展开的列表中选择【界面颜色】选项，此时窗口右侧将显示 Cinema 4D 工作界面中各细节元素的颜色列表，选中某一个元素，即可通过拖动 H、S、V 滑块调整该元素的颜色，如图 2-24 所示。

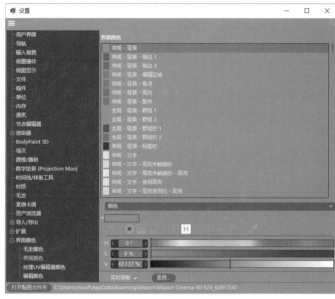

图 2-24　打开【设置】窗口自定义 Cinema 4D 界面元素的颜色

　　例如，要修改 Cinema 4D 工作界面中系统的背景颜色，在图 2-25 左图中选择【常规 - 背景】选项，然后拖动窗口底部的颜色滑块即可，Cinema 4D 界面背景颜色会随着颜色滑块的移动而变化，如图 2-25 所示。

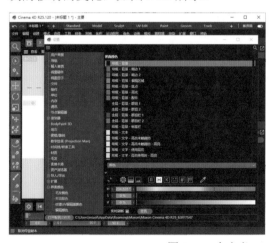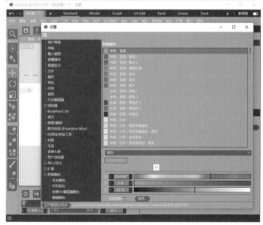

图 2-25　自定义 Cinema 4D 界面背景颜色

【技巧点拨】

　　完成界面颜色的设置后，如果对设置的颜色效果不满意，单击图 2-24 右图下方的【重置】按钮，可以重置界面，使其颜色恢复为默认设置。

视频讲解：修改系统单位

Cinema 4D 默认的系统单位为 cm(厘米)，用户可以根据建模的实际需要，在菜单栏中选择【编辑】|【设置】命令，更改系统单位。

【执行方式】

在菜单栏中选择【编辑】|【设置】命令(快捷键：Ctrl+E)，打开【设置】窗口，选择【单位】选项，在显示的选项区域中设置【单位显示】选项(包括图 2-26 所示的千米、米、厘米、毫米、微米、纳米、英里、码、英尺、英寸)，即可更改系统单位。

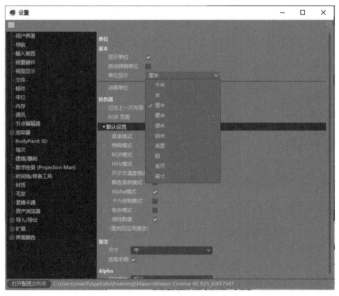

图 2-26　更改系统单位

完成 Cinema 4D 系统默认单位的修改后(如将默认单位修改为米)，在 Cinema 4D 中将以设置的单位为默认单位来创建各类模型对象。

第3章
几何体建模

● 本章内容

　　建模，就是建立模型。Cinema 4D 中有多种建模方式，其中几何体建模是最简单的建模方式。通过 Cinema 4D 内置的几何体(如立方体、球体、平面、圆柱、圆锥体等)，我们可以完成对几何体的创建、修改，并通过几何体的组合，制作出一些简单的模型。

3.1 几何体模型概述

在 Cinema 4D 工具栏中长按【立方体】按钮 ，系统将弹出图 3-1 所示的几何体面板。单击该面板中的图标即可在视图中直接创建 Cinema 4D 内置的各种几何体模型，如表 3-1 所示。

表 3-1　Cinema 4D 内置的几何体建模选项

工具名称	说　明	图　例
立方体	创建由 6 个正方形面组成的正多面体	
平面	一个有限大小的平面	
多边形	创建由三条或三条以上的线段首尾顺次连接所组成的平面图形	
胶囊	创建由一个单位长度的圆柱和两个半单位的半球组成的胶囊体	
人形素体	创建一个人形素体模型	
油桶	创建一个油桶模型	
宝石体	创建一个宝石体模型	
圆环面	创建一个圆绕平面上与圆不相交的一个轴旋转而形成的旋转曲面	
空白多边形	空白多边形只有一个原点和坐标轴，其作用是作为辅助的空对象使用(也可将其作为创建多边形填充的基础)	
圆柱体	创建一个由两个大小相等、相互平行的圆形及连接两个底面的一个曲面围成的几何体模型(圆柱体)	
圆盘	创建一个圆盘	
球体	创建一个球面所围成的几何体(球体)	
圆锥体	创建一个圆锥体模型	
地形	创建一个山地、丘陵等地形地貌模型	
金字塔	创建一个金字塔(四棱锥形)模型	
管道	创建一个管道模型	
贝赛尔	创建一个由一组控制点定义的贝赛尔曲面	

图 3-1　内置的几何体面板

几何体多用于简易模型的建模，如桌子、路障、篮球、水果、沙发、首饰、镜子、灯具、地形、气球等。在图 3-1 所示的内置的几何体面板中，立方体、圆锥体、圆柱体、平面、球体、圆盘、管道、地形等是比较常用的建模工具，下面将重点进行介绍。

3.2　立方体

立方体是由长度、宽度、高度 3 个元素决定的模型，是几何体建模中常用的几何体。立方体常用于模拟方形物体，如桌子、建筑等。

【执行方式】

□ 工具栏：单击工具栏中的【立方体】按钮 ⬡ 。
□ 菜单栏：选择【创建】|【网格参数对象】|【立方体】命令。

【选项说明】

创建一个立方体后，在【属性】面板中选择【对象】选项卡将显示立方体的属性参数。立方体的属性参数比较简单，包括【尺寸】【分段】【圆角】等，如图 3-2 所示。

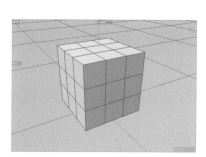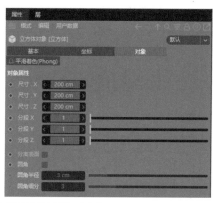

图 3-2　立方体(左图)和【属性】面板(右图)

□ 尺寸 X/ 尺寸 Y/ 尺寸 Z：用于设置立方体对象的长度、宽度和高度。
□ 分段 X/ 分段 Y/ 分段 Z：用于设置 X、Y、Z 轴的分段数量。
□ 分离表面：选中该复选框，并将模型转换为可编辑对象，在移动面时会产生分离效果，如图 3-3 所示。
□ 圆角：选中该复选框，将激活【圆角半径】和【圆角细分】选项，调节这两个选项的参数值，立方体的四周将产生圆角过渡效果，如图 3-4 所示。
□ 圆角半径：用于设置圆角的半径值。
□ 圆角细分：用于设置圆角分段数值，数值越大圆角越光滑。图 3-5 所示为不同圆角细分参数的对比效果。

图 3-3　分离表面　　图 3-4　圆角　　　　图 3-5　圆角细分参数

实战演练：制作魔方

本例将通过制作一个简单魔方模型，帮助用户初步掌握几何体建模的基本操作并巩固【移动】【旋转】等常用工具的操作方法。

01 单击工具栏中的【立方体】按钮 ⬚，在视图中创建一个立方体模型。在【属性】面板中选择【对象】选项卡，将【尺寸 X】【尺寸 Y】【尺寸 Z】的值均设置为 100cm，然后选中【圆角】复选框，设置【圆角半径】为 10cm，【圆角细分】为 3，如图 3-6 所示。

02 选中立方体，按住 Ctrl 键并使用【移动】工具 ✛ 向上复制一个图 3-7 所示的立方体模型。

03 参照步骤(2)的方法向上、向左、向右复制立方体模型(可按住 Alt 键拖动鼠标右键调整视图，按住 Alt 键拖动鼠标中键平移视图，拖动鼠标中键缩放视图)，如图 3-8 所示。

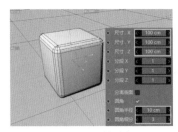

图 3-6　设置圆角

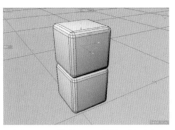

图 3-7　按住 Ctrl 键复制对象

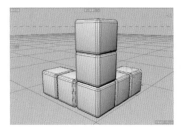

图 3-8　复制结果

04 按 Ctrl+A 键选中视图窗口中的所有立方体对象，然后使用【旋转】工具 ↻，旋转立方体对象，如图 3-9 所示。

05 参照步骤(2)的方法，移动立方体模型(可按住 Shift 键同时选中多个对象，再按住 Ctrl 键拖动复制)，制作出图 3-10 所示的魔方模型(可按鼠标中键切换至顶视图、右视图和正视图调整魔方中每个立方体的位置)。

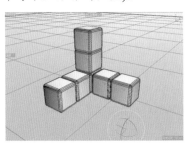

图 3-9　旋转模型

图 3-10　魔方模型

【技巧点拨】

在 Cinema 4D 中复制对象的方法有如下两种。

☐ 方法一：选中对象后，按 Ctrl+C 快捷键复制对象，然后按 Ctrl+V 快捷键在原位置粘贴对象，通过移动、旋转或缩放调整对象。

☐ 方法二：选中对象后按住 Ctrl 键不放，通过移动、旋转或缩放调整对象，即可复制出新的对象(该方法是日常建模中最常用的对象复制方法)。

在 Cinema 4D 中精确旋转对象的方法有以下两种。

□ 方法一：在工具栏中长按【启用捕捉】按钮 ⓤ，在弹出的面板中选择【启用量化】工具 ⓤ，这样模型就会按照 5°的角度精确旋转。

□ 方法二：在【属性】面板的【坐标】选项卡中设置对象的旋转角度，如图 3-11 所示。

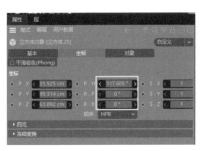

图 3-11 【坐标】选项卡

3.3 圆锥体

圆锥体是由下半径(半径 1)和上半径(半径 2)及高度组成的模型。在日常工作中，圆锥体可用来创建冰激凌、路障、吊坠等物体的模型，如图 3-12 左图所示。

【执行方式】

□ 工具栏：长按工具栏中的【立方体】按钮 🟦，从弹出的面板中选择【圆锥体】工具 🔺。

□ 菜单栏：选择【创建】|【网格参数对象】|【圆锥体】命令。

【选项说明】

创建圆锥体对象后，【属性】面板中将显示【对象】【切片】【封顶】等多个选项卡。

1. 对象

在【属性】面板中选择【对象】选项卡，面板中将显示【顶部半径】【底部半径】【高度】【高度分段】【旋转分段】【方向】等主要选项，如图 3-12 右图所示。

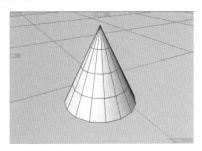 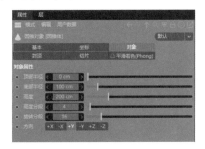

图 3-12 圆锥体(左图)和【属性】面板(右图)

□ 顶部半径：用于设置圆锥体顶部的半径，数值为 0 时顶部为最尖锐状态。

□ 底部半径：用于设置圆锥体底部的半径。

□ 高度：用于设置圆锥体的高度。

□ 高度分段：用于设置圆锥体模型横向的分段数量。

□ 旋转分段：用于设置圆锥体模型纵向的分段数量。

□ 方向：用于设置圆锥体的朝向。

2. 切片

Cinema 4D 中默认创建的圆锥体为完整圆锥体。在【属性】面板中选择【切片】选项卡，然后选中【切片】复选框，用户可以设置圆锥体的切片起点、终点及切片面的网格，如图 3-13 所示。

- 切片：用于控制是否开启"切片"功能。
- 起点 / 终点：用于设置围绕高度轴旋转生成的模型大小。
- 标准网格：选中该复选框后将激活【宽度】选项，控制切片面的网格宽度。

3. 封顶

在【属性】面板中选择【封顶】选项卡，然后取消【封顶】复选框的选中状态，圆锥体底部和顶部的圆面会消失，如图 3-14 所示。

- 封顶：用于控制圆锥体顶部和底部的圆是否显示。
- 封顶分段：用于控制圆锥体顶部和底部圆面的分段数。

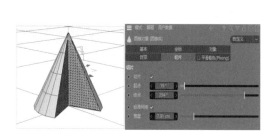 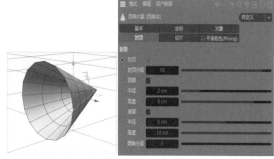

图 3-13　设置切片　　　　　　　　图 3-14　设置封顶

【技巧点拨】

在【起点】和【终点】两个选项中，输入正值将按逆时针方向移动切片的末端；输入负值将按顺时针方向移动切片的末端。

3.4　圆柱体

圆柱体是具有一定半径、高度的模型，常用来制作柱状物体，如桌腿、罗马柱等。

【执行方式】

- 工具栏：长按工具栏中的【立方体】按钮 ▣，从弹出的面板中选择【圆柱体】工具 ▯。
- 菜单栏：选择【创建】|【网格参数对象】|【圆柱体】命令。

【选项说明】

创建一个圆柱体对象后，【属性】面板的【对象】选项卡中将显示【半径】【高度】【高度分段】【旋转分段】【方向】等参数，如图 3-15 所示。

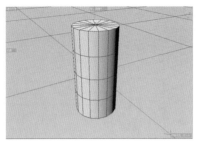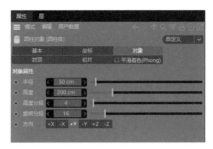

图 3-15　圆柱体(左图)和【属性】面板(右图)

- □ 半径：用于设置圆柱体的半径。
- □ 高度：用于设置圆柱体的高度。
- □ 旋转分段 / 高度分段：设置圆柱曲面和高度的分段，数值越大，圆柱体越圆滑。
- □ 方向：用于设置圆柱体的朝向。

【注意事项】

圆柱体的"封顶"和"切片"参数与圆柱体相同，这里不再赘述。

视频讲解：制作保温杯

本例将通过扫码播放视频的方式，介绍使用圆柱体制作一个简单的保温杯模型的具体操作方法。

【技巧点拨】

Cinema 4D 中创建的模型默认出现在视图窗口中的原点位置，因此上例中步骤(1)和步骤(3)创建的两个圆柱体为原点对齐，只需要沿 Y 轴移动圆柱体的位置，就可以制作出模型所需的对齐圆柱体效果。用户在完成实例时，可以尝试调整圆柱体的参数，制作出其他类似的模型，如罐子、垃圾桶、茶杯等。

3.5　圆盘

圆盘常用于创建中间空心的圆盘形状模型，如图 3-16 左图所示。

【执行方式】

- □ 工具栏：长按工具栏中的【立方体】按钮，从弹出的面板中选择【圆盘】工具。
- □ 菜单栏：选择【创建】|【网格参数对象】|【圆盘】命令。

【选项说明】

创建一个圆盘对象后，【属性】面板的【对象】选项卡中将显示【内部半径】【外部半径】【圆盘分段】【旋转分段】等参数，如图 3-16 右图所示。

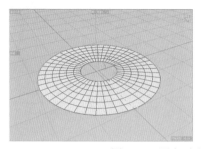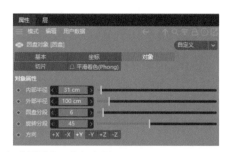

图 3-16　圆盘(左图)和【属性】面板(右图)

- 内部半径：用于设置圆盘模型的最内侧半径数值。
- 外部半径：用于设置圆盘模型的最外侧半径数值。
- 旋转分段：用于设置垂直于圆盘分段的分段数量。
- 圆盘分段：用于设置圆盘循环的分段。

3.6　平面

平面是只有高度和宽度的模型，常用于制作纸张、背景、底面等模型对象。

【执行方式】

- 工具栏：长按工具栏中的【立方体】按钮◆，从弹出的面板中选择【平面】工具◆。
- 菜单栏：选择【创建】|【网格参数对象】|【平面】命令。

【选项说明】

创建一个平面对象后，【属性】面板的【对象】选项卡中将显示【宽度】【高度】【宽度分段】【高度分段】等参数，如图 3-17 所示。

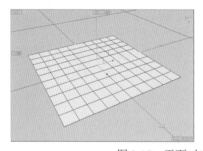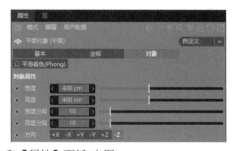

图 3-17　平面(左图)和【属性】面板(右图)

- 宽度：用于设置平面的宽度。
- 高度：用于设置平面的高度。
- 宽度分段：用于设置平面宽度轴的分段数量。
- 高度分段：用于设置平面高度轴的分段数量。

实战演练：制作动态海报

本例将同时使用立方体和平面制作一个动态海报，为海报中的立方体赋予玻璃材质，并利用关键帧动画使其不断旋转。

01 长按工具栏中的【立方体】按钮🧊，从弹出的面板中选择【平面】工具，在场景中创建一个平面，在【属性】面板中设置平面的【宽度】和【高度】均为 500cm，设置【方向】为 "-Z"，如图 3-18 所示。

02 单击工具栏中的【立方体】按钮🧊，在场景中创建一个立方体，在【属性】面板中设置其【尺寸 X】【尺寸 Y】【尺寸 Z】的值均为 100cm，【分段 X】【分段 Y】【分段 Z】的值均为 3，选中【圆角】复选框，将【圆角半径】设置为 5cm，并使用【移动】工具✛调整立方体的位置，如图 3-19 所示。

03 选择【窗口】|【材质管理器】命令，打开【材质】窗口，然后双击窗口空白位置创建一个空白材质，将其命名为 "海报"，如图 3-20 所示。

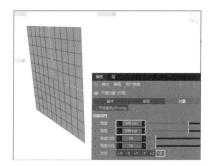
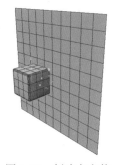

图 3-18　创建平面　　　　图 3-19　创建立方体　　　　图 3-20　【材质】窗口

04 双击图 3-20 中的 "海报" 材质球，打开【材质编辑器】窗口，选择【颜色】复选框，在系统显示的选项区域中单击【纹理】选项右侧的按钮▪▪▪，在打开的对话框中选中制作好的海报图片(如图 3-21 所示)，然后单击【确定】按钮。

05 返回【材质】窗口，将 "海报" 材质球拖动至场景中的平面上，为其赋予材质，如图 3-22 所示。

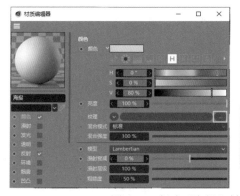

图 3-21　创建 "海报" 材质　　　　　图 3-22　为平面赋予材质

06 在【材质】窗口中双击鼠标创建一个名为"玻璃"的新材质，然后双击"玻璃"材质球，打开【材质编辑器】窗口，取消【颜色】复选框的选中状态，选中【透明】复选框，将【折射率预设】设置为"玻璃"，如图3-23左图所示。

07 选择【反射】复选框，单击【添加】按钮，在弹出的列表中选择GGX选项，在显示的选项区域中将【粗糙度】设置为5%，将【反射强度】设置为100%，将【高光强度】设置为50%，将【凹凸强度】设置为100%，如图3-23右图所示。

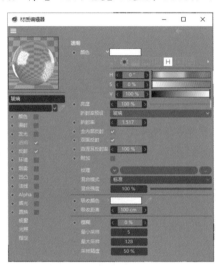
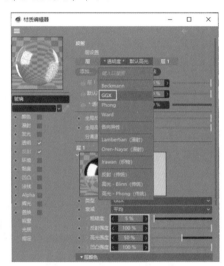

图 3-23　设置"玻璃"材质

08 返回【材质】窗口，将"玻璃"材质赋予场景中的立方体，然后在按住 Alt 键的同时拖动鼠标右键调整视图角度，拖动鼠标中键调整视图大小，然后按Ctrl+R快捷键渲染场景，如图 3-24 所示。

09 在【时间线】面板中单击激活【自动关键帧】按钮 🅰，然后将当前帧移到 0F，单击【记录活动对象】按钮 ⚫，在 0F 处插入第一个关键帧，如图 3-25 所示。

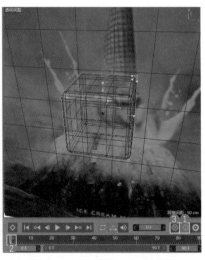

图 3-24　渲染场景　　　　　图 3-25　设置第一个关键帧

10 将当前帧移至90F，使用【旋转】工具 ⟳ 将场景中的立方体旋转一定角度，单击【时间线】面板中的【记录活动对象】按钮 ⦿，插入第二个关键帧，然后单击取消【自动关键帧】按钮 ⒶⒶ 的激活状态，如图 3-26 所示。

11 单击【时间线】面板中的【向前播放】按钮 ▶，场景中的立方体将不停旋转，效果如图 3-27 所示。

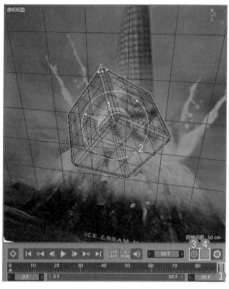
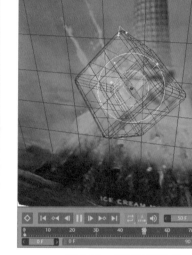

图 3-26　设置第二个关键帧　　　　　图 3-27　测试动画效果

12 单击工具栏中的【摄像机】按钮 🎥，场景自动添加摄像机。在【对象】面板中单击"摄像机"对象右侧的 ⊡，使其状态变为 ⊡，切换并调整摄像机视图。

13 按 Ctrl+B 快捷键打开【渲染设置】窗口，将【帧范围】设置为"全部帧"，然后按 Shift+R 快捷键打开【图像查看器】窗口渲染动画，完成后单击【向前播放】按钮 ▶ 即可观看动态海报的效果，如图 3-28 所示。

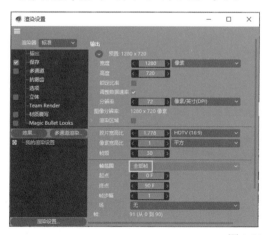
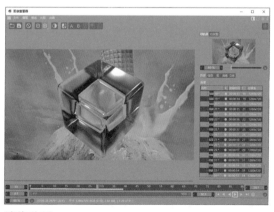

图 3-28　渲染动画

3.7　多边形

使用【多边形】工具可以创建如图3-29左图所示的多边形模型。

【执行方式】

□　工具栏：长按工具栏中的【立方体】按钮 ，从弹出的面板中选择【多边形】工具 。

□　菜单栏：选择【创建】|【网格参数对象】|【多边形】命令。

【选项说明】

创建一个多边形对象后，【属性】面板的【对象】选项卡中将显示【宽度】【高度】【分段】【三角形】等参数，如图3-29右图所示。

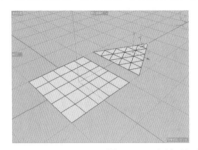

图 3-29　多边形(左图)和【属性】面板(右图)

□　宽度：用于设置多边形模型的宽度数值。

□　高度：用于设置多边形模型的高度数值。

□　分段：用于设置模型的分段，数值越大，分段越多。

□　三角形：选中该复选框后，模型将变为图3-29左图所示的三角形。

□　方向：用于设置多边形的朝向。

3.8　球体

利用【球体】工具可以制作球体(如图3-30左图所示)、半球体、四面体、六面体、八面体(如图3-30中图所示)、十二面体等模型，如篮球、水果、手串等。

【执行方式】

□　工具栏：长按工具栏中的【立方体】按钮 ，从弹出的面板中选择【球体】工具 。

□　菜单栏：选择【创建】|【网格参数对象】|【球体】命令。

【选项说明】

创建一个球体对象后，【属性】面板的【对象】选项卡中将显示【半径】【分段】【类型】等参数，如图3-30右图所示。

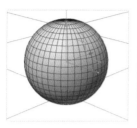  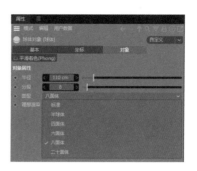

球体　　　　　　　　　　八面体

图 3-30　球体(左图)、八面体(中图)和【属性】面板(右图)

- 半径：用于设置球体的半径大小。
- 分段：用于设置球体的分段数量。
- 类型：单击该下拉按钮，在弹出的下拉列表中可以设置球体的类型，包括标准、半球体、四面体、六面体、八面体和十二面体。

视频讲解：制作皮球

本例将通过扫码播放视频的方式，介绍使用球体结合多边形建模方式制作一个皮球模型的具体操作方法。

3.9　圆环面

圆环面(如图 3-31 左图所示)可以用于创建环形或具有圆形横截面的环状物体模型，如甜甜圈、游泳圈等。

【执行方式】

- 工具栏：长按工具栏中的【立方体】按钮　，从弹出的面板中选择【圆环面】工具　。
- 菜单栏：选择【创建】|【网格参数对象】|【圆环面】命令。

【选项说明】

创建一个圆环面对象后，【属性】面板的【对象】选项卡中将显示【圆环半径】【圆环分段】【导管半径】【导管分段】等参数，如图 3-31 右图所示。

- 圆环半径：用于设置圆环的半径大小，而非圆环本身半径。
- 圆环分段：用于设置圆环的分段数量。
- 导管半径：用于设置圆环本身的半径。
- 导管分段：用于设置导管分段数值。
- 方向：用于设置圆环面的朝向。

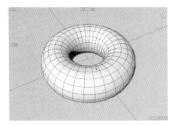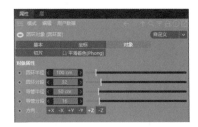

图 3-31　圆环面(左图)和【属性】面板(右图)

实战演练：制作输油管

　　下面将使用圆环面制作一个简单的半圆形输油管模型，帮助用户掌握使用圆环面建模的操作方法。

01 长按工具栏中的【立方体】按钮，从弹出的面板中选择【圆环面】工具，创建一个圆环面，然后在【属性】面板的【对象】选项卡中将【圆环半径】设置为150cm，【圆环分段】设置为100，【导管半径】设置为30cm，【导管分段】设置为20，如图3-32所示。

02 在【属性】面板中选择【切片】选项卡，然后选中【切片】复选框，将【起点】设置为90°，【终点】设置为270°，如图3-33所示。此时，场景中的圆环面效果如图3-34所示。

03 在【对象】面板中选中"圆环面"，按C键，将其转换为"可编辑对象"。

04 在工具栏中单击【多边形】按钮，将该按钮激活，然后在工具栏中长按【循环选择】按钮，在弹出的列表中选择【环状选择】工具。

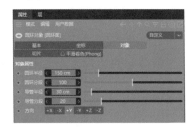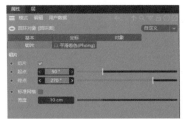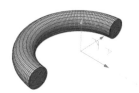

图 3-32　设置圆环面基本属性　　　　图 3-33　设置切片　　　　图 3-34　圆环面效果

05 按住 Shift 键，同时选中圆环面上如图 3-35 所示的环状区域。

06 在场景中右击鼠标，从弹出的快捷菜单中选择【倒角】命令，在倒角【属性】面板中设置【偏移】为1cm，【挤出】为8cm，如图3-36所示。此时，场景中的圆环面效果如图3-37所示。

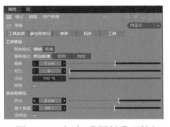

图 3-35　选择环状区域　　　　图 3-36　倒角【属性】面板　　　　图 3-37　倒角结果

07 长按工具栏中的【立方体】按钮 ⬡，从弹出的面板中选择【圆环面】工具 ⬭，再创建一个圆环面"圆环面 1"，在【属性】面板中设置该圆环面的【圆环半径】为 150cm，【圆环分段】为 50，【导管半径】为 25cm，【导管分段】为 16。"圆环面 1"在场景中的效果如图 3-38 所示。

08 在【对象】面板中将"圆环面 1"移至"圆环面"之下。

09 长按工具栏中的【细分曲面】按钮 ⚙，从弹出的面板中选择【布尔】工具 ▣。在【对象】面板中将"圆环面"和"圆环面 1"放在"布尔"生成器的子层级，如图 3-39 所示。此时，场景中的半圆形输油管模型效果如图 3-40 所示。

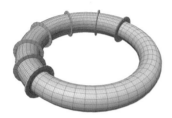  

图 3-38　"圆环面 1"模型　　　图 3-39　使用"布尔"生成器　　　图 3-40　输油管模型效果

3.10　管道

管道(如图 3-41 左图所示)可以用来创建灯罩、胶带及水管等模型。

【执行方式】

□ 工具栏：长按工具栏中的【立方体】按钮 ⬡，从弹出的面板中选择【管道】工具 ⬚。

□ 菜单栏：选择【创建】|【网格参数对象】|【管道】命令。

【选项说明】

创建一个管道对象后，【属性】面板的【对象】选项卡中将显示【内部半径】【外部半径】【旋转分段】【封顶分段】【高度】【高度分段】【圆角】等参数，如图 3-41 所示。

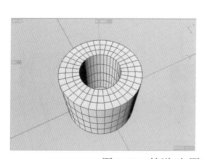 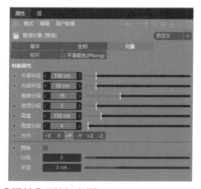

图 3-41　管道(左图)和【属性】面板(右图)

□ 内部半径 / 外部半径：用于设置管道内部和外部的半径数值。

□ 旋转分段：用于设置管道两端圆环的分段数量，其参数值越大，管道越圆滑。

□ 封顶分段：用于设置管道顶部和底部以中心位置向外扩散的分段数量。

□ 高度：用于设置管道的高度。

□ 高度分段：用于设置管道在高度轴上的分段数。

□ 圆角：选中该复选框后，管道两端将形成圆角，同时激活【分段】和【半径】选项，以控制圆角的大小。

实战演练：制作立式灯

下面将使用"管道""立方体"等对象，制作一个家居设计中常见的立式装饰灯。

01 长按工具栏中的【立方体】按钮，从弹出的面板中选择【管道】工具，在场景中创建一个"管道"模型对象，然后在【属性】面板中设置该对象的【外部半径】为350cm，【内部半径】为320cm，【旋转分段】为110，【高度】为300cm，【高度分段】为1，如图 3-42 所示。

图 3-42　创建"管道"模型对象

02 单击工具栏中的【立方体】按钮，在场景中创建一个立方体，并在【属性】面板中设置立方体的【尺寸.X】和【尺寸.Z】为 20cm，【尺寸.Y】为 1800cm，如图 3-43 所示。

03 长按工具栏中的【细分曲面】按钮，在弹出的面板中选择【阵列】工具，为立方体添加一个"阵列"，在【属性】面板中设置【半径】为 50cm，【副本】为 2，如图 3-44 所示。

04 使用工具栏中的【移动】工具调整"阵列"对象的位置，然后按 C 键，将"阵列"对象转换为可编辑对象，使用工具栏中的【旋转】工具将场景中的 3 个立方体旋转合适的角度，完成立式灯的制作，效果如图 3-45 所示。

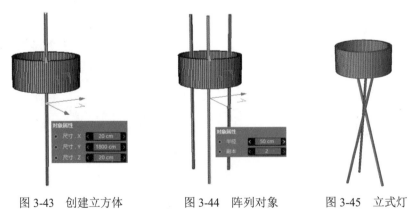

图 3-43　创建立方体　　　　图 3-44　阵列对象　　　　图 3-45　立式灯

3.11　金字塔

金字塔(角锥，如图 3-46 左图所示)的底面是正方形或矩形，侧面是三角形，也用于制作各种类金字塔模型。

【执行方式】

- □ 工具栏：长按工具栏中的【立方体】按钮，从弹出的面板中选择【金字塔】工具。
- □ 菜单栏：选择【创建】|【网格参数对象】|【金字塔】命令。

【选项说明】

创建一个金字塔对象后，【属性】面板的【对象】选项卡中将显示【尺寸】【分段】等选项，如图 3-46 右图所示。

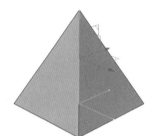

图 3-46　金字塔(左图)和【属性】面板(右图)

- □ 尺寸：用于设置金字塔对应面的长度。
- □ 分段：用于设置金字塔的分段数量。

实战演练：制作金字塔框架

本例将通过制作一个金字塔框架模型，帮助用户熟悉使用金字塔几何体建模的操作方法。

01 长按 Cinema 4D 工具栏中的【立方体】按钮，从弹出的列表中选择【金字塔】工具，在场景中创建一个金字塔模型对象。

02 选中创建的金字塔模型对象后，按 C 键将其转换为可编辑对象，然后单击工具栏中的【边】按钮，切换到"边"模式，并按 Ctrl+A 快捷键选中金字塔模型所有的边，如图 3-47 所示。

03 在场景中右击鼠标，从弹出的快捷菜单中选择【提取样条】命令提取样条。

04 在【对象】面板中单击"金字塔"对象左侧的按钮，在展开的列表中可以看到提取的"金字塔.样条"对象，如图 3-48 左图所示。

05 选中【对象】面板中的"金字塔.样条"对象，将其拖动至"金字塔"对象的上方，如图 3-48 右图所示。

图 3-47　选中金字塔所有的边　　　　　　　图 3-48　提取样条

06 在【对象】面板中选中"金字塔"对象，按 Delete 键将其删除。

07 长按工具栏中的【矩形】按钮▢，在弹出的面板中选择【四边】工具◈，创建一个四边形状，在【属性】面板中将其 A 和 B 参数都设置为 5cm，如图 3-49 所示。

08 长按工具栏中的【细分曲面】按钮◉，在弹出的面板中选择【扫描】工具✗，创建"扫描"生成器，然后在【对象】面板中将"四边"和"金字塔.样条"都放在"扫描"生成器的子层级，即可得到如图 3-50 所示的金字塔框架。

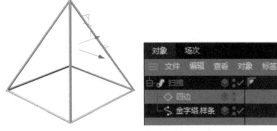

图 3-49　设置"四边"属性　　　　　　　　图 3-50　金字塔框架

【技巧点拨】

使用本例所介绍的方法，我们可以制作出立方体框架、球体框架、圆柱体框架、圆锥体框架等其他几何体模型的框架。

3.12　地形

利用地形(如图 3-51 左图所示)可以制作出起伏山地(丘陵)地形模型。

【执行方式】

☐ 工具栏：长按工具栏中的【立方体】按钮▣，从弹出的面板中选择【地形】工具▲。

☐ 菜单栏：选择【创建】|【网格参数对象】|【地形】命令。

【选项说明】

创建一个地形对象后，【属性】面板的【对象】选项卡中将显示如图 3-51 右图所示的【尺寸】【宽度分段】【深度分段】【粗糙皱褶】【精细皱褶】【海平面】【地平面】【随机】【球状】等参数。

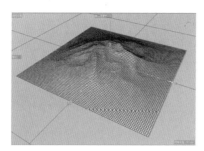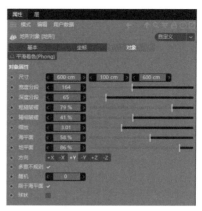

图 3-51　地形(左图)和【属性】面板(右图)

- □ 尺寸：用于设置地形模型的长、宽、高。
- □ 宽度分段：用于设置地形模型宽度方向的分段。
- □ 深度分段：用于设置地形模型深度方向的分段。
- □ 粗糙皱褶：用于控制地形模型的平缓程度。其数值越小，地形起伏程度越小；反之，地形起伏程度越大。
- □ 精细皱褶：用于控制地形皱褶的细节。其数值越小，皱褶细节越少；反之，皱褶细节越多。
- □ 海平面：用于设置地形海平面的平整程度。其值被设置为 100% 时，地形呈平面效果。
- □ 地平面：用于设置地形地平面的平整程度。
- □ 随机：用于设置地形的随机样式。
- □ 球状：选中【球状】复选框后，地形呈球状效果。
- □ 多重不规则：选中【多重不规则】复选框后，地形将呈多重不规则效果。

3.13　宝石体

使用宝石体(如图 3-52 左图所示)可以创建多种类型的多面体模型。

【执行方式】

- □ 工具栏：长按工具栏中的【立方体】按钮 ⬢，从弹出的面板中选择【宝石体】工具 ⬡。
- □ 菜单栏：选择【创建】|【网格参数对象】|【宝石体】命令。

【选项说明】

创建一个宝石体对象后，【属性】面板的【对象】选项卡中将显示【半径】【分段】【类型】等参数，如图 3-52 右图所示。

- □ 半径：用于设置宝石体模型的半径。
- □ 分段：用于设置宝石体模型的分段数。

□ 类型：用于设置宝石体模型的类型，Cinema 4D 提供了"四面""六面""八面""十二面""二十面""碳原子"6 种类型的宝石体模型类型。

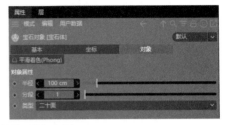

图 3-52　宝石体(左图)和【属性】面板(右图)

实战演练：制作足球

本例将使用宝石体结合多边形建模命令，介绍制作一个足球模型的操作方法。

01 单击工具栏中的【立方体】按钮 ，从弹出的列表中选择【宝石体】工具 ，在场景中创建一个宝石体。在【属性】面板中将【类型】设置为"碳原子"，此时场景中宝石体模型对象的效果如图 3-53 所示。

02 选中创建的宝石体模型对象，按 C 键将其转换为可编辑对象，然后在工具栏中单击【边】按钮 ，切换至"边"模式。

03 在菜单栏中选择【选择】|【选择平滑着色断开】命令(快捷键：U+N)，在【属性】面板中单击【全选】按钮，如图 3-54 所示。

04 在菜单栏中选择【选择】|【反选】命令(快捷键 U+I)。

05 在场景中右击鼠标，在弹出的快捷菜单中选择【消除】命令，消除多余的线。

06 在【属性】面板中再次单击【全选】按钮，选中宝石体模型对象上所有的线。

07 在工具栏中单击【多边形】按钮 ，切换至"多边形"模式，然后按 Ctrl+A 快捷键选中模型对象上所有的面。

08 在场景中右击鼠标，从弹出的快捷菜单中选择【细分】命令右侧的 图标，打开【细分】对话框，设置【细分】参数为 3，然后单击【确定】按钮，如图 3-55 所示。

图 3-53　宝石体　　　图 3-54　选择平滑着色断开　　　图 3-55　【细分】对话框

09 在工具栏中长按【弯曲】按钮 ，从弹出的面板中选择【球化】工具 ，添加"球化"变形器，在【对象】面板中将"球化"变形器放置在"宝石体"的子层级，如图 3-56 左图所示。在【属性】面板中将【强度】设置为100%，【半径】设置为100cm，如图3-56中图所示。此时，场景中"宝石体"模型对象的效果如图3-56右图所示。

图3-56　为"宝石体"对象添加"球化"变形器

10 在【对象】面板中按住Shift键选中所有对象，右击鼠标，从弹出的快捷菜单中选择【连接对象+删除】命令。

11 在工具栏中单击【边】按钮 ，切换至"边"模式，按T键，执行【缩放】命令，在场景中拖动鼠标使选中的边向内缩小一点，如图3-57所示。

12 在场景中右击鼠标，从弹出的快捷菜单中选择【倒角】命令，在【属性】面板中将【偏移】设置为"0.5cm"，如图3-58所示。

13 在工具栏中单击【多边形】按钮 ，切换至"多边形"模式，在菜单栏中选择【选择】|【反选】命令(快捷键U+I)，选中如图3-59所示的倒角面。

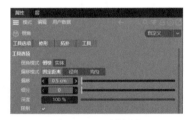

图3-57　缩放　　　　　　　　图3-58　设置倒角　　　　　　　图3-59　选择倒角面

14 在场景中右击鼠标，从弹出的快捷菜单中选择【挤压】命令，在【属性】面板中设置【偏移】为"-1cm"，如图3-60所示。

15 按住Alt键并单击工具栏中的【细分曲面】按钮 ，为场景中的宝石体添加一个"细分曲面"生成器，完成足球模型的制作，如图3-61所示。

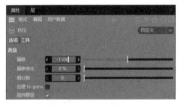

图3-60　设置挤压　　　　　　　图3-61　添加"细分曲面"生成器

3.14　油桶

油桶(如图3-62左图所示)常用于创建油桶类模型。

【执行方式】

□ 工具栏：长按工具栏中的【立方体】按钮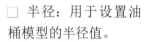，从弹出的面板中选择【油桶】工具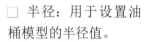。

□ 菜单栏：选择【创建】|【网格参数对象】|【油桶】命令。

【选项说明】

创建一个油桶模型对象后，【属性】面板的【对象】选项卡中将显示【半径】【高度】【封顶高度】【封顶分段】【旋转分段】等参数，如图 3-62 右图所示。

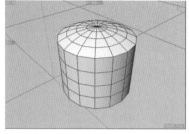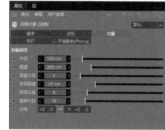

图 3-62　油桶(左图)和【属性】面板(右图)

□ 半径：用于设置油桶模型的半径值。

□ 高度：用于设置油桶模型的高度值。

□ 高度分段：用于设置油桶模型的高度分段数。

□ 封顶高度：用于设置油桶模型顶部和底部的高度。

□ 旋转分段：用于设置油桶模型的旋转分段数。

□ 方向：用于设置油桶模型的朝向。

3.15　人形素体

使用人形素体(如图 3-63 左图所示)可以在 Cinema 4D 中制作人偶骨架模型。

【执行方式】

□ 工具栏：长按工具栏中的【立方体】按钮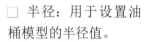，从弹出的面板中选择【人形素体】工具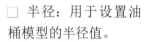。

□ 菜单栏：选择【创建】|【网格参数对象】|【人形素体】命令。

【选项说明】

创建一个人形素体模型对象后，【属性】面板的【对象】选项卡中将显示【高度】和【分段】参数，如图 3-63 右图所示。

□ 高度：用于设置人形素体模型的高度。

□ 分段：用于设置人形素体模型的分段数。

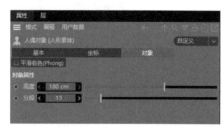

图 3-63　人形素体(左图)和【属性】面板(右图)

实战演练：制作坐姿人偶

本例将通过创建并调整人形素体的姿势，帮助用户掌握在场景中创建各种姿态人偶的操作方法。

01 单击工具栏中的【立方体】按钮，在场景中创建一个立方体，并在【属性】面板中设置该立方体的【尺寸.X】【尺寸.Y】【尺寸.Z】均为 100cm。

02 长按工具栏中的【立方体】按钮，在弹出的面板中选择【平面】工具，在场景中创建一个平面。

03 长按 Cinema 4D 工具栏中的【立方体】按钮，从弹出的面板中选择【人形素体】工具，在场景中创建一个人形素体，并在【属性】面板中设置其【高度】为 350cm，如图 3-64 所示。

04 选中场景中的人形素体，按 C 键，将其转换为可编辑对象。

05 在【对象】面板中单击"人形素体"对象左侧的田按钮，将展开人形素体对象各部分的子对象，如图 3-65 所示。

06 在【对象】面板中选中人形素体各个部分，然后使用工具栏中的【旋转】工具调整人偶身体的姿势，如图 3-66 所示。

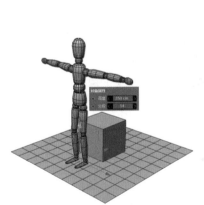

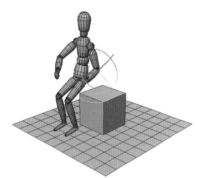

图 3-64　创建人形素体　　　图 3-65　【对象】面板　　　图 3-66　调整人偶姿势

07 按下鼠标中键，切换至四视图，可以看到人形素体在场景空间中的位置，如图 3-67 左图所示。

08 在四个视图中使用【旋转】工具对人形素体的各个部分进行进一步调整。

09 在【对象】面板中选中"人形素体"对象后，使用工具栏中的【移动】工具，调整人形素体在场景中的位置，使其保持坐姿"坐在"立方体上，效果如图 3-67 右图所示。

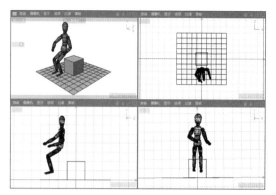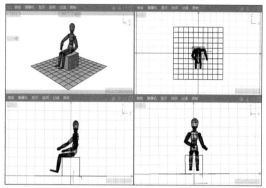

图 3-67　在四视图中调整对象位置

3.16　胶囊

使用胶囊(如图 3-68 所示)可以快速创建胶囊模型。

【执行方式】

□ 工具栏：长按工具栏中的【立方体】按钮，从弹出的面板中选择【胶囊】工具。
□ 菜单栏：选择【创建】|【网格参数对象】|【胶囊】命令。

【选项说明】

创建一个胶囊模型对象后，【属性】面板的【对象】选项卡中将显示【半径】【高度】【高度分段】【封顶分段】【旋转分段】等参数，如图 3-68 所示。

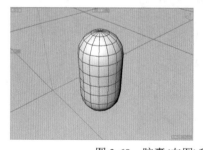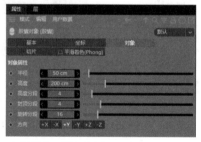

图 3-68　胶囊(左图)和【属性】面板(右图)

□ 半径：用于设置胶囊模型的半径大小。
□ 高度：用于设置胶囊模型的高度值。
□ 高度分段：用于设置胶囊模型的高度分段数。
□ 封顶分段：用于设置胶囊模型的封顶分段数。
□ 旋转分段：用于设置胶囊模型的旋转分段数。

视频讲解：制作胶囊

本例将通过扫码播放视频的方式，介绍使用"胶囊"结合多边形建模方式，制作一个逼真胶囊模型的方法。

3.17　贝赛尔

使用贝赛尔可以制作柔软的模型效果。创建如图 3-69 左图所示的贝赛尔模型对象后，单击工具栏中的【点】按钮，拖动模型中的点，可以使模型产生如图 3-69 右图所示的变化。

【执行方式】

　□ 工具栏：长按工具栏中的【立方体】按钮，从弹出的面板中选择【贝赛尔】工具。

　□ 菜单栏：选择【创建】|【网格参数对象】|【贝赛尔】命令。

【选项说明】

创建一个贝赛尔对象后，【属性】面板的【对象】选项卡中将显示【水平细分】【垂直细分】【水平网点】【垂直网点】等参数，如图 3-70 所示。

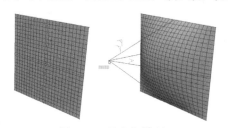
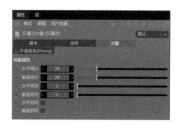

图 3-69　贝赛尔模型　　　　图 3-70　"贝赛尔"【属性】面板

　□ 水平细分：用于设置贝赛尔模型的水平分段数。
　□ 垂直细分：用于设置贝赛尔模型的垂直分段数。
　□ 水平网点：用于设置贝赛尔模型的水平网点个数。
　□ 垂直网点：用于设置贝赛尔模型的垂直网点个数。
　□ 水平封闭：选中【水平封闭】复选框后，即可将模型水平封闭闭合，如图 3-71 所示。
　□ 垂直封闭：选中【垂直封闭】复选框后，可将模型垂直封闭闭合，如图 3-72 所示。

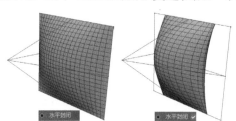
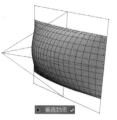

图 3-71　水平封闭　　　　图 3-72　垂直封闭

3.18　空白多边形

使用空白多边形可以将多个模型组合在一起。如图 3-73 左图所示为使用空白多边形将球体、圆环面、平面组合成一个对象。

【执行方式】

- □ 工具栏：长按工具栏中的【立方体】按钮，从弹出的面板中选择【空白多边形】工具。
- □ 菜单栏：选择【创建】|【网格参数对象】|【空白多边形】命令。

【参数说明】

创建一个空白多边形对象后，【属性】面板的【基本】选项卡中将显示【名称】【图层】【编辑器可见】【渲染器可见】【显示颜色】【透显】等参数，如图 3-73 右图所示。

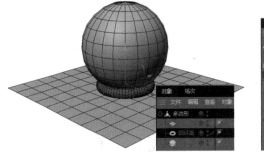
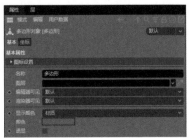

图 3-73　空白多边形(左图)和【属性】面板(右图)

视频讲解：制作热气球

本例将通过扫码播放视频的方式，介绍使用空白多边形制作一个简单热气球模型的方法。

第4章
样条建模

● 本章内容

　　样条是 Cinema 4D 中自带的二维图形，通过画笔绘制样条，我们可以轻松制作出一些线条形态的模型，这类线条形态的模型通常用于组成物体中的某些部分，如产品模型上的雕花、钟表上的文字、家具上的装饰纹等。

4.1 样条建模概述

Cinema 4D 中的样条线是二维图形，它是一个没有深度的连续线，可以是打开的，也可以是封闭的。

样条是 Cinema 4D 自带的二维图形。在 Cinema 4D 中，可以通过以下几种方式创建样条。

01 在 Cinema 4D 工具栏中长按【样条画笔】按钮 ，系统将弹出如图 4-1 所示的面板。单击该面板中的图标选择样条画笔、草绘、平滑样条、样条弧线工具，可以在场景中绘制任意形状的二维线(这些二维线的形状不受约束，可以封闭也可以不封闭，拐角处可以是尖锐的也可以是圆滑的)，如表 4-1 所示。

表 4-1　样条绘制工具

工具名称	说　明	
样条画笔	用于绘制线性、立方、Akima、B-样条、贝赛尔 5 种类型的样条线	
草绘	通过拖动鼠标的方式绘制自由的线(类似画笔)	
样条弧线工具	用于精确绘制弧线形状	
平滑样条	使绘制的样条线变得更加平滑	图 4-1　样条绘制工具

02 长按工具栏中的【矩形】按钮 ，系统将弹出如图 4-2 所示的面板。单击该面板中的图标可以在场景中直接绘制相应的图形，如表 4-2 所示。

表 4-2　Cinema 4D 内置的样条工具

工具名称	说　明	图　例	
弧线	用于绘制圆弧、扇区、分段、环状等各种类型的弧线图案		
螺旋线	用于绘制螺旋线图案		
矩形	用于绘制矩形图案		
四边	用于绘制四边形图案		
齿轮	用于绘制齿轮图案		
花瓣形	用于绘制各种类型的花瓣形状图案		
星形	用于绘制各种类型的星形图案		
空白样条	用于创建一个只能通过原点和轴来辨识的空白样条线对象		
圆环	用于绘制圆、椭圆和圆环图案		图 4-2　内置的样条工具

(续表)

工具名称	说　明	图　例
多边	用于绘制各种多边形图案	⬡ ⬡
蔓叶线	用于绘制蔓叶线图案	⋎
摆线	用于绘制摆线、外摆线和内摆线图案	⌒ ⌒ ⌒
轮廓	用于绘制 H、L、T、U、Z 等轮廓线图案	ⅡⅡⅡ
公式	利用数学公式创建几何曲线	∿

03 单击工具栏中的【文本样条】按钮，☐则可以在场景中插入创建文字对象，利用该对象可以制作出各种立体字。

4.2　内置样条

如表 4-2 所示，Cinema 4D 提供了多种内置的样条工具，利用这些工具用户可以直接在场景中通过设置参数，创建出丰富的样条线效果，如弧线、圆环、圆、螺旋线、三角形、五角形、六边形、星形、花瓣形、齿轮等。

4.2.1　弧线

使用弧线(圆弧，如图 4-3 左图所示)可以创建弧线形状。

【执行方式】

- □ 工具栏：长按工具栏中的【矩形】按钮☐，从弹出的面板中选择【圆弧】工具◟。
- □ 菜单栏：选择【创建】|【样条参数对象】|【弧线】命令。

【选项说明】

创建弧线样条后，【属性】面板中将显示【类型】【半径】【开始角度】【结束角度】【平面】等参数，如图 4-3 右图所示。

- □ 类型：用于设置弧线的类型，包括圆弧、扇区、分段、环状 4 种。
- □ 半径：用于设置圆弧的半径数值。

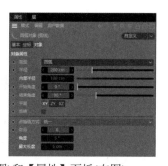

图 4-3　弧线(左图)和【属性】面板(右图)

□ 内部半径：设置【类型】为【环状】时，该参数控制内部的半径数值。

□ 开始角度：用于设置圆弧开始时的角度，如图 4-4 所示。

□ 结束角度：用于设置圆弧结束时的角度，如图 4-5 所示。

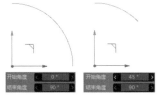
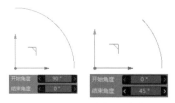

图 4-4　设置弧线的开始角度　　　　图 4-5　设置弧线的结束角度

□ 平面：用于设置圆弧的轴向，分别为 XY、ZY、XZ 三种。

□ 点插值方式：用于选择点插值的方式，包括无、自然、统一、自动适应、细分 5 种。

□ 数量：该数值越大，圆弧越光滑。

□ 角度：设置【点插值方式】为【自动适应】时，可以修改角度数值。

□ 最大长度：设置【点插值方式】为【细分】时，可以修改最大长度数值。

视频讲解：制作立体圆弧

　　本例将通过扫码播放视频的方式，使用弧线制作一个立体圆弧模型，帮助用户初步了解样条建模的基本方法。

4.2.2　圆环

　　利用圆环工具可以创建圆环形状，如图 4-6 左图所示。

【执行方式】

□ 工具栏：长按工具栏中的【矩形】按钮，从弹出的面板中选择【圆环】工具。

□ 菜单栏：选择【创建】|【样条参数对象】|【圆环】命令。

【选项说明】

　　创建圆环样条后，【属性】面板的【对象】选项卡中将显示【椭圆】【环状】【半径】【内部半径】等参数，如图 4-6 右图所示。

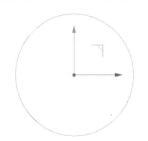
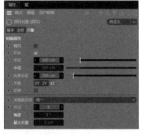

图 4-6　圆环(左图)和【属性】面板(右图)

□ 椭圆：选中【椭圆】复选框，可以设置两个半径参数使创建的图案变为椭圆，如图 4-7 所示。

□ 环状：选中【环状】复选框，可绘制同心圆图案，如图 4-8 所示。

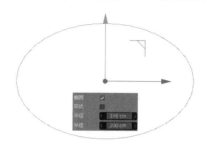 

图 4-7　椭圆　　　　　　　　　图 4-8　同心圆

□ 半径：用于设置半径大小。

□ 内部半径：选中【环状】复选框后，修改【内部半径】可以设置同心圆中内部圆形的半径。

□ 平面：设置圆环对齐的平面，包括 XY、ZY 和 XZ 三个选项。

实战演练：制作项链

　　本例将通过制作一个项链模型，帮助用户了解使用圆环建模的操作方法。

01 长按工具栏中的【矩形】按钮■，从弹出的面板中选择【圆环】工具◯，在场景中创建一个圆环样条，在【属性】面板中选中【椭圆】复选框，设置圆环为椭圆，然后设置圆环的两个【半径】参数分别为 200cm 和 110cm，将【平面】设置为 ZY。此时，场景中的圆环效果如图 4-9 所示。

02 按 C 键，将圆环转换为可编辑对象。单击工具栏中的【点】按钮◉，切换至"点"模式，然后使用【移动】工具✛调整圆环四周的点，使圆环发生一定的变形，如图 4-10 所示。

03 在工具栏中单击【模型】按钮◉，切换至"模型"模式。长按 Cinema 4D 工具栏中的【立方体】按钮◈，从弹出的面板中选择【宝石体】工具◉，在场景中创建一个"宝石体"模型对象，在【属性】面板中设置宝石体的【半径】为 10cm，【分段】为 1，如图 4-11 所示。

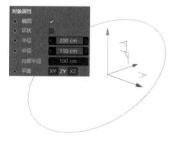  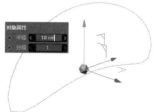

图 4-9　创建椭圆样条　　　　图 4-10　调整样条　　　　图 4-11　创建宝石体

04 在菜单栏中选择【运动图形】|【克隆】命令，添加一个"克隆"运动图形对象。在【对象】面板中将"宝石体"对象放置于"克隆"对象子层级，然后选中"克隆"对象，将【模式】设置为【对象】，将【对象】面板中的"圆环"对象拖动至【属性】面板的【对象】栏中，如图 4-12 所示。

05 在【属性】面板显示的选项中将【数量】设置为 45，如图 4-13 所示。此时，场景中"项链"模型对象的效果如图 4-14 所示。

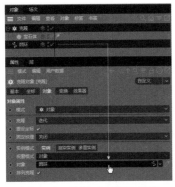
图 4-12　设置"克隆"属性

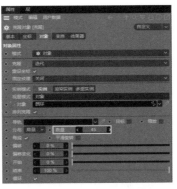
图 4-13　设置副本数量

图 4-14　项链模型

4.2.3　螺旋线

利用螺旋线工具可以创建螺旋线形状，如图 4-15 左图所示。

【执行方式】

- □ 工具栏：长按工具栏中的【矩形】按钮，从弹出的面板中选择【螺旋线】工具。
- □ 菜单栏：选择【创建】|【样条参数对象】|【螺旋线】命令。

【选项说明】

创建螺旋线样条后，【属性】面板的【对象】选项卡中将显示【起始半径】【开始角度】【终点半径】【结束角度】等参数，如图 4-15 右图所示。

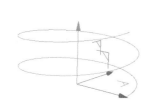
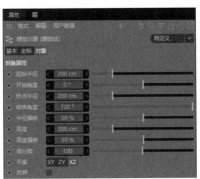
图 4-15　螺旋线(左图)和【属性】面板(右图)

□ 起始半径：用于设置螺旋线底部的半径。

□ 开始角度：用于设置螺旋线底部的角度。不同的数值会在底部产生不同的螺旋圈数，如图 4-16 所示。

□ 终点半径：用于设置螺旋线顶部的半径。

□ 结束角度：用于设置螺旋线顶部的角度。不同的数值会在顶部产生不同的螺旋圈数。

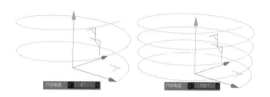

图 4-16 设置螺旋线的开始角度

□ 半径偏移：调整该参数可以产生不同的半径变化(将【起始半径】和【终点半径】设置为不同的参数时，修改该参数值螺旋线才会产生变化)，如图 4-17 所示。

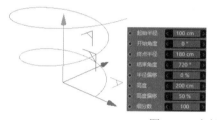 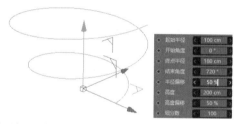

图 4-17 半径偏移参数对螺旋线的影响

□ 高度：用于设置螺旋线的总高度。

□ 高度偏移：用于设置螺旋线的高度变化，数值越小螺旋线底部越紧凑，数值越大螺旋线顶部越紧凑。

4.2.4 多边

利用多边工具可以创建不同边数的多边形(如三角形、六边形、八边形等)，如图 4-18 所示。

【执行方式】

□ 工具栏：长按工具栏中的【矩形】按钮▢，从弹出的面板中选择【多边】工具⬡。

□ 菜单栏：选择【创建】|【样条参数对象】|【多边】命令。

【选项说明】

创建多边形样条后，【属性】面板的【对象】选项卡中将显示【半径】【侧边】【圆角】等参数，如图 4-19 所示。

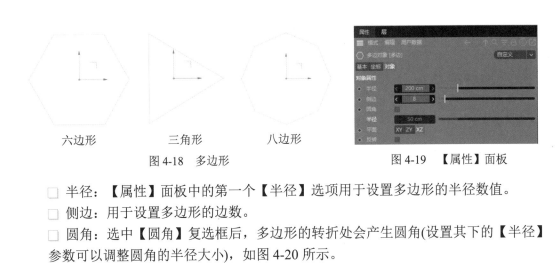

<table>
<tr><td>六边形</td><td>三角形</td><td>八边形</td></tr>
</table>

图 4-18　多边形　　　　　　　　　　图 4-19　【属性】面板

□　半径：【属性】面板中的第一个【半径】选项用于设置多边形的半径数值。

□　侧边：用于设置多边形的边数。

□　圆角：选中【圆角】复选框后，多边形的转折处会产生圆角(设置其下的【半径】参数可以调整圆角的半径大小)，如图 4-20 所示。

图 4-20　设置【圆角】对多边形的影响

4.2.5　矩形

利用矩形工具可以创建矩形和圆角矩形，如图 4-21 左图所示。

【执行方式】

□　工具栏：单击工具栏中的【矩形】按钮▣。

□　菜单栏：选择【创建】|【样条参数对象】|【矩形】命令。

【选项说明】

创建矩形样条对象后，【属性】面板的【对象】选项卡中将显示【宽度】【高度】【圆角】【半径】等参数，如图 4-21 右图所示。

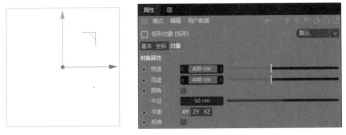

图 4-21　矩形(左图)和【属性】面板(右图)

□ 宽度：用于设置矩形对象的宽度。

□ 高度：用于设置矩形对象的高度。

□ 圆角：选中【圆角】复选框，可以设置矩形四角产生圆角(设置其下的【半径】参数可以调整圆角的半径大小)。

视频讲解：制作相框

　　本例将通过扫码播放视频的方式，介绍制作一个相框模型，帮助用户了解矩形样条在建模中的应用。

4.2.6　星形

　　利用星形工具可以创建不同顶点数的星形形状(如五角星、八角星等)，如图 4-22 左图所示。

【执行方式】

□ 工具栏：长按工具栏中的【矩形】按钮□，从弹出的面板中选择【星形】工具☆。

□ 菜单栏：选择【创建】|【样条参数对象】|【星形】命令。

【选项说明】

　　创建星形样条后，【属性】面板的【对象】选项卡中将显示【内部半径】【外部半径】【螺旋】等参数，如图 4-22 右图所示。

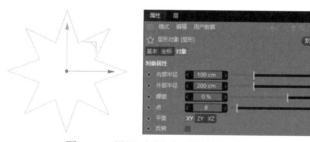

图 4-22　星形(左图)和【属性】面板(右图)

□ 内部半径：用于设置星形样条内部的半径值，如图 4-23 所示。

□ 外部半径：用于设置星形样条外部的半径值，如图 4-24 所示。

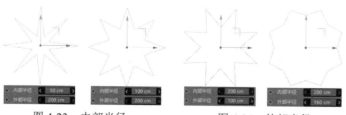

图 4-23　内部半径　　　　　图 4-24　外部半径

□ 螺旋：用于设置星形样条的扭曲效果，如图 4-25 所示。

图 4-25 【螺旋】比例对星形的影响

实战演练：制作五角星

　　本例将介绍使用星形样条制作一个五角星模型的方法，通过实例操作，帮助用户掌握星形样条的属性设置。

01 长按工具栏中的【矩形】按钮□，从弹出的面板中选择【星形】工具☆，在场景中创建一个星形样条。在【属性】面板中将【内部半径】设置为80cm，【外部半径】设置为200cm，【螺旋】设置为0，【点】设置为5，如图 4-26 所示。

02 选择【摄像机】|【正视图】命令，切换至正视图，使用【旋转】工具◯将制作的星形旋转一定的角度，如图 4-27 所示。

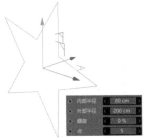

图 4-26 创建星形样条　　　　　　　　图 4-27 旋转星形

03 选择【摄像机】|【透视视图】命令，切换回透视视图。

04 按住 Alt 键，长按工具栏中的【细分曲面】按钮◉，从弹出的面板中选择【挤压】工具⬠，添加"挤压"生成器(如图 4-28 左图所示)，在【属性】面板中设置【偏移】为50cm(如图 4-28 中图所示)，即可在场景中得到图 4-28 右图所示的五角星模型。

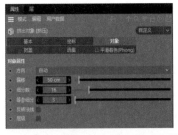

图 4-28 通过"挤压"生成立体五角星模型

4.2.7　四边

使用四边样条可以创建菱形、平行四边形、梯形、风筝等图形，如图 4-29 左图所示。

【执行方式】

□ 工具栏：长按工具栏中的【矩形】按钮□，从弹出的面板中选择【四边】工具◇。

□ 菜单栏：选择【创建】|【样条参数对象】|【四边】命令。

【选项说明】

创建四边样条后，【属性】面板的【对象】选项卡中将显示【类型】【A】【B】【角度】等参数，如图 4-29 右图所示。

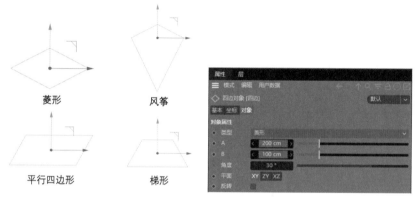

图 4-29　四边(左图)和【属性】面板(右图)

□ 类型：用于设置四边的类型，包括图 4-29 左图所示的菱形、风筝、平行四边形、梯形 4 种类型。

□ A：用于设置四边一侧边的长度。

□ B：用于设置四边另一侧边的长度。

□ 角度：设置四边类型为"平行四边形"或"梯形"时，可通过修改【角度】参数，使四边与工作平面之间的角度发生变化。

4.2.8　蔓叶线

使用蔓叶线样条曲线可以创建类似植物的曲线效果，如图 4-30 左图所示。

【执行方式】

□ 工具栏：长按工具栏中的【矩形】按钮□，从弹出的面板中选择【蔓叶线】工具Ｙ。

□ 菜单栏：选择【创建】|【样条参数对象】|【蔓叶线】命令。

【选项说明】

创建蔓叶线样条后，【属性】面板的【对象】选项卡中将显示【类型】【宽度】【张力】等参数，如图 4-30 右图所示。

☐ 类型：用于设置蔓叶线样条的类型，包括图 4-30 左图所示的蔓叶、双扭、环索 3 种。

☐ 宽度：用于设置蔓叶类曲线的图形大小。

☐ 张力：当设置蔓叶线的类型为"蔓叶"或"环索"时，可通过调整"张力"参数值使曲线发生变化(值越大，曲线越向上方挤压)。

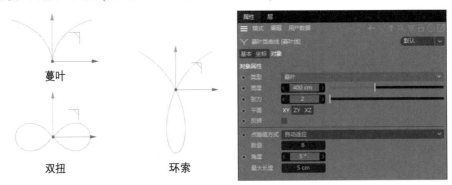

图 4-30　蔓叶线(左图)和【属性】面板(右图)

4.2.9　齿轮

使用齿轮工具可以创建齿轮图形，如图 4-31 左图所示。

【执行方式】

☐ 工具栏：长按工具栏中的【矩形】按钮▣，从弹出的面板中选择【齿轮】工具◉。

☐ 菜单栏：选择【创建】|【样条参数对象】|【齿轮】命令。

【选项说明】

创建齿轮样条后，【属性】面板中将显示【基本】【坐标】【对象】【齿】【嵌体】5 个选项卡，每个选项卡中包含不同的参数选项。下面介绍后三个选项卡。

1.【对象】选项卡

创建齿轮样条后，【属性】面板的【对象】选项卡中包括【传统模式】【显示引导】【引导颜色】等选项，如图 4-31 中图所示。

☐ 传统模式：选中【传统模式】复选框后，将显示图 4-31 右图所示的传统模式参数，其中包括【齿】【内部半径】【中间半径】【外部半径】【斜角】等参数，用于设置齿轮的形状。

图 4-31　齿轮(左图)和【属性】面板(中图和右图)

□ 显示引导：选中【显示引导】复选框后将在齿轮上显示黄色引导线，如图 4-32 所示。

□ 引导颜色：单击【引导颜色】按钮，将打开图 4-33 所示的【颜色选择器】对话框，在该对话框中可以设置引导线的颜色。

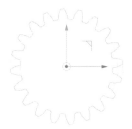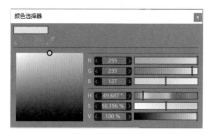

图 4-32　显示引导线　　　　图 4-33　【颜色选择器】对话框

2.【齿】选项卡

在【属性】面板中选择【齿】选项卡，可以设置齿轮的【类型】【齿】【根半径】【附加半径】【间距半径】【压力角度】等参数，如图 4-34 所示。

□ 类型：用于设置齿轮的形态类型，包括无、渐开线、棘轮、平坦 4 种类型，如图 4-35 所示。

□ 齿：用于设置齿轮的锯齿个数。

□ 根半径：用于设置齿轮的内侧半径。

□ 附加半径：用于设置齿轮的外沿半径。

□ 间距半径：用于设置齿轮的整体半径。

□ 压力角度：用于设置齿轮的锐利角度。

3.【嵌体】选项卡

在【属性】面板中选择【嵌体】选项卡，可以设置齿轮嵌体的【类型】【中心孔】【半径】等参数，如图 4-36 所示。

□ 类型：用于设置嵌体的类型，包括【无】【轮辐】【孔洞】【拱形】【波浪】5 种(每种嵌体所对应的参数各不相同，这里不再具体介绍)。

□ 中心孔：选中【中心孔】复选框后，齿轮的中心将出现孔洞。

□ 半径：用于设置齿轮中心孔的半径。

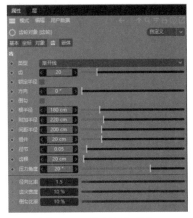

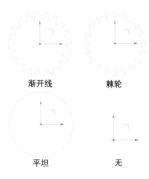

渐开线　　　　棘轮

平坦　　　　　无

图 4-34　【齿】选项卡　　　图 4-35　4 种齿类型　　　图 4-36　【嵌体】选项卡

实战演练：制作齿轮

　　本例将介绍使用"齿轮"样条绘制齿轮轮廓并使用"挤压"生成器制作一个三维齿轮模型的方法。

01▶ 长按工具栏中的【矩形】按钮▣，从弹出的面板中选择【齿轮】工具◎，在场景中创建一个齿轮样条。在【属性】面板中选择【嵌体】选项卡，将【类型】设置为【孔洞】，如图 4-37 所示。

02▶ 选择【摄影机】|【正视图】命令，切换至正视图。

03▶ 按住 Alt 键，长按工具栏中的【细分曲面】按钮◙，从弹出的面板中选择【挤压】工具◉，添加"挤压"生成器，在【属性】面板中设置【偏移】为 30cm，如图 4-38 所示。

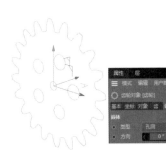

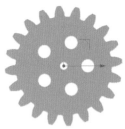

图 4-37　创建齿轮样条　　　　图 4-38　添加"挤压"生成器

04▶ 此时齿轮已经变为三维效果。按 Ctrl+C 和 Ctrl+V 快捷键，将三维齿轮复制多份，并使用【移动】工具✛调整复制的模型对象的位置；使用【缩放】工具▣调整齿轮模型的大小，如图 4-39 左图所示。

05▶ 选择【摄影机】|【透视视图】命令，切换至透视视图，三维齿轮模型的效果如图 4-39 右图所示。

图 4-39　三维齿轮模型

4.2.10　摆线

使用摆线工具可以创建如图 4-40 左图所示的摆线、外摆线和内摆线样条。

【执行方式】

- □ 工具栏：长按工具栏中的【矩形】按钮囗，从弹出的面板中选择【摆线】工具⊙。
- □ 菜单栏：选择【创建】|【样条参数对象】|【摆线】命令。

【选项说明】

创建摆线样条后，【属性】面板的【对象】选项卡中将显示【类型】【半径】【开始角度】【结束角度】等参数，如图 4-40 右图所示。

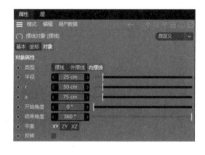

摆线　　　　　　　外摆线　　　　　　　内摆线

图 4-40　摆线(左图)和【属性】面板(右图)

- □ 类型：用于设置摆线的方式，包括图 4-41 左图所示的摆线、外摆线和内摆线 3 种。
- □ 半径：用于设置摆线的半径大小。
- □ 开始角度：用于设置摆线开始的角度。
- □ 结束角度：用于设置摆线结束的角度。

4.2.11　花瓣形

使用花瓣形工具，可以绘制各种花朵形态的样条，如图 4-41 左图所示。

【执行方式】

- □ 工具栏：长按工具栏中的【矩形】按钮囗，从弹出的面板中选择【花瓣形】工具❀。
- □ 菜单栏：选择【创建】|【样条参数对象】|【花瓣形】命令。

【选项说明】

创建花瓣形样条后，【属性】面板的【对象】选项卡中将显示【内部半径】【外部半径】【花瓣】等参数，如图 4-41 右图所示。

☐ 内部半径：用于设置花瓣样条的内部半径数值。

☐ 外部安静：用于设置花瓣样条的外部半径数值。

☐ 花瓣：用于设置花瓣的个数。图 4-41 左图所示为设置不同个数花瓣参数的对比效果。

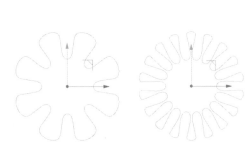
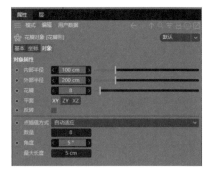

图 4-41　花瓣形(左图)和【属性】面板(右图)

实战演练：制作甜筒

本例将使用"螺旋线""花瓣形""圆锥体"制作一个三维甜筒模型，通过实例的操作，帮助用户进一步掌握花瓣形样条在建模中的应用。

01 长按工具栏中的【矩形】按钮▢，从弹出的面板中选择【螺旋线】工具，在场景中创建一条螺旋线样条，在【属性】面板中设置螺旋线的【起始半径】为50cm，【开始角度】为 - 400°，【终点半径】为 0cm，【结束角度】为720°，【半径偏移】为50%，【高度】为100cm，【高度偏移】为40°，【平面】为XZ，如图 4-42 所示。

02 长按工具栏中的【矩形】按钮▢，从弹出的面板中选择【花瓣形】工具，在场景中创建一个花瓣形样条，在【属性】面板中设置其【内部半径】为10cm，【外部半径】为20cm，【花瓣】数量为6，如图 4-43 所示。

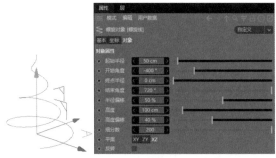
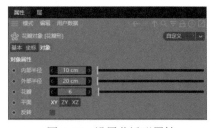

图 4-42　创建螺旋线　　　　　　　　　图 4-43　设置花瓣形属性

03 长按工具栏中的【细分曲面】按钮 ，从弹出的面板中选择【扫描】工具 ，添加"扫描"生成器，在【对象】面板中将"螺旋线"和"花瓣形"对象放在"扫描"生成器的子层级，如图 4-44 所示。

04 在【对象】面板中选中"扫描"对象，在【属性】面板中展开【细节】选项区域，调整【缩放】和【旋转】细节，如图 4-45 所示。

05 此时，场景中的甜筒奶油部分的模型效果如图 4-46 所示。

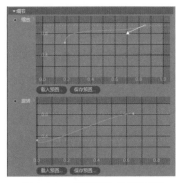

图 4-44　扫描　　　　　　图 4-45　【细节】选项区域　　　　图 4-46　奶油模型效果

06 长按工具栏中的【立方体】按钮 ，从弹出的面板中选择【圆锥体】工具 ，在场景中创建一个圆锥体模型，在【属性】面板中设置【底部半径】为 50cm，【方向】为"-Y"，如图 4-47 所示。

07 长按工具栏中的【立方体】按钮 ，从弹出的面板中选择【胶囊】工具 ，在场景中创建一个胶囊模型，在【属性】面板中设置其【半径】为 2cm，【高度】为 10cm。

08 在【对象】面板中选中"胶囊"对象，按住 Alt 键，单击工具栏中的【克隆】按钮 ，添加"克隆"作为"胶囊"对象的父层级。

09 在【属性】面板中将"克隆"模式设置为【对象】，【对象】设置为【扫描】，【数量】设置为 180，完成甜筒模型的制作，如图 4-48 所示。

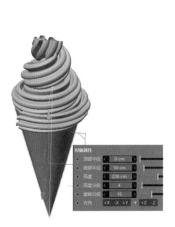

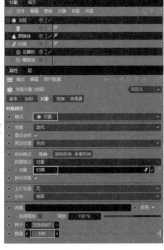

图 4-47　创建圆锥体　　　　　　图 4-48　"克隆"胶囊体

4.2.12　轮廓

使用轮廓工具可以制作 H、L、T、U、Z 字母形状的样条，如图 4-49 左图所示。

【执行方式】

- □ 工具栏：长按工具栏中的【矩形】按钮▣，从弹出的面板中选择【轮廓】工具▮。
- □ 菜单栏：选择【创建】|【样条参数对象】|【轮廓】命令。

【选项说明】

创建轮廓样条后，【属性】面板的【对象】选项卡中将显示【类型】【高度】【b】【s】【t】等参数，如图 4-49 右图所示。

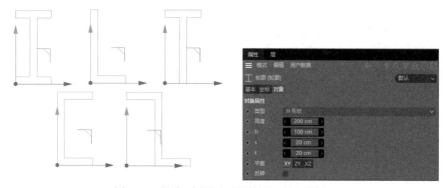

图 4-49　轮廓(左图)和【属性】面板(右图)

- □ 类型：用于设置轮廓样条的类型。
- □ 高度：用于设置样条的高度。
- □ b：用于设置轮廓样条中最右侧的宽度。
- □ s：用于设置轮廓样条中最左侧的宽度。
- □ t：用于设置轮廓样条本身的厚度。

4.2.13　文本

使用文本样条工具可以在场景中生成文本样条，如图 4-50 左图所示。

【执行方式】

- □ 工具栏：单击工具栏中的【文本样条】按钮▮。
- □ 菜单栏：选择【创建】|【样条参数对象】|【文本样条】命令。

【选项说明】

创建文本样条后，【属性】面板的【对象】选项卡中将显示【文本样条】【字体】【对齐】【高度】【水平间隔】【垂直间隔】【显示 3D 界面】等参数，如图 4-50 右图所示。

- □ 文本样条：用于输入文本。若需要输入多行文本，可按 Enter 键切换至下一行。

□ 字体：用于设置文本的字体。

□ 对齐：用于设置文本对齐的类型。系统提供了【左】【中对齐】【右】3 个对齐选项。

□ 高度：用于设置文本的高度。

□ 水平间隔：用于设置文本间的距离。

□ 垂直间距：用于调整文本行间的距离(只对多行文本起作用)。

□ 显示 3D 界面：选中该复选框后，可以单独调整每个文字的样式，如图 4-51 所示。

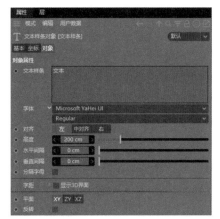

图 4-50 文本(左图)和【属性】面板(右图)

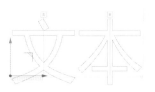 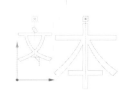

图 4-51 显示 3D 界面

实战演练：制作立体字

本例将通过制作一组立体字，帮助用户进一步掌握 Cinema 4D 中文本工具的使用方法。

01 选择【摄像机】|【正视图】命令，切换至正视图。

02 单击工具栏中的【文本样条】按钮T，在【属性】面板的【文本样条】输入框中输入一段文本(如"全场促销")，将【字体】设置为"方正粗黑宋简体"，【高度】设置为100cm，【水平间隔】设置为 20cm，如图 4-52 所示。

图 4-52 创建文本样条

03 在【对象】面板中选中"文本样条"对象后，按住 Alt 键，长按工具栏中的【细分曲面】按钮 ⬛，从弹出的面板中选择【挤压】工具 ⬛，创建"挤压"生成器，并将"文本样条"放在"挤压"的子层级，如图 4-53 所示。

04 在【对象】面板中选中"挤压"对象，在【属性】面板中将【偏移】设置为 20cm，然后选择【摄像机】|【透视视图】命令，切换回透视图，场景中立体文字的效果如图 4-54 所示。

图 4-53　添加"挤压"生成器　　　图 4-54　透视图下的立体文字效果

05 在【属性】面板中选中【封盖】选项卡，设置【尺寸】为 3cm，【倒角外形】为【圆角】，【分段】为 2，如图 4-55 所示。

图 4-55　设置封盖

06 单击 Cinema 4D 工具栏中的【立方体】按钮 ⬛，在场景中创建一个立方体，设置其【尺寸 .X】为 600cm，【尺寸 .Y】为 10cm，【尺寸 .Z】为 200cm，并通过正视图调整立方体的位置，完成后的模型效果如图 4-56 所示。

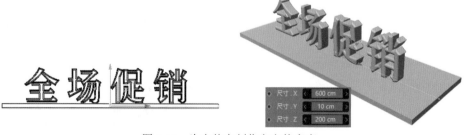

图 4-56　为立体字制作立方体底座

4.3　将样条转换为可编辑对象

在场景中选中创建的样条后，单击工具栏中的【转换为可编辑对象】按钮 (快捷键: C)，可将样条转换为可编辑对象。此时，单击工具栏中的【点】按钮，将其状态激活为 (进入"点"模式)，可对样条上的点进行选择或编辑，如图 4-57 所示。

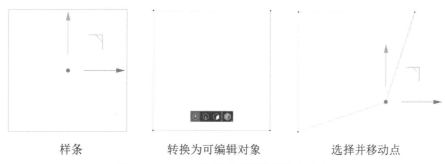

样条　　　　　　　　　　转换为可编辑对象　　　　　　　选择并移动点

图 4-57　在"点"模式下调整样条上的点

在"点"模式中右击场景，弹出的快捷菜单中提供了许多工具用于对点或样条进行编辑操作，如图 4-58 所示。

图 4-58　"点"模式下的右键菜单

4.4　绘制样条

Cinema 4D 不仅提供了可以直接创建各种样条效果的内置样条(如 4.2 节介绍的各种样条)，还提供了样条画笔、草绘、平滑和样条弧线工具，以帮助用户根据建模需求自由绘制随意的样条。

4.4.1　样条画笔

使用样条画笔工具 可以绘制任意形状的二维样条线。二维线的形状不受约束，可以是封闭的，也可以是不封闭的，如图 4-59 左图所示。

【执行方式】

□ 工具栏：单击工具栏中的【样条画笔】按钮✎。
□ 菜单栏：选择【样条】|【样条画笔】命令。

【选项说明】

使用【样条画笔】工具绘制二维线后，可以在【属性】面板中通过【类型】下拉列表选择样条画笔的类型，系统提供了【线性】【立方】【Akima】【B-样条】【贝赛尔】5种类型，如图 4-59 右图所示。

图 4-59　样条线(左图)和【属性】面板(右图)

实战演练：制作高脚杯

本例将使用【样条画笔】工具绘制高脚杯的轮廓，再通过"旋转"生成器制作出高脚杯模型。

01 选择【摄影机】|【正视图】命令，切换至正视图。

02 按 Shift+V 快捷键，在正视图的【属性】面板中选择【背景】选项卡，然后单击【图像】输入框右侧的■按钮，在打开的对话框中选择一张"高脚杯"图片文件作为正视图的背景，如图 4-60 所示。

03 单击工具栏中的【样条画笔】按钮✎，沿着场景中高脚杯的轮廓绘制出高脚杯的一半图形轮廓，如图 4-61 所示。

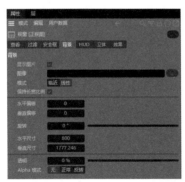

图 4-60　设置正视图的背景图　　　　　　　　　　图 4-61　绘制轮廓

04 在【对象】面板中选中绘制的"样条"对象，按住 Alt 键，长按工具栏中的【细分曲面】按钮，从弹出的面板中选择【旋转】工具，创建"旋转"生成器，将"样条"放在"旋转"的子层级，如图 4-62 所示。

05 在【对象】面板中选中"旋转"对象，按住 Alt 键，单击工具栏中的【细分曲面】按钮，添加"细分曲面"生成器，如图 4-63 所示。

06 选择【摄影机】|【透视视图】命令，切换至透视图，模型效果如图 4-64 所示。

图 4-62　添加"旋转"生成器　　图 4-63　添加"细分曲面"生成器　　图 4-64　高脚杯

【技巧点拨】

Cinema 4D 中的【样条画笔】工具类似 3ds Max 中的【线】工具，但是在使用时，【样条画笔】工具不能像【线】工具一样，直接按住 Shift 键绘制水平或垂直的直线。若用户需要在场景中绘制直线可以采用以下两种方法。

□ 方法一：利用【启用捕捉】工具和场景中的背景栅格绘制直线。激活【启用捕捉】工具和【网格点捕捉】选项后，使用【样条画笔】工具沿着栅格即可绘制出直线。

□ 方法二：选中样条线的两个点后，在【坐标】窗口中设置两个点的 X 轴参数为 0，即可使样条线变为垂直直线，如图 4-65 所示。

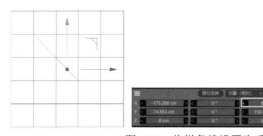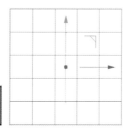

图 4-65　将样条线设置为垂直直线

4.4.2　草绘

使用草绘工具可以通过拖动鼠标在场景中绘制灵活、自由的线(类似画笔)，如图 4-66 左图所示。

【执行方式】

　　▢ 工具栏：长按工具栏中的【样条画笔】按钮 🖍，在弹出的面板中选择【草绘】工具 ✐。

　　▢ 菜单栏：选择【样条】|【草绘】命令。

【选项说明】

激活【草绘】工具后，
按住鼠标左键在场景中拖动
即可绘制自由曲线，此时可
以通过【属性】面板设置曲
线的【半径】和【平滑笔触】
参数，如图 4-66 右图所示。

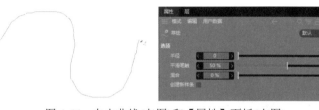

图 4-66　自由曲线(左图)和【属性】面板(右图)

　　▢ 半径：用于设置草绘绘图时画笔的半径大小。

　　▢ 平滑笔触：用于设置画笔的平滑效果，其参数值越大绘制的线越平滑。

　　▢ 创建新样条：选中【创建新样条】复选框后，每次在场景中按住鼠标拖动都会在【对象】面板中创建一个新的"样条"对象。

4.4.3　平滑样条

　　使用【样条画笔】或【草绘】工具在场景中绘制样条后，可以使用【平滑样条】工具，在样条上拖动，使样条变得更平滑(转折更少)，如图 4-67 左图所示。

【执行方式】

　　▢ 工具栏：长按工具栏中的【样条画笔】按钮 🖍，在弹出的面板中选择【平滑样条】工具 ▱。

　　▢ 菜单栏：选择【样条】|【平滑样条】命令。

【选项说明】

激活【平滑样条】工具
后，通过图 4-67 右图所示的
【属性】面板，可以设置曲
线的半径、强度及平滑模式。

　　▢ 半径：用于设置平
滑曲线的半径。

　　▢ 强度：用于设置平
滑曲线的效果强度。

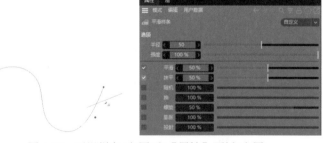

图 4-67　平滑样条(左图)和【属性】面板(右图)

　　▢ 平滑 / 抹平 / 随机 / 推 / 螺旋 / 膨胀 / 投射：用于设置平滑曲线的模式。

4.4.4　样条弧线工具

使用样条弧线工具可以在场景中绘制更准确的弧线样条，如图 4-68 左图所示。

【执行方式】

- □ 工具栏：长按工具栏中的【样条画笔】按钮 🌿，在弹出的面板中选择【样条弧线工具】🖋。
- □ 菜单栏：选择【样条】|【样条弧线工具】命令。

【选项说明】

激活【样条弧线工具】后，通过图 4-68 右图所示的【属性】面板，可以设置弧线的中点、终点、起点、中心、半径、角度等参数。

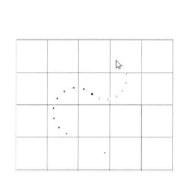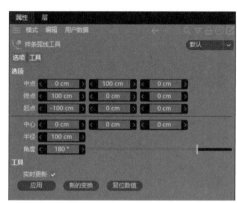

图 4-68　样条弧线(左图)和【属性】面板(右图)

- □ 中点 / 终点 / 起点 / 中心：用于设置弧线的中点、终点、起点和中心位置。
- □ 半径：用于设置弧线的半径大小。
- □ 角度：用于设置弧线的角度数值。其数值越大，弧线越接近圆。

4.5　编辑样条

在场景中创建 2 个样条后，可以对这 2 个样条进行编辑。选中 2 个样条，在菜单栏中选择【样条】|【布尔命令】命令，在弹出的子菜单中可以对样条执行样条差集、样条并集、样条合集、样条或集、样条交集 5 种编辑操作。

4.5.1　样条差集

以图 4-69 左图所示的圆环与矩形为例。在【对象】面板中选中"圆环"和"矩形"对象后(先选中圆环再选中矩形)，选择【样条】|【布尔命令】|【样条差集】命令，样条将发生变化(以后选中的矩形减去先选中的圆环)，效果如图 4-69 右图所示。

4.5.2 样条并集

以图 4-70 左图所示的星形与四边样条为例。在【对象】面板中选中"星形"和"四边"对象后，选择【样条】|【布尔命令】|【样条并集】命令，样条将发生合并，效果如图 4-70右图所示。

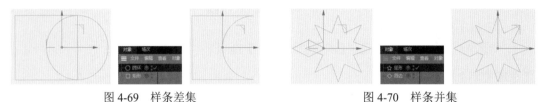

图 4-69 样条差集　　　　　　　　　　图 4-70 样条并集

4.5.3 样条合集

以图 4-71 左图所示的圆环与齿轮样条为例。在【对象】面板中选中"圆环"和"齿轮"对象后，选择【样条】|【布尔命令】|【样条合集】命令，将保留两个样条相交的部分，如图 4-71 右图所示。

4.5.4 样条或集

以图 4-72 左图所示的星形与花瓣形样条为例。在【对象】面板中选中"星形"和"花瓣形"对象后(先选中花瓣形再选中星形)，选择【样条】|【布尔命令】|【样条或集】命令，两个样条对象的效果将如图 4-72 右图所示(看上去并没有发生太大的变化)。

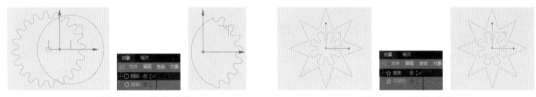

图 4-71 样条合集　　　　　　　　　　图 4-72 样条或集

此时，【对象】面板中的两个样条对象将合并为一个对象，并以后选中的"星形"样条命名。切换至透视图，选择【创建】|【生成器】|【挤压】命令，添加"挤压"生成器，【对象】面板中将"星形"放在"挤压"的子层级，对进行或集运算后的样条执行"挤压"操作，将得到一个中间为花瓣形镂空效果的三维图形，如图 4-73 所示。

4.5.5 样条交集

同样以图 4-72 左图所示的星形与花瓣形样条为例。在【对象】面板中选中"星形"和"花瓣形"对象后(先选中花瓣形再选中星形)，选择【样条】|【布尔命令】|【样条交集】命令，样条的变化效果将与如图 4-72 右图所示一样。

同时，【对象】面板中的两个样条对象将合并为一个对象，并以后选中的"星形"样

条命名。切换至透视图，选择【创建】|【生成器】|【挤压】命令，添加"挤压"生成器，在【对象】面板中将"星形"放在"挤压"的子层级，对进行交集运算后的样条执行"挤压"操作，将得到一个中间包含花瓣形模型效果的星形三维模型，如图 4-74 左图所示。选中该模型，按 C 键将其转换为可编辑对象，可以对星形模型中的花瓣的点、线和面进行操作，如图 4-74 中图和右图所示。

图 4-73　挤压或集样条得到三维模型　　　　图 4-74　挤压交集样条得到的三维模型

实战演练：制作拱门

　　本例将通过制作一个简单的拱门模型，帮助用户掌握样条布尔命令的具体使用方法。

01 选择【摄影机】|【正视图】命令，切换至正视图。单击工具栏中的【矩形】按钮▢，在场景中创建一个矩形样条，在【属性】面板中设置矩形的【宽度】为 400cm，【高度】为 600cm，如图 4-75 所示。

02 在【对象】面板中选中"矩形"对象，按住 Ctrl 键将其拖动，复制一个"矩形 1"对象。

03 在【对象】面板中选中"矩形 1"对象，在【属性】面板中设置该对象的【宽度】为 200cm，选中【圆角】复选框，设置【圆角半径】为 100cm。此时，场景中的"矩形 1"对象的效果将如图 4-76 所示。

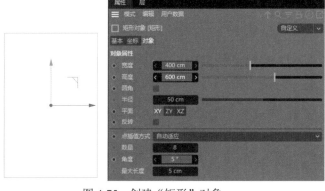 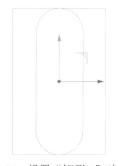

图 4-75　创建"矩形"对象　　　　　　　图 4-76　设置"矩形 1"对象

04 单击工具栏中的【坐标管理器】按钮✎，打开【坐标】窗口，设置"矩形 1"对象的 Y 坐标为 -200cm，如图 4-77 所示。

05 在【对象】面板中同时选中"矩形"和"矩形 1"两个对象，选择【样条】|【布尔命令】|【样条差集】命令，对场景中的两个矩形样条对象进行差集运算，结果如图 4-78 所示。

图 4-77　移动"矩形 1"的位置　　　　　　　图 4-78　样条差集效果

06　按住 Alt 键，长按工具栏中的【细分曲面】按钮 ，从弹出的面板中选择【挤压】工具 ，添加"挤压"生成器，将"矩形"放在"挤压"的子层级，如图 4-79 所示。

07　在【属性】面板中将【偏移】设置为 120cm，然后切换回透视图，拱门模型的效果如图 4-80 所示。

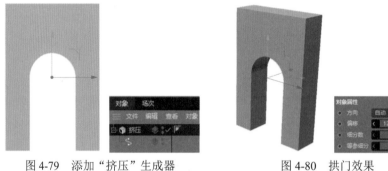

图 4-79　添加"挤压"生成器　　　　　　　图 4-80　拱门效果

【知识点滴】

　　将样条与"挤压""旋转""放样""扫描""矢量化"等生成器结合，我们即可将场景中的样条转换为三维模型效果。关于生成器的具体使用方法和选项说明，本书将在第 5 章进行详细介绍。

第5章
生成器建模

● 本章内容

在 Cinema 4D 中为模型添加生成器(如细分曲面、布尔、连接、对称、阵列、布料曲面、减面、融球、晶格、LOD、生长草坪、Python 生成器等),可以制作出相应的效果。例如,使用布尔生成器可将模型抠出孔洞;使用晶格生成器可将模型制作为晶体状结构;使用生长草坪生成器可制作出草坪效果等。

5.1 生成器建模概述

生成器建模可以通过对三维对象添加生成器(如细分曲面、布料曲面、布尔、连接、阵列、晶格等)，使其产生相应的效果。

在 Cinema 4D 的工具栏中长按【细分曲面】按钮，系统将弹出图 5-1 所示的生成器面板，单击该面板中的图标即可为选中对象添加相应的生成器，如表 5-1 所示。

表 5-1　Cinema 4D 内置的生成器

生成器名称	说　明
细分曲面	使模型变得圆滑，同时增加分段线
挤压	给样条增加厚度
放样	将已有的样条生成模型
样条布尔	将样条进行计算
连接	将模型对象快速转换为多边形
对称	镜像复制模型
阵列	将模型按照指定形态复制、排列
重构网格	在保持模型外形基本不变的情况下重新构成网格分布
融球	将多个模型进行相融，形成带有粘连效果的新模型
浮雕	用于产生浮雕效果
AI 生成器	用于处理 AI(illustrator)文件
生长草坪	创建出草坪
Python 生成器	用于辅助设计出快捷的 Python 脚本
布料曲面	为单面模型增加厚度
旋转	将样条形成圆柱体模型
扫描	根据截面样条形成模型
布尔	将模型进行计算
实例	将模型原地复制一份
晶格	按照模型布线生成模型
减面	减少模型的布线
LOD	用于分级显示对象
矢量化	根据位图生成矢量样条线

图 5-1　生成器面板

下面将重点介绍几个比较常用的生成器。

5.2 细分曲面

利用"细分曲面"可以将粗糙的模型变得更加精细(注意，模型要处于"细分曲面"级别才可用)，效果如图 5-2 左图所示。

【执行方式】

□ 工具栏：单击工具栏中的【细分曲面】按钮 。
□ 菜单栏：选择【创建】|【生成器】|【细分曲面】命令。

【选项说明】

创建"细分曲面"生成器后，【属性】面板中将显示【类型】和【编辑器细分】等主要选项，如图 5-2 右图所示。

球体

细分曲面

图 5-2 细分曲面效果(左图)和【属性】面板(右图)

□ 类型：系统提供了 6 种细分方式，不同的方式形成的细分曲面效果各有不同。
□ 编辑器细分：控制细分圆滑的程度和模型布线的疏密。数值越大模型越圆滑，模型布线也越多。

实战演练：制作高尔夫球

下面将通过制作一个高尔夫球模型，帮助用户在回顾 Cinema 4D 几何体建模操作的同时，掌握"细分曲面"生成器的使用方法。

01 长按 Cinema 4D 工具栏中的【立方体】按钮 ，从弹出的面板中选择【球体】工具 ，在场景中创建一个球体，并在【属性】面板中设置球体的【分段】为 32，类型为【二十面体】，如图 5-3 所示。

02 选中创建的球体，按 C 键，将其转换为可编辑对象。

03 在工具栏中单击【边】按钮 ，进入边模式，然后按 Ctrl+A 快捷键，选中球体表面所有的线，如图 5-4 所示。

04 在菜单栏中选择【网格】|【添加】|命令，在弹出的子菜单中单击【细分】命令右侧的【设置】按钮 ，如图 5-5 所示。

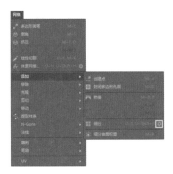

图5-3　创建球体　　　　图5-4　选中所有的线　　　　图5-5　【添加】子菜单

05 打开【细分】对话框，选中【细分曲面】复选框，单击【确定】按钮，如图5-6所示。

06 在场景中右击，从弹出的快捷菜单中选择【消除】命令。

07 在工具栏中单击【多边形】按钮 ，进入"多边形"模式，然后按Ctrl+A快捷键选中球体表面的所有多边形，如图5-7所示。

08 按I键，显示【嵌入】属性面板，取消【保持群组】复选框的选中状态，在【偏移】框中输入3.6cm，如图5-8所示。

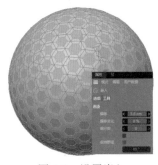

图5-6　【细分】对话框　　　图5-7　选中所有的多边形　　　图5-8　设置嵌入

09 在场景中右击，从弹出的快捷菜单中选择【沿法线移动】命令，在显示的【沿法线移动】属性面板的【移动】框中输入-3.2cm，如图5-9所示。

10 单击工具栏中的【细分曲面】按钮 ，创建"细分曲面"生成器，在【对象】面板中将球体拖动至"细分曲面"级别之下，如图5-10所示。

11 单击【对象】面板中的【细分曲面】选项，场景中球体的效果如图5-11所示。

图5-9　沿法线移动　　　图5-10　使用"细分曲面"生成器　　　图5-11　高尔夫球

5.3 布料曲面

"布料曲面"生成器是为单面模型增加细分和厚度的工具，主要对面片对象起作用(如平面、多边形、圆盘等)，布料曲面效果如图 5-12 左图所示。

【执行方式】

- □ 工具栏：长按工具栏中的【细分曲面】按钮🔘，从弹出的面板中选择【布料曲面】工具👕。
- □ 菜单栏：选择【创建】|【生成器】|【布料曲面】命令。

【选项说明】

创建"布料曲面"生成器后，【属性】面板中将显示【细分数】【厚度】【膨胀】选项，如图 5-12 右图所示。

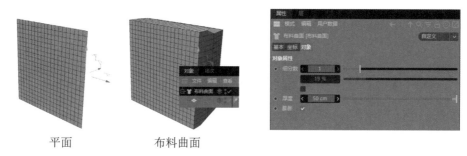

平面 　　　布料曲面

图 5-12 布料曲面效果(左图)和【属性】面板(右图)

- □ 细分数：用于设置模型的细分程度。数值越大，分段越多，模型越精致。
- □ 厚度：用于设置模型的厚度。
- □ 膨胀：选中【膨胀】复选框后，模型将变得更膨胀、更大。

5.4 布尔

利用"布尔"生成器可以将两个三维模型进行相加、相减、交集和补集运算，如图 5-13 左图所示。

【执行方式】

- □ 工具栏：长按工具栏中的【细分曲面】按钮🔘，从弹出的面板中选择【布尔】工具🔲。
- □ 菜单栏：选择【创建】|【生成器】|【布尔】命令。

【选项说明】

创建"布尔"生成器后，【属性】面板中将显示【布尔类型】【高质量】【创建单个对象】【隐藏新的边】等主要选项，如图 5-13 右图所示。

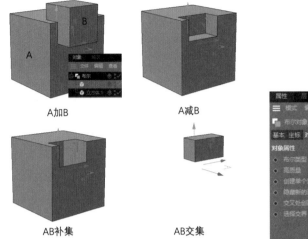

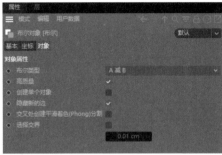

图 5-13　布尔效果(左图)和【属性】面板(右图)

□ 布尔类型：设置两个模型计算的方式，分别为图 5-13 中的"A 加 B""A 减 B""AB
补集""AB 交集"。

□ 高质量：选中该复选框后，系统将高质量显示布尔运算后的效果。

□ 创建单个对象：选中该复选框后，系统会将布尔运算后生成的边删除，并且转换
为可编辑对象后为单一的对象。

□ 隐藏新的边：选中该复选框后，系统会将计算得到的模型新生成的边隐藏。

【技巧点拨】

在使用"布尔"生成器时，【对象】面板中处于"布尔"对象子层级上方的模型对象
为 A 对象，处于下方的模型对象为 B 对象。例如，图 5-13 左图中的"立方体"为 A 对象，
"立方体 1"则为 B 对象。

实战演练：制作骰子

本例将通过制作一个三维骰子模型，帮助用户了解"布尔"生成器的
具体功能和使用方法。

01 单击工具栏中的【立方体】按钮，在场景中创建一个立方体，在【属性】面板中设置【分
段 X】【分段 Y】【分段 Z】均为 3，选中【圆角】复选框，设置【圆角半径】为 10cm、
【圆角细分】为 3，如图 5-14 所示。

02 长按工具栏中的【立方体】按钮，在弹出的面板中选择【球体】工具，创建一个
球体，在【属性】面板中设置球体的【半径】为 22cm、【分段】为 22，如图 5-15 所示。

03 复制(使用 Ctrl+C 快捷键和 Ctrl+V 快捷键)创建的球体，并按骰子每个面的点数进行
摆放，如图 5-16 所示。

图 5-14　创建长方体

图 5-15　创建球体

04 在【对象】面板中选中所有的"球体"对象，按下 Alt+G 快捷键将其组合，形成"空白"组，如图 5-17 左图所示。

05 在【对象】面板中将"立方体"放置在"空白"组上方，如图 5-17 右图所示。

06 长按工具栏中的【细分曲面】按钮 ，从弹出的面板中选择【布尔】工具 ，在【对象】面板中将"立方体"和"空白"选项放置于"布尔"下方成为子层级，完成骰子模型的制作，效果如图 5-18 所示。

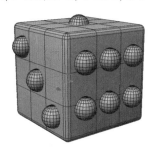
图 5-16　复制并移动球体

图 5-17　【对象】面板

图 5-18　骰子效果

5.5　样条布尔

利用"样条布尔"生成器可以将样条进行布尔运算(原理与"布尔"工具一样)，样条布尔效果如图 5-19 左图所示。

【执行方式】

□ 工具栏：长按工具栏中的【细分曲面】按钮 ，从弹出的面板中选择【样条布尔】工具 。

□ 菜单栏：选择【创建】|【生成器】|【样条布尔】命令。

【选项说明】

创建"样条布尔"生成器后，【属性】面板中将显示【模式】【轴向】【创建封盖】选项，如图 5-19 右图所示。

□ 模式：用于设置两个样条的计算方式，包括图 5-19 左图所示的"合集""A减 B""或""B 减 A""与""交集"6 种模式。

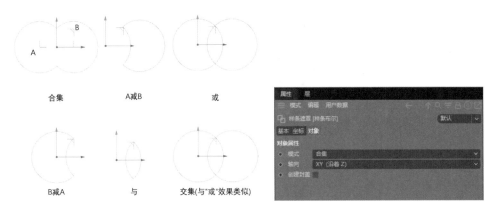

图 5-19　样条布尔效果(左图)和【属性】面板(右图)

- □ 轴向：用于设置生成样条的轴向。
- □ 创建封盖：选中该复选框后，生成的新样条将变为三维模型。

视频讲解：制作三维商标

　　本例将通过扫码播放视频方式，介绍使用"圆环"样条、"样条布尔"和"挤压"生成器制作一个商标模型。

5.6　连接

　　利用"连接"生成器可以将两个模型对象粘连在一起，从而制作出一个新的模型，如图 5-20 左图所示。

【执行方式】

- □ 工具栏：长按工具栏中的【细分曲面】按钮 ，从弹出的面板中选择【连接】工具 。
- □ 菜单栏：选择【创建】|【生成器】|【连接】命令。

【选项说明】

　　创建"连接"生成器后，【属性】面板中将显示【对象】【焊接】【公差】【平滑着色(Phong)模式】等主要选项，如图 5-20 右图所示。

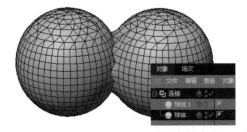

图 5-20　连接效果(左图)和【属性】面板(右图)

□ 对象：单击【对象】参数右侧的⚫️按钮可以在视图中添加对象。

□ 焊接：取消【焊接】复选框的选中状态，两个模型将不会产生粘连效果，如图 5-21 所示。

□ 公差：公差值越大，两个模型融合在一起的程度也越高，如图 5-22 所示。

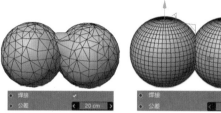 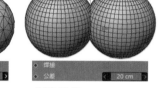

图 5-21　焊接效果

图 5-22　公差值对焊接效果的影响

5.7　对称

使用"对称"生成器可以将模型按照某种轴向进行对称处理，如图 5-23 左图所示。

【执行方式】

□ 工具栏：长按工具栏中的【细分曲面】按钮⚫️，从弹出的面板中选择【对称】工具⬚。

□ 菜单栏：选择【创建】|【生成器】|【对称】命令。

【选项说明】

创建"对称"生成器后，【属性】面板中将显示【镜像平面】【焊接点】【公差】【对称】等主要选项，如图 5-23 右图所示。

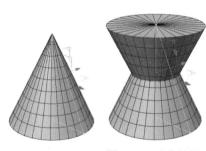 

图 5-23　对称效果(左图)和【属性】面板(右图)

□ 镜像平面：用于设置对称镜像的轴平面，包括 XY、ZY、XZ 三个选项。

□ 焊接点：选中该复选框后，可以设置公差、对称等参数。其中【公差】用于设置对称之后产生的模型与原模型之间的粘连程度，其参数值越大两者粘连程度越大；"对称"用于设置使对称之后的模型与原模型之间更加对称。

5.8 晶格

利用"晶格"生成器可以根据模型的布线形成网格模型，如图 5-24 左图所示。

【执行方式】

□ 工具栏：长按工具栏中的【细分曲面】按钮，从弹出的面板中选择【晶格】工具。
□ 菜单栏：选择【创建】|【生成器】|【晶格】命令。

【选项说明】

创建"晶格"生成器后，【属性】面板中将显示图 5-24 右图所示的【圆柱半径】【球体半径】【细分数】等选项。

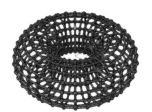

图 5-24　晶格效果(左图)和【属性】面板(右图)

□ 圆柱半径：用于设置模型中圆柱框架的半径大小。
□ 球体半径：用于设置模型中球体节点的半径大小。图 5-25 所示为不同【圆柱半径】和【球体半径】参数下的对比效果。
□ 细分数：用于设置模型的精细程度，细分数越大，模型越精细。

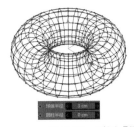
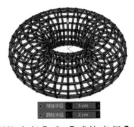

图 5-25　不同【圆柱半径】和【球体半径】对晶格效果的影响

实战演练：制作晶格球

本例将通过制作一个科技感十足的晶格球体模型，帮助用户掌握使用"晶格"生成器建模的方法。

01 长按工具栏中的【立方体】按钮，从弹出的面板中选择【球体】工具，在场景中创建一个球体，在【属性】面板中将球体的【半径】设置为 160cm，【分段】设置为 32，【类型】设置为"二十面体"，如图 5-26 所示。

02 在【对象】面板中选中创建的"球体"对象，按住 Alt 键，长按工具栏中的【细分曲面】

按钮，从弹出的面板中选择【晶格】工具，将"球体"放在"晶格"生成器的子层级。此时，场景中的球体将变为如图 5-27 所示的效果。

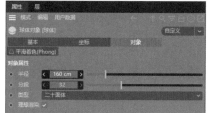

图 5-26 创建球体 图 5-27 "晶格"效果

03 在【对象】面板中选中"晶格"对象，在【属性】面板中设置【球体半径】为 3cm、【圆柱半径】为 0.2cm、【细分数】为 3，如图 5-28 所示。

04 选择【窗口】|【材质管理器】命令，在打开的【材质】窗口的空白处双击，新建一个材质球，如图 5-29 所示。

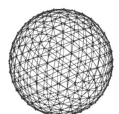

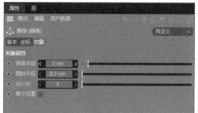

图 5-28 设置"晶格"属性 图 5-29 新建材质

05 双击新建的材质，在打开的【材质编辑器】窗口中设置材质颜色，如图 5-30 所示。

06 返回【材质管理器】面板，选中面板中的材质球，将其拖动至场景中的晶格球上。单击工具栏中的【渲染活动视图】按钮，渲染场景，晶格球模型效果如图 5-31 所示。

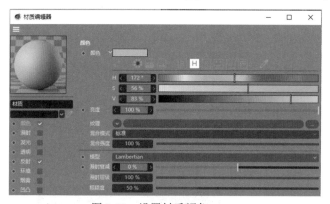

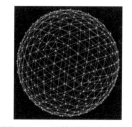

图 5-30 设置材质颜色 图 5-31 晶格球渲染效果

5.9 阵列

使用"阵列"生成器可以将模型快速以阵列的布局方式进行复制，如图 5-32 左图所示。

【执行方式】

□ 工具栏：长按工具栏中的【细分曲面】按钮 ，从弹出的面板中选择【阵列】工具 。

□ 菜单栏：选择【创建】|【生成器】|【阵列】命令。

【选项说明】

创建"阵列"生成器后，【属性】面板中将显示图 5-32 右图所示的【半径】【副本】【振幅】【频率】【阵列频率】等选项。

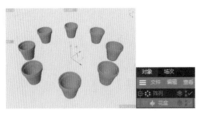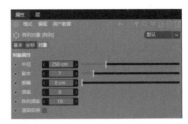

图 5-32　阵列效果(左图)和【属性】面板(右图)

□ 半径：用于设置圆形排列的半径。

□ 副本：用于设置阵列复制的模型数量。

□ 振幅：用于设置阵列模型的纵向高度差异，如图 5-33 所示为不同"振幅"值的效果对比。

□ 阵列频率：用于设置阵列模型在纵向高度上下移动的频率。

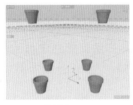

振幅 =100　　　　　　　　　振幅 =50　　　　　　　　　振幅 =0

图 5-33　不同振幅值对阵列效果的影响

5.10　生长草坪

使用"生长草坪"生成器可以在场景中创建草坪(注意：模型在场景中是看不见草坪效果的，需要对模型进行渲染才能看到)，如图 5-34 所示。

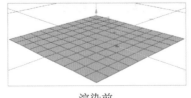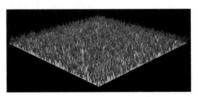

渲染前　　　　　　　　　　　　　渲染后

图 5-34　生长草坪效果

【执行方式】

　　□ 工具栏：长按工具栏中的【细分曲面】按钮◎，从弹出的面板中选择【生长草坪】工具✿。

　　□ 菜单栏：选择【创建】|【生成器】|【生长草坪】命令。

　　为模型添加"生长草坪"生成器后，可以选择【窗口】|【材质管理器】命令，打开【材质】窗口，双击【草坪】材质，在打开的【材质编辑器】窗口中修改草坪的颜色、纹理、叶片长度等参数，如图 5-35 所示。

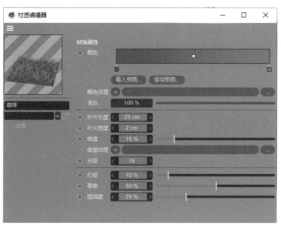

图 5-35　修改草坪效果

【选项说明】

　　图 5-35 右图所示的【材质编辑器】窗口中比较重要参数的功能说明如下。

　　□ 叶片长度：用于设置草坪的叶片长度(在渲染时可以看到变化)，图 5-36 所示为不同叶片长度的渲染效果对比。

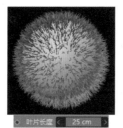
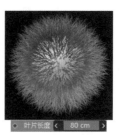

图 5-36　不同"叶片长度"参数的渲染效果对比

　　□ 叶片宽度：用于设置草坪的叶片宽度(在渲染时可以看到变化)，如图 5-37 所示为不同叶片宽度的渲染效果对比。

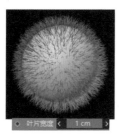
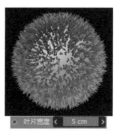

图 5-37　不同"叶片宽度"参数的渲染效果对比

　　□ 颜色：用于设置草坪的颜色。

　　□ 颜色纹理：用于设置草坪的颜色纹理(可加载图片作为纹理)。

□ 混合：加载颜色纹理后，可通过设置【混合】参数将颜色和颜色纹理进行混合。

□ 密度：用于设置草坪的密度(在渲染时可以看到变化)，图 5-38 所示为不同密度参数下的效果对比。

□ 卷曲：用于设置草坪的卷曲效果，图 5-39 所示为不同卷曲参数下的效果对比。

□ 湿润度：用于设置草坪湿润度的效果，其数值越大，草坪渲染后看上去越湿润。

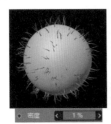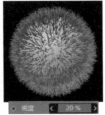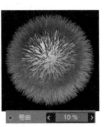

图 5-38 "密度"对草坪的影响　　　　图 5-39 "卷曲"对草坪的影响

5.11　减面

使用"减面"生成器可以通过精简模型的多边形个数，将复杂精细的模型变得简单粗糙，如图 5-40 左图所示。

【执行方式】

□ 工具栏：长按工具栏中的【细分曲面】按钮，从弹出的面板中选择【减面】工具。

□ 菜单栏：选择【创建】|【生成器】|【减面】命令。

【选项说明】

创建"减面"生成器后，【属性】面板中将显示图 5-40 右图所示的【减面强度】【三角数量】【顶点数量】等选项。

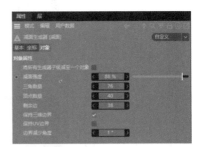

图 5-40　减面效果(左图)和【属性】面板(右图)

□ 减面强度：用于控制模型减面的程度，其数值越大模型越粗糙，多边形个数越少。

□ 三角数量：用于设置模型的三角区域数量。修改该参数时，【减面强度】【顶点数量】【剩余边】参数也会同步发生变化。

□ 顶点数量：用于设置模型的顶点个数。修改该参数时，【减面强度】【三角数量】【剩余边】参数也会同步发生变化。

　　□ 剩余边：用于设置模型的边个数。修改该参数时，【减面强度】【三角数量】【顶点数量】的参数也会同步发生变化。

实战演练：制作卡通树

　　本例将通过制作一个简单的卡通低多边形模型，帮助用户快速掌握"减面"生成器的使用方法。

01 长按工具栏中的【立方体】按钮，从弹出的面板中选择【圆锥体】工具，在场景中创建一个圆锥体模型。在【属性】面板中设置圆锥体的【顶部半径】为 0cm，【底部半径】为 90cm，【高度】为 180cm，【高度分段】为 10，如图 5-41 所示。

02 长按工具栏中的【弯曲】按钮，在弹出的面板中选择【置换】工具，然后在【对象】面板中将"置换"放置于"圆锥体"的子层级，如图 5-42 所示。此时，场景中的圆锥体没有发生变化。

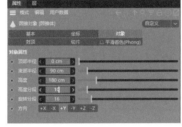

图 5-41　创建圆锥体　　　　　　　　图 5-42　设置置换

03 在【对象】面板中选中"置换"对象，在【属性】面板中选择【着色】选项卡，单击【着色器】输入框右侧的按钮，在弹出的下拉列表中选择【噪波】选项，如图 5-43 左图所示。

04 此时，圆锥体的表面将变为图 5-43 右图所示的效果。

05 在【对象】面板中选中"圆锥体"对象，按住 Alt 键，长按工具栏中的【细分曲面】按钮，从弹出的面板中选择【减面】工具，添加"减面"生成器，并将"圆锥体"放在"减面"的子层级，如图 5-44 所示。

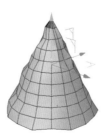

图 5-43　设置噪波　　　　　　　　图 5-44　设置减面

06 在【对象】面板中选中"减面"对象，在【属性】面板中设置【减面强度】为 80%，如图 5-45 所示。

07 将【对象】面板中的"减面"对象复制两份，并在场景中调整圆锥体的位置，在【属性】面板中修改复制的圆锥体的【底部半径】分别为 110cm 和 130cm，制作出图 5-46 所示的卡通树树冠部分的模型效果。

 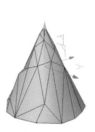 

图 5-45　设置减面强度　　　　　　　图 5-46　制作树冠

08 长按工具栏中的【立方体】按钮▮，从弹出的面板中选择【圆柱体】工具▯，在场景中创建一个圆柱体，在【属性】面板中设置圆柱体的【半径】为 20cm，【高度】为 300cm，【高度分段】和【旋转分段】均为 20。

09 使用【移动】工具✛向下调整圆柱体模型的位置，制作出图 5-47 所示的卡通树模型。

10 选中场景中的圆柱体，按住 Alt 键，长按工具栏中的【细分曲面】按钮▩，从弹出的面板中选择【减面】工具▲，添加"减面"生成器，并将"圆柱体"放在"减面"的子层级。

11 在【对象】面板中选中步骤(10)添加的"减面"生成器，在【属性】面板中将【三角数量】设置为 20，如图 5-48 左图所示。此时，场景中卡通树模型的效果如图 5-48 右图所示。

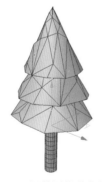  

图 5-47　调整圆柱体位置　　　　　图 5-48　将圆柱体处理为低多边形效果

5.12　旋转

使用"旋转"生成器可以将绘制的样条按照轴向旋转任意角度，从而生成三维模型，如图 5-49 左图所示。

【执行方式】

- 工具栏：长按工具栏中的【细分曲面】按钮 ，从弹出的面板中选择【旋转】工具 。
- 菜单栏：选择【创建】|【生成器】|【旋转】命令。

【选项说明】

创建"旋转"生成器后，【属性】面板中将显示图 5-49 右图所示的【角度】【细分数】【移动】【比例】等选项。

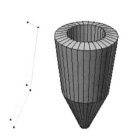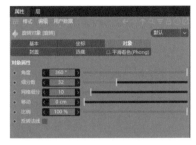

图 5-49　旋转效果(左图)和【属性】面板(右图)

- 角度：用于设置旋转后模型的完整度，如图 5-50 所示。

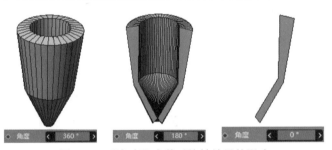

图 5-50　"角度"参数对旋转效果的影响

- 细分数：用于设置模型的分段数。该数值越大，模型越精细。
- 移动：用于设置模型起始位置的上下起伏效果。该数值越大，模型起始、结束位置距离越远，如图 5-51 所示。
- 比例：用于控制模型的收缩和放大效果。该数值越小，模型越收缩；数值越大，模型越放大，如图 5-52 所示。

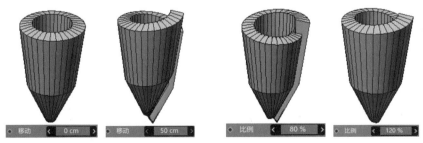

图 5-51　"移动"参数对旋转效果的影响　　图 5-52　"比例"参数对旋转效果的影响

视频讲解：制作香水瓶

本例将通过扫码播放视频方式，演示制作一个香水瓶模型，帮助用户掌握使用"旋转"生成器建模的方法。

5.13　放样

使用"放样"生成器可以将一个(或多个)样条进行连接，从而生成三维模型，如图 5-53 左图所示。

【执行方式】

□ 工具栏：长按工具栏中的【细分曲面】按钮，从弹出的面板中选择【放样】工具。
□ 菜单栏：选择【创建】|【生成器】|【放样】命令。

【选项说明】

创建"放样"生成器后，【属性】面板中将显示图 5-53 右图所示的【网孔细分 U】【网孔细分 V】【网格细分 U】等几个主要选项。

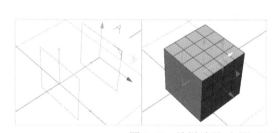
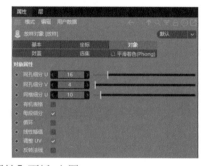

图 5-53　放样效果(左图)和【属性】面板(右图)

□ 网孔细分 U/ 网孔细分 V：用于设置放样后模型的 U 方向和 V 方向的分段数值。
□ 网格细分 U：用于设置细分放样后模型的 U 方向网格细分值。

实战演练：制作牙膏

本例将通过将"齿轮"和"圆环"样条放样成一个牙膏模型，帮助用户掌握使用"放样"生成器建模的方法。

01 长按工具栏中的【矩形】按钮，从弹出的面板中选择【齿轮】工具，在场景中创建一个齿轮样条，在【属性】面板中选中【传统模式】复选框，然后将【齿】设置为 40，【内部半径】设置为 1.75cm，【中间半径】设置为 1.8cm，【外部半径】设置为 1.9cm，【平面】为 XZ，如图 5-54 所示。

02 按住 Ctrl 键拖动创建的齿轮样条，将其沿 Y 轴向上复制一份，如图 5-55 所示。

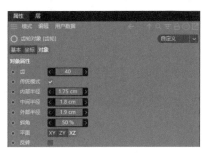
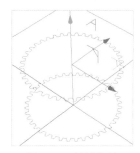

图 5-54　创建齿轮样条　　　　　　　　　图 5-55　复制齿轮

03 选中复制的齿轮样条，单击工具栏中的【坐标管理器】按钮，打开【坐标】窗口，在 Y 输入框中输入 2cm，如图 5-56 所示。

04 长按工具栏中的【细分曲面】按钮，从弹出的面板中选择【放样】工具，创建"放样"生成器，在【对象】面板中将"齿轮"和"齿轮 1"对象放在"放样"的子层级，创建如图 5-57 所示的放样效果。

图 5-56　【坐标】窗口　　　　　　　　　图 5-57　创建放样效果

05 在【对象】面板中选中"放样"对象，在【属性】面板中将【网孔细分 U】的参数设置为 200，放样效果如图 5-58 所示。

06 长按工具栏中的【矩形】按钮，从弹出的面板中选择【圆环】工具，在场景中创建一个圆环样条，在【属性】面板中设置该圆环的【半径】为 4cm，【平面】为 XZ，使其效果如图 5-59 所示。

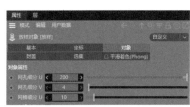

图 5-58　调整放样效果　　　　　　　　　图 5-59　创建圆环

07 按住 Ctrl 键沿 Y 轴移动场景中的圆环，将其复制一份。在【属性】面板中将复制的圆环的【半径】设置为 3.8cm，结果如图 5-60 所示。

08 按住 Ctrl 键将复制的圆环沿 Y 轴再次移动，将其复制一份。在【属性】面板中选中【椭圆】复选框，将两个【半径】参数分别设置为 3cm 和 3.8cm，如图 5-61 所示。

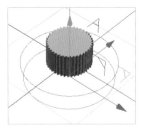
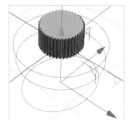
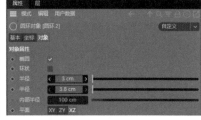

图 5-60　复制并调整圆环　　　　　　　　图 5-61　创建椭圆

09 使用同样的方法，通过复制沿 Y 轴创建更多的椭圆(其【半径】参数可由用户自行确定)，如图 5-62 所示。

10 长按工具栏中的【细分曲面】按钮██，从弹出的面板中选择【放样】工具██，创建"放样 1"生成器，在【对象】面板中将所有的"圆环"对象放在"放样 1"的子层级，创建如图 5-63 所示的放样效果。

图 5-62　复制更多椭圆　　　　　　　　图 5-63　通过放样制作牙膏模型

5.14　扫描

使用"扫描"生成器可以使一个图形按照另一个图形的路径生成三维模型，如图 5-64 左图所示。

【执行方式】

□ 工具栏：长按工具栏中的【细分曲面】按钮██，从弹出的面板中选择【扫描】工具██。

□ 菜单栏：选择【创建】|【生成器】|【扫描】命令。

【选项说明】

创建"扫描"生成器后，【属性】面板中将显示图 5-64 右图所示的【终点缩放】【结束旋转】【开始生长】【结束生长】等几个主要选项。

□ 终点缩放：用于设置扫描后模型的最终缩放度(粗度)，其数值越大，模型效果越粗。

□ 结束旋转：用于设置扫描后模型产生的旋转扭曲效果，如图 5-65 左图所示。

□ 开始生长：用于设置扫描后模型从开始位置显示的比例，如图 5-65 中图所示。

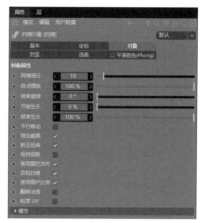

图 5-64　扫描效果(左图)和【属性】面板(右图)

□ 结束生长：用于设置扫描后模型从结束位置显示的比例，如图 5-65 右图所示。

图 5-65　结束旋转(左图)开始生长(中图)和结束生长(右图)

实战演练：制作眼镜

本例将通过制作一个眼镜模型，帮助用户掌握"扫描"生成器在建模中的应用。

01 长按工具栏中的【矩形】按钮□，从弹出的面板中选择【圆环】工具○，在场景中创建一个圆环，在【属性】面板中设置该圆环的【半径】为6cm，如图 5-66 所示。

02 在【对象】面板中双击"圆环"对象，将其重命名为"右镜框1"，然后按住Ctrl键拖动"右镜框1"对象，将其复制一份，将复制的对象命名为"右镜框2"，如图 5-67 所示。

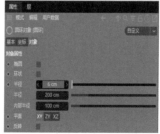

图 5-66　创建圆环

图 5-67　复制圆环

03 在【对象】面板中选中"右镜框2"对象，在【属性】面板中将其【半径】设置为0.2cm，如图 5-68 所示。

04 在【对象】面板中拖动"右镜框2"对象的位置，使其位于"右镜框1"对象之上。长按工具栏中的【细分曲面】按钮⊙，从弹出的面板中选择【扫描】工具⌇，添加"扫描"生成器，然后将"右镜框2"和"右镜框1"对象放在"扫描"的子层级，如图5-69所示。

05 此时，场景中将通过两个圆环扫描生成一个如图5-70所示的镜框模型。

图5-68　设置圆环半径　　　图5-69　创建"扫描"生成器　　图5-70　镜框模型

06 在【对象】面板中选中"扫描"对象，然后按住Ctrl键将其沿X轴复制一份，在【坐标】面板的X输入框中输入20cm，如图5-71所示。

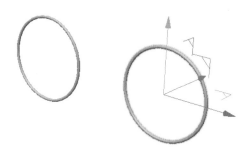

图5-71　复制出左镜框

07 选择【摄像机】|【正视图】命令，切换至正视图。

08 单击工具栏中的【样条画笔】按钮⌇，绘制如图5-72所示的样条。

09 长按工具栏中的【矩形】按钮□，从弹出的面板中选择【圆环】工具○，在场景中创建一个半径为0.2cm的圆环。

10 长按工具栏中的【细分曲面】按钮⊙，从弹出的面板中选择【扫描】工具⌇，添加名为"扫描2"的"扫描"生成器，并将"圆环"和"样条"对象放在"扫描"的子层级，获得如图5-73所示的镜框连接架模型。

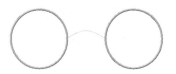

图5-72　绘制样条　　　　　图5-73　制作镜框连接架

11 继续使用【样条画笔】工具⌇绘制眼镜的镜腿样条，如图5-74所示。

12 绘制半径为 0.2 的圆，使用"扫描"生成器将镜腿样条扫描成三维模型，制作出如图 5-75 所示的眼镜模型。

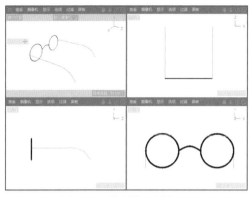

图 5-74 绘制镜腿样条   图 5-75 眼镜模型

5.15 挤压

使用 Cinema 4D 的"挤压"生成器可以为绘制的样条生成厚度，使其成为三维图形。

【执行方式】

- 工具栏：长按工具栏中的【细分曲面】按钮█，从弹出的面板中选择【挤压】工具█。
- 菜单栏：选择【创建】|【生成器】|【挤压】命令。

【选项说明】

创建"挤压"生成器后，【属性】面板中将显示如图 5-76 所示的【对象】【封盖】【选集】等选项卡，其中比较重要的选项是【偏移】【细分数】【起点封盖】【终点封盖】【独立斜角控制】【倒角外形】【尺寸】【分段】【多边形选集】等。

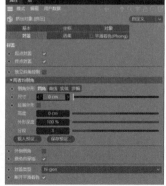
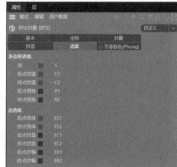

图 5-76 挤压【属性】面板

- 偏移：用于控制样条在 X 轴、Y 轴和 Z 轴的挤出厚度。
- 细分数：用于控制挤出面的分段数。

- 起点封盖 / 终点封盖：用于控制挤出的样条的顶端和末端状态。
- 独立斜角控制：选中该复选框后，模型的起点和终点可以单独设置倒角效果。
- 倒角外形：用于设置模型的倒角样式，系统提供了"圆角""曲线""实体""步幅"4 种倒角外形样式，如图 5-77 所示。

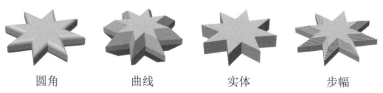

圆角　　　　　　曲线　　　　　　实体　　　　　　步幅

图 5-77　4 种倒角外形

- 尺寸 / 分段：用于设置倒角的尺寸和分段。
- 多边形选集：在【多边形选集】选项区域中选择相应的选集后，将在【对象】面板中显示该选集的图标。选集可以帮助用户快速选取区域，为模型赋予材质。

视频讲解：制作广告字

本例将通过扫码播放视频方式，向用户演示使用"挤压"生成器制作一个三维立体广告字的方法。

5.16　融球

使用"融球"生成器可以将两个或多个模型融为一个模型，如图 5-78 左图所示。

【执行方式】

- 工具栏：长按工具栏中的【细分曲面】按钮，从弹出的面板中选择【融球】工具。
- 菜单栏：选择【创建】|【生成器】|【融球】命令。

【选项说明】

创建"融球"生成器后，【属性】面板中将显示如图 5-78 右图所示的【外壳数值】【编辑器细分】【渲染器细分】【指数衰减】等选项。

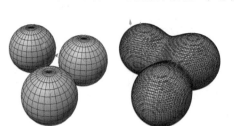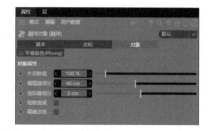

图 5-78　融球效果(左图)和【属性】面板(右图)

□ 外壳数值：用于设置物体与物体之间融合的程度。该数值越大，物体与物体之间融合的程度越小，如图 5-79 所示。

图 5-79　外壳数值对融球效果的影响

□ 编辑器细分：用于设置模型细分效果。该数值越小，模型的细分越多，如图 5-80 所示。

图 5-80　编辑器细分对融球效果的影响

□ 渲染器细分：用于设置渲染时模型的细分。该数值越小，渲染时细分越多。
□ 指数衰减：选中该复选框，模型将以指数方式进行衰减。

5.17　矢量化

利用"矢量化"工具可以从图片中提取二维图形，结合"挤压"工具可以将提取出的二维图形制作为三维模型，如图 5-81 左图所示。

【执行方式】

□ 工具栏：长按工具栏中的【细分曲面】按钮，从弹出的面板中选择【矢量化】工具。
□ 菜单栏：选择【创建】|【生成器】|【矢量化】命令。

【选项说明】

创建"矢量化"生成器后，【属性】面板中将显示如图 5-81 右图所示的【纹理】【宽度】【公差】【平面】等主要选项。

图 5-81　矢量化提取二维图形效果(左图)和【属性】面板(右图)

- □ 纹理：用于设置提取图片的路径。
- □ 宽度：用于设置提取二维图形的宽度值(大小)。
- □ 公差：用于设置提取二维图形的精准度。该数值越小，二维图形越精准。
- □ 平面：用于设置提取二维图形的平面方向。

实战演练：制作三维标志

本例将使用"矢量化"生成器提取一张图片中的二维矢量图，结合"挤压"生成器制作三维标志模型。

01 长按工具栏中的【细分曲面】按钮，从弹出的面板中选择【矢量化】工具，添加"矢量化"生成器，在【属性】面板中单击【纹理】输入框右侧的 按钮，在打开的对话框中选择如图 5-82 所示的图片，并单击【确定】按钮。

02 在【属性】面板中将【公差】设置为 0.1cm，即可在场景中获得如图 5-83 所示的矢量图形。

图 5-82　素材图片

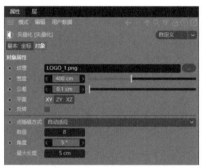

图 5-83　设置"公差"生成精确矢量图形

03 在【对象】面板中选中"矢量化"对象，按住 Alt 键，长按工具栏中的【细分曲面】按钮，从弹出的面板中选择【挤压】工具，创建"挤压"生成器，并将"矢量化"放在"挤压"的子层级，如图 5-84 所示。

04 在【对象】面板中选中"挤压"对象，在【属性】面板中将【偏移】设置为 30cm，即可在场景中创建如图 5-85 所示的三维标志模型。

图 5-84　使用"挤压"生成器

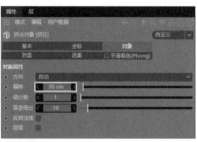

图 5-85　三维标志效果

5.18　LOD

LOD 称为多细节层次，可用于分级显示对象。使用 LOD 生成器可以在场景视图中根据需要调整模型的高模和低模显示距离，从而大大提高计算机显示模型的流畅度。

【执行方式】

□ 工具栏：长按工具栏中的【细分曲面】按钮，从弹出的面板中选择【LOD】工具。

□ 菜单栏：选择【创建】|【生成器】|LOD 命令。

以图 5-86 所示的"高脚杯"模型为例，左图所示为高脚杯模型的"低模"模型，右图为"高脚杯"模型的"高模"模型，"高模"模型添加了"细分曲面"，相比"低模"模型表面看上去更加细致。将"高模"和"低模"模型重叠，为它们添加 LOD 生成器(如图 5-87 所示)，在【属性】面板中通过设置【LOD 模式】【标准】【LOD 条】控制模型在屏幕中的显示状态，如图 5-88 所示。

低模　　高模

图 5-86　"高脚杯"模型

图 5-87　添加 LOD

图 5-88　【属性】面板

例如，在图 5-88 中将【LOD 模式】设置为【子级】，将【标准】设置为【屏幕尺寸 V】，然后拖动鼠标中键放大 / 缩小视图，当视图缩小时(【LOD 条】滑块下方的圆点位于"级别1- 低模"区域)，模型以图 5-89 左图所示的低模显示；当视图放大时(【LOD 条】滑块下方的圆点位于"级别 0- 高模"区域)，模型将以图 5-89 右图所示的高模显示。

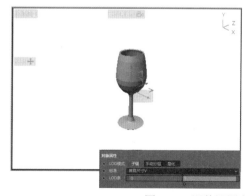

图 5-89　调整视图大小时显示不同的模型

同时，在【属性】面板中拖动【LOD 条】滑块中间的按钮，可以调整"级别 1- 低模"和"级别 0- 高模"区域的大小，从而控制放大 / 缩小视图到什么程度，显示高模和低模。

【知识点滴】

用户也可以为 LOD 设置多个子级，分别设置在不同的视图模式下，显示不同的模型细节和材质，从而优化模型的性能，使模型显示得更加流畅。

5.19 布料曲面

利用"布料曲面"生成器可以将模型变得更具厚度，如图 5-90 所示。

【执行方式】

□ 工具栏：长按工具栏中的【细分曲面】按钮，从弹出的面板中选择【布料曲面】工具。

□ 菜单栏：选择【创建】|【生成器】|【布料曲面】命令。

【选项说明】

创建"布料曲面"生成器后，【属性】面板中将显示【细分数】【厚度】【膨胀】等重要的选项，如图 5-91 所示。

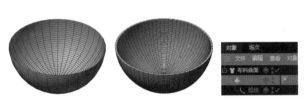

图 5-90 使用"布料曲面"生成器

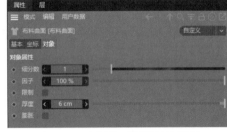

图 5-91 布料曲面【属性】面板

□ 细分数：用于设置模型的细分。该参数值越大，模型的布线越多。

□ 厚度：用于设置模型的厚度。

□ 膨胀：选中该复选框，模型将变得更大(膨胀)。

视频讲解：制作玻璃罩

本例将通过扫码播放视频方式，向用户演示使用"布料曲面"生成器制作一个透明玻璃罩模型的方法。

第6章
变形器建模

本章内容

　　Cinema 4D 的变形器建模是一种为模型添加变形器并设置参数，从而产生新模型的建模方式。通过学习变形器建模，我们可以掌握通过变形器使对象产生形态变化的方法，例如，应用扭曲使模型产生扭曲效果；应用融化使模型产生融化效果；应用爆炸制作爆炸特效等。

6.1　变形器建模概述

长按工具栏中的【弯曲】按钮，在弹出的面板中可以使用 Cinema 4D 自带的变形器，如图 6-1 所示。Cinema 4D 内置的变形器如表 6-1 所示。变形器通常用于改变三维模型的形态，形成弯曲、倾斜、扭曲、膨胀、爆炸、融化等效果。

表 6-1　Cinema 4D 内置的变形器

工具名称	说　明
弯曲	用于制作弯曲变形效果的模型
斜切	用于制作倾斜变形效果的模型
扭曲	用于制作螺旋变形效果的模型
FFD	可通过移动点的位置改变模型，使模型变得柔软
修正	可通过移动点的位置改变模型，使模型变得坚硬
爆炸	用于制作模型爆炸并产生碎片的效果
融化	可制作模型融化效果
颤动	可制作颤动效果
碰撞	可使模型在移动位置穿越另一个模型时产生碰撞
球化	可将模型变得类似球体般圆润
平滑	可将模型变得光滑
包裹	可使模型呈现柱状或球状形态
样条	可通过原始曲线和修改曲线改变平面形状
样条约束	可使三维对象以样条为走向，控制旋转效果
置换	可通过贴图使模型产生凹凸起伏效果
变形	用于制作觉色动画中如角色张开嘴巴之类的效果
风力	用于制作风吹动模型的效果
倒角	用于倒角模型
锥化	用于给模型添加锥化变形效果
膨胀	用于扩大模型
摄像机	可在透视图中调整网点
网格	用于将两个模型合并在一起
爆炸 FX	可将模型爆炸并产生块碎片效果
碎片	用于制作模型破碎的效果
挤压 & 伸展	可使模型产生挤压、伸展效果

图 6-1　变形器面板

(续表)

工具名称	说　明
收缩包裹	可使模型在保持原有特点的同时，变为另一个模型
Delta Mush	用于平滑网格
表面	可借助一个模型使平面变成一个立体模型
导轨	可通过 2 条或 4 条样条来确定三维模型的外观
公式	可制作水波效果
点缓存	用于进行节点缓存处理

下面将重点介绍几个比较常用的变形器。

6.2　弯曲

使用"弯曲"变形器可以使模型产生弯曲效果，如图 6-2 左图所示。

【执行方式】

 □ 工具栏：单击工具栏中的【弯曲】按钮 。
 □ 菜单栏：选择【创建】|【变形器】|【弯曲】命令。

【选项说明】

创建"弯曲"变形器后，【属性】面板中将显示【对象】和【域】等选项卡，如图 6-2 右图所示。

管道　　　弯曲变形
图 6-2　弯管效果(左图)和【属性】面板(右图)

 □ 尺寸：用于设置扭曲变形的框架尺寸。
 □ 模式：用于设置扭曲变形的模型，包括限制、框内、无限 3 种。
 □ 强度：用于设置扭曲的强度。图 6-3 所示为不同强度下弯曲效果的对比。

图 6-3　不同强度下弯曲效果的对比

□ 角度：用于设置弯曲的角度，不同的参数可以使模型产生不同的扭曲。如图6-4
所示为不同角度下弯曲效果的对比。

图6-4　不同角度下弯曲效果的对比

□ 对齐：用于设置弯曲模型的对齐方式。
□ 匹配到父级：单击【匹配到父级】按钮，变形器的框架将自动匹配模型的大小。
建议在使用变形器时单击该按钮，这样在调整参数时效果将更加准确。

【知识点滴】

在使用"弯曲"变形器时，使用"移动"工具 ✛ 移动弯曲边框的位置，可以观察到模
型随着边框的移动，弯曲效果也会跟着改变(只有包含在弯曲边框内的模型才会产生弯曲
效果)，如图6-5所示。

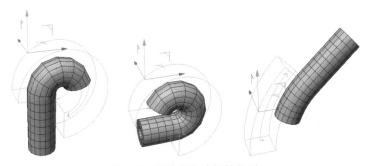

图6-5　调整弯曲边框的位置

同理，使用"旋转"工具 ◯ 和"缩放"工具 ⬜ ，也可以通过控制弯曲边框调整弯曲
变形的效果。下面通过一个实例来进行详细介绍。

实战演练：制作卷曲纸张

本例将通过制作一个卷曲的纸模型，帮助用户掌握"弯曲"变形器的
具体使用方法。

01 长按Cinema 4D工具栏中的【立方体】按钮 ⬡ ，从弹出的面板中选择【平面】工具 ◈ ，
在场景中创建一个平面，在【属性】面板中设置平面的【宽度】为300cm，【高度】为
800cm，【宽度分段】和【高度分段】均为60，如图6-6所示。
02 单击工具栏中的【弯曲】按钮 ◐ ，创建"弯曲"变形器，在【对象】面板中将"弯曲"
变形器放在"平面"的子层级，在【属性】面板中设置【强度】为20°，如图6-7所示。

03 单击工具栏中的"旋转"工具 🔄，通过控制弯曲边框的变形效果，调整弯曲变形的效果，如图 6-8 所示。

图 6-6　创建平面　　　　　图 6-7　创建"弯曲"变形器　　　　　图 6-8　旋转弯曲边框

04 在【属性】面板中将【对齐】设置为"自动"，然后单击【匹配到父级】按钮。

05 在工具栏中单击【移动】工具 ✛，将弯曲变形边框移至平面的右侧，如图 6-9 所示。

06 在【属性】面板中将【强度】设置为 1660°，此时"弯曲"变形效果如图 6-10 所示。

07 选中场景中的平面，在【属性】面板中将【高度分段】和【宽度分段】修改为 200，如图 6-11 所示。

图 6-9　移动弯曲变形框　　　　图 6-10　弯曲变形平面的一侧　　　　图 6-11　修改平面分段

08 在【对象】面板中选中"弯曲"变形器，在【属性】面板中选择【坐标】选项卡，然后调整【R.B】参数为 -85°，如图 6-12 所示。

09 完成以上操作后，卷曲纸张的效果如图 6-13 所示。

图 6-12　【坐标】选项卡

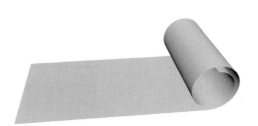

图 6-13　卷曲的纸张

6.3　扭曲

使用"扭曲"变形器可以将模型进行任意角度的扭曲，如图 6-14 所示。

【执行方式】

- 工具栏：长按工具栏中的【弯曲】按钮⬮，从弹出的面板中选择【扭曲】工具⬮。
- 菜单栏：选择【创建】|【变形器】|【扭曲】命令。

【选项说明】

创建"扭曲"变形器后，【属性】面板中将显示【角度】选项，如图 6-14 右图所示。
该选项用于设置模型的螺旋扭曲变形强度。

  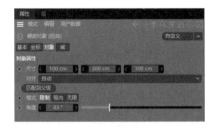

　　　　立方体　　　　扭曲

图 6-14　扭曲效果(左图)和【属性】面板(右图)

实战演练：制作扭曲文字

本例将使用【扭曲】变形器制作一个扭曲效果文字，帮助用户掌握"扭曲"变形器的具体使用方法。

01 单击工具栏中的【文本样条】按钮**T**，在【属性】面板的【文本样条】文本框中输入 C，
在正视图中创建文本"C"，如图 6-15 所示。

02 长按工具栏中的【细分曲面】按钮⬮，从弹出的面板中选择【挤压】工具⬮，在【对象】
面板中将"文本"放在"挤压"生成器的子层级，如图 6-16 所示。

03 在【属性】面板中设置【方向】为 Y，【偏移】为 20cm，如图 6-17 所示。

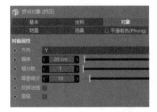

图 6-15　创建文本样条"C"　　图 6-16　设置挤压　　　图 6-17　设置挤压属性

04 此时，三维文字效果如图 6-18 所示。

05 长按工具栏中的【弯曲】按钮⬮，从弹出的面板中选择【扭曲】工具⬮，创建"扭曲"
变形器。

06 在【对象】面板中将"扭曲"变形器放在"挤压"生成器的子层级，如图 6-19 所示。

07 在【属性】面板中设置【尺寸】为 125cm、20cm 和 160cm，【角度】为 -18°，【对

齐】为【自动】，然后单击【匹配到父级】按钮，如图 6-20 所示。

图 6-18　三维文字"C"　　图 6-19　设置扭曲　　图 6-20　设置扭曲属性

08 此时三维文字的扭曲效果如图 6-21 所示。

09 使用同样的方法，制作其余文字，完成后的扭曲文字效果如图 6-22 所示。

图 6-21　扭曲文字 C　　　　　　图 6-22　扭曲三维文字

6.4　膨胀

利用"膨胀"变形器可以让模型局部放大或缩小，如图 6-23 左图所示。

【执行方式】

　　□ 工具栏：长按工具栏中的【弯曲】按钮 ⃝ ，从弹出的面板中选择【膨胀】工具 ⃝ 。

　　□ 菜单栏：选择【创建】|【变形器】|【膨胀】命令。

【选项说明】

创建"膨胀"变形器后，与"弯曲"变形器一样，"膨胀"变形器的【属性】面板中也有【对象】和【域】两个选项卡，如图 6-23 右图所示。

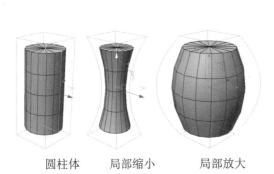
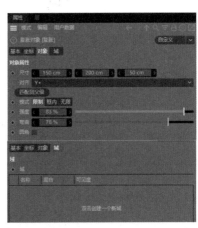

　　圆柱体　　局部缩小　　局部放大

图 6-23　膨胀效果(左图)和【属性】面板(右图)

膨胀【属性】面板中重要参数选项的说明如下。

□ 强度：用于设置模型放大(或缩小)的程度。

□ 弯曲：用于设置变形器外框的弯曲效果。如图 6-24 所示为不同弯曲参数下"胶囊"的膨胀效果。

□ 圆角：选中【圆角】复选框后，模型将呈现圆角效果，如图 6-25 所示。

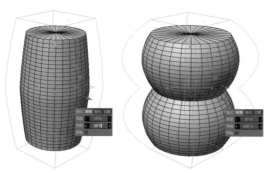

图 6-24　不同"弯曲"参数下模型的效果对比　　　图 6-25　模型圆角效果

实战演练：制作围栏花杆

　　本例将通过对"圆柱体"和"圆锥体"进行"膨胀"变形处理，制作一个围栏花杆模型。

01 长按工具栏中的【立方体】按钮⬛，从弹出的面板中选择【圆柱体】工具🛢，在【属性】面板中设置【半径】为 50cm，【高度】为 792cm，【高度分段】和【旋转分段】均为 50，如图 6-26 所示。

02 长按工具栏中的【弯曲】按钮◎，从弹出的面板中选择【膨胀】工具◈，创建"膨胀"变形器，在【对象】面板中将"膨胀"放在"圆柱体"的子层级，如图 6-27 所示。

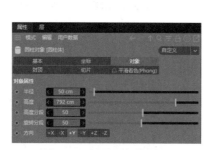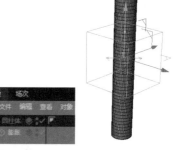

图 6-26　设置圆柱体属性　　　　　　　图 6-27　创建"膨胀"变形器

03 在【对象】面板中按住 Ctrl 键拖动"膨胀"变形器，将其复制 3 份，将复制的"膨胀"变形器都放在"圆柱体"的子层级，并将 4 个变形器重命名为"膨胀 1""膨胀 2""膨胀 3"和"膨胀 4"，如图 6-28 所示。

04 在【对象】面板中按住 Ctrl 键同时选中"膨胀 1""膨胀 2""膨胀 3"变形器对象，在【属性】面板中，将【尺寸】设置为 150cm、100cm、150cm，【强度】为 50%，【弯曲】为 100%，如图 6-29 左图所示。

05 在【对象】面板中分别选中"膨胀 1""膨胀 2""膨胀 3"变形器对象，在场景中调整膨胀边框的位置，制作图 6-29 右图所示的 3 个膨胀变形效果。

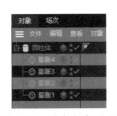

图 6-28　重命名变形器

图 6-29　制作 3 个膨胀变形效果

06 在【对象】面板中选中"膨胀 4"变形器，在【属性】面板中设置【尺寸】为 150cm、400cm、150cm，【强度】为 -30%，【弯曲】为 100%，然后在场景中调整膨胀边框的位置，制作图 6-30 所示的膨胀变形效果。

07 长按工具栏中的【立方体】按钮 ，从弹出的面板中选择【圆锥体】工具 ，创建一个圆锥体，在【属性】面板中设置其【高度】为 300cm、【底部半径】为 50cm，【高度分段】和【旋转分段】均为 30，然后切换至正视图，使用【移动】工具 沿 Y 轴调整圆锥体在场景中的位置，如图 6-31 左图所示。

08 切换至透视图，模型效果如图 6-31 右图所示。

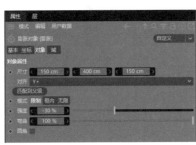

图 6-30　设置"膨胀 4"变形器效果

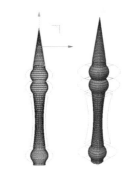

图 6-31　调整花杆顶部圆锥体的位置

6.5　斜切

利用"斜切"变形器可以使模型产生倾斜变形的效果，如图 6-32 左图所示。

【执行方式】

　　□ 工具栏：长按工具栏中的【弯曲】按钮 ，从弹出的面板中选择【斜切】工具 。

　　□ 菜单栏：选择【创建】|【变形器】|【斜切】命令。

【选项说明】

创建"斜切"变形器后，【属性】面板中将显示【尺寸】【模式】【强度】【角度】
【圆角】几个主要选项，如图 6-32 右图所示。

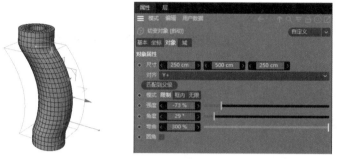

图 6-32　斜切效果(左图)和【属性】面板(右图)

☐ 尺寸：用于设置斜切变形的框架尺寸。

☐ 模式：用于设置斜切变形的模式，包括"限制""框内""无限"3 种，如图 6-33
所示。

☐ 角度：用于设置斜切变形的角度。设置不同的参数可以使模型产生不同的扭曲效
果，如图 6-34 所示。

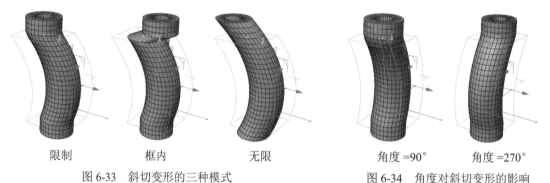

| 限制 | 框内 | 无限 | 角度 =90° | 角度 =270° |

图 6-33　斜切变形的三种模式　　　　　　图 6-34　角度对斜切变形的影响

☐ 圆角：选中【圆角】复选框，模型的造型曲线将会更加丰富。

6.6　FFD

利用 FFD 变形器可以通过移动点的位置改变模型的造型，并且模型的变化会很柔软，
如图 6-35 左图所示。

【执行方式】

☐ 工具栏：长按工具栏中的【弯曲】按钮，从弹出的面板中选择 FFD 工具。

☐ 菜单栏：选择【创建】|【变形器】| FFD 命令。

【选项说明】

创建 FFD 变形器后，【属性】面板中将显示【栅格尺寸】【水平网点】【垂直网点】【纵深网点】几个主要选项，如图 6-35 右图所示。

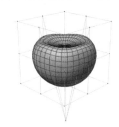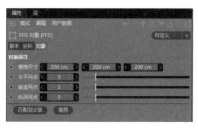

图 6-35 FFD 变形器效果(左图)和【属性】面板(右图)

- □ 栅格尺寸：用于设置模型外面的栅格框架尺寸。
- □ 水平网点：用于设置栅格上水平轴向的网点个数。
- □ 垂直网点 / 纵深网点：用于设置栅格上垂直和纵深轴向的网点个数。

视频讲解：制作爱心模型

本例将通过扫码播放视频方式，向用户演示使用 FFD 变形器制作一个爱心模型的方法。

6.7 锥化

使用"锥化"变形器可以使模型造型变得尖锐或膨胀，如图 6-36 左图所示。

【执行方式】

- □ 工具栏：长按工具栏中的【弯曲】按钮，从弹出的面板中选择【锥化】工具。
- □ 菜单栏：选择【创建】|【变形器】|【锥化】命令。

【选项说明】

创建"锥化"变形器后，【属性】面板中将显示【强度】【弯曲】【圆角】几个主要选项，如图 6-36 右图所示。

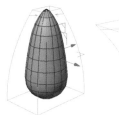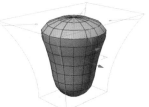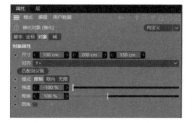

图 6-36 锥化效果(左图)和【属性】面板(右图)

□ 强度：用于设置锥化的强度。该参数值为负时，模型顶端更膨胀；参数值为正时，模型顶端更尖锐。

□ 弯曲：用于使模型产生弯曲。该参数值越大，模型变形效果越严重，如图 6-37 所示。

□ 圆角：选中【圆角】复选框，模型四周将变得更圆润，如图 6-38 所示。

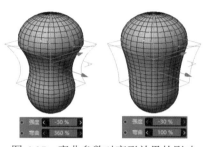

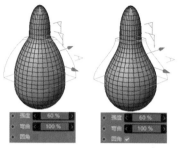

图 6-37　弯曲参数对变形效果的影响　　　图 6-38　圆角对变形效果的影响

实战演练：制作花瓶模型

本例将使用"锥化"变形器结合"膨胀"变形器制作一个花瓶模型，帮助用户掌握变形器的使用方法。

01　长按工具栏中的【立方体】按钮，从弹出的面板中选择【圆柱体】工具，在场景中创建一个圆柱体对象。在【属性】面板中设置【半径】为 60cm，【高度】为 350cm，【高度分段】为 50，【旋转分段】为 40，如图 6-39 所示。

02　长按工具栏中的【弯曲】按钮，从弹出的面板中选择【膨胀】工具，创建一个"膨胀"变形器，在【对象】面板中将"膨胀"放在"圆柱体"的子层级。在【属性】面板中将【尺寸】设置为 100cm、250cm、100cm，将【强度】设置为 80%，如图 6-40 所示。

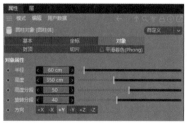

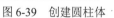

图 6-39　创建圆柱体　　　　　　　　图 6-40　添加"膨胀"修改器

03　使用【移动】工具调整场景中"膨胀"边框的位置，如图 6-41 所示。

04　按住 Ctrl 键的同时拖动"膨胀"边框，将其复制一份，在【属性】面板中将【强度】设置为"-50%"，如图 6-42 所示。

05　长按工具栏中的【弯曲】按钮，从弹出的面板中选择【锥化】工具，添加"锥化"变形器，在【对象】面板中将"锥化"放在"圆柱体"的子层级。

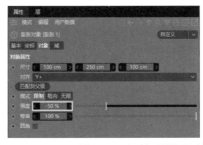

图 6-41　调整"膨胀"边框　　　　　　　　　图 6-42　复制"膨胀"边框

06 在【对象】面板中选中"锥化"对象,在【属性】面板中将【尺寸】设置为 200cm、50cm、200cm,将【模式】设置为"框内",将【强度】设置为 10%,如图 6-43 左图所示。

07 调整场景中"锥化"边框的位置,制作图 6-43 右图所示的花瓶底座效果。

08 在【对象】面板中选中"圆柱体"对象,按 C 键,将其转换为可编辑对象,然后在工具栏中单击激活"多边形"按钮 ,进入"面"编辑模式,选中圆柱体顶部的面,按 Delete 将其删除,如图 6-44 所示。

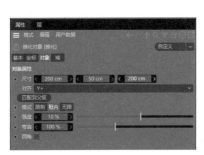

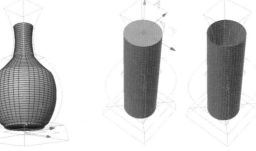

图 6-43　设置"锥化"变形器　　　　　　　　图 6-44　删除圆柱体顶部的面

09 在工具栏中单击激活【模型】按钮 ,即可得到图 6-45 左图所示的空心花瓶模型效果。按住 Alt 键,长按工具栏中的【细分曲面】按钮 ,从弹出的面板中选择【布料曲面】工具 ,为圆柱体添加一个"布料曲面"生成器,在【属性】面板中将【厚度】设置为 5,使空心花瓶具有厚度,效果如图 6-45 中图所示。

10 为制作的模型赋予玻璃材质后,按 Ctrl+R 快捷键渲染图形,效果如图 6-45 右图所示。

图 6-45　花瓶模型

【技巧点拨】

在上面的实例中，可以通过调整变形器和圆柱体的位置和参数，制作出各种外观不同的花瓶模型效果。

6.8 摄像机

使用"摄像机"变形器后进入"点""边""多边形"模式，可以在透视图中调整模型上的网点，从而使模型产生变形效果，如图 6-46 左图所示。

【执行方式】

- □ 工具栏：长按工具栏中的【弯曲】按钮，从弹出的面板中选择【摄像机】工具。
- □ 菜单栏：选择【创建】|【变形器】|【摄像机】命令。

【选项说明】

创建"摄像机"变形器后，【属性】面板中将显示【强度】【网格 X】【网格 Y】几个主要选项，如图 6-46 右图所示。

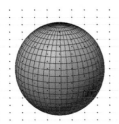
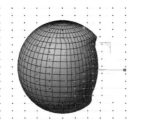
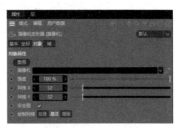

图 6-46 "摄像机"变形器效果(左图)和【属性】面板(右图)

- □ 强度：用于设置变形强度。
- □ 网格 X：用于设置 X 轴方向的网格数量。
- □ 网格 Y：用于设置 Y 轴方向的网格数量。

6.9 爆炸

使用"爆炸"变形器可以使模型产生碎片化的爆炸效果，如图 6-47 左图所示。

【执行方式】

- □ 工具栏：长按工具栏中的【弯曲】按钮，从弹出的面板中选择【爆炸】工具。
- □ 菜单栏：选择【创建】|【变形器】|【爆炸】命令。

【选项说明】

创建"爆炸"变形器后，【属性】面板中将显示【强度】【速度】【角速度】【终点尺寸】【随机特性】几个选项，如图 6-47 右图所示。

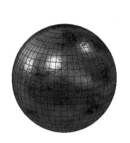

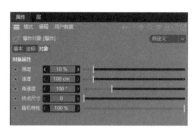

图 6-47　爆炸效果(左图)和【属性】面板(右图)

□ 强度：用于设置爆炸的强度，数值越大爆炸程度越大，如图 6-48 所示。

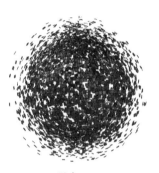
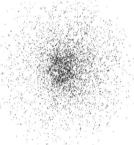

强度 =1%　　　　　　　　　强度 =5%　　　　　　　　　强度 =50%

图 6-48　强度参数对爆炸效果的影响

□ 速度：用于设置爆炸碎片的飞舞速度，如图 6-49 所示(强度为 10%)。

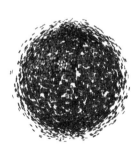
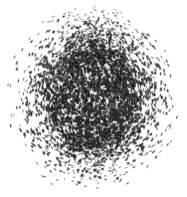

速度 =0cm　　　　　　　　　速度 =30cm　　　　　　　　速度 =100cm

图 6-49　速度参数对爆炸效果的影响

□ 角速度：用于设置碎片旋转的角度。
□ 终点尺寸：用于设置碎片的终点尺寸大小。
□ 随机特性：用于设置碎片的随机效果。

6.10 爆炸 FX

使用"爆炸FX"变形器可以使模型爆炸，产生爆炸区域可控的块状碎片效果，如图6-50所示。

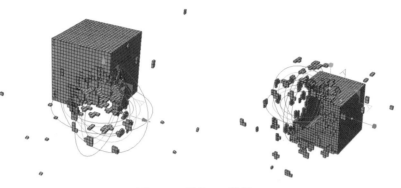

图 6-50　爆炸 FX 效果

【执行方式】

□ 工具栏：长按工具栏中的【弯曲】按钮 ◎，从弹出的面板中选择【爆炸 FX】工具 ◎。

□ 菜单栏：选择【创建】|【变形器】|【爆炸 FX】命令。

【选项说明】

创建"爆炸"变形器后，【属性】面板中将显示【对象】【簇】【爆炸】【重力】【旋转】【专用】等多个选项卡，如图6-51所示。

【对象】选项卡

【簇】选项卡

【爆炸】选项卡

【重力】选项卡

【旋转】选项卡

【专用】选项卡

图 6-51　"爆炸"变形器的 6 个【属性】选项卡

1. 对象

在【对象】选项卡中，可以通过设置【时间】参数值，控制爆炸效果是在开始还是结束状态，如图 6-52 所示。

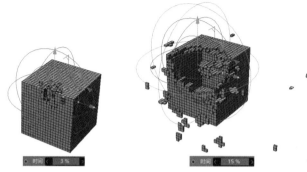

图 6-52　"时间"参数对爆炸效果的影响

2. 簇

【簇】选项卡用于设置爆炸碎片产生的簇状效果，主要参数包括【厚度】【密度】【簇方式】【变化】。

- 厚度：用于设置爆炸碎片产生簇状的厚度，如图 6-53 所示。
- 密度：用于设置爆炸碎片产生簇状的密度。
- 簇方式：用于设置爆炸碎片的簇状类型，包括"自动""多边形""使用选集标签""选取 + 多边形"4 种。

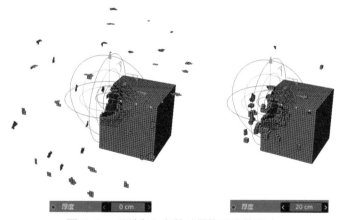

图 6-53　"厚度"参数对爆炸碎片的影响

- 变化：用于设置爆炸碎片产生簇状的变化效果。

3. 爆炸

在【爆炸】选项卡中，可以设置爆炸效果的【强度】【衰减】【变化】等参数。

- 强度：用于设置爆炸的强度。

- □ 衰减：用于设置爆炸的衰减程度。
- □ 变化：用于设置爆炸碎片的变化，数值越大，变化越随机。
- □ 方向：用于设置爆炸碎片的方向，包括【全部】【仅 X】【排除 X】【仅 Y】【排除 Y】【仅 Z】【排除 Z】几个选项。
- □ 线性：当设置【方向】为【仅 X】【仅 Y】【仅 Z】时，选中【线性】复选框，爆炸碎片将为线性方式。
- □ 变化：用于设置碎片方向的随机程度。
- □ 冲击时间：用于设置碎片冲击的时间。
- □ 冲击速度：用于设置碎片冲击的速度。
- □ 衰减 / 变化：【冲击速度】输入框下的【衰减】输入框用于设置碎片冲击的衰减程度；【变化】输入框用于设置碎片冲击的变化程度。
- □ 冲击范围：用于设置爆炸的冲击范围。
- □ 变化：【冲击范围】输入框下方的【变化】输入框用于设置碎片冲击范围的变化。

4. 重力

【重力】选项卡用于设置爆炸碎片的重力参数，包括【加速度】【变化】【方向】【范围】几个主要选项。

- □ 加速度：用于设置爆炸的重力加速度。
- □ 范围：用于设置重力的范围。
- □ 变化：用于设置重力的变化。
- □ 方向：用于设置重力的方向。

5. 旋转

【旋转】选项卡用于设置爆炸碎片产生的旋转变化效果，包括【速度】和【转轴】两个主要选项。

- □ 速度：用于设置爆炸碎片的旋转速度。
- □ 转轴：用于设置旋转的轴向方向，包括"重心""X- 轴""Y- 轴""Z- 轴"几个选项。

6. 专用

【专用】选项卡用于设置爆炸时产生的风力和螺旋效果参数，包括【风力】和【螺旋】两个主要选项。

- □ 风力：用于设置影响爆炸的风力方向。
- □ 螺旋：用于设置爆炸碎片的旋转角度。

实战演练：制作爆炸文字

本例将通过制作一个局部爆炸效果的三维文字，帮助用户掌握"爆炸 FX"变形器的使用方法。

01 长按工具栏中的【文本】按钮 T ，在弹出的面板中选择【文本】工具 T ，在场景中创建一个三维文本，在【属性】面板的【文本样条】输入框中输入"爆"，将【高度】设置为 800cm，将【深度】设置为 100cm，将【点插值方式】设置为【细分】，将【细分数】设置为 10，如图 6-54 左图所示。

02 在【属性】面板中选择【封盖】选项卡，将倒角【尺寸】设置为 1cm，设置【封盖类型】为【常规网格】，【尺寸】为 8cm，如图 6-54 中图所示。

03 此时，场景中三维立体字"爆"的效果如图 6-54 右图所示。

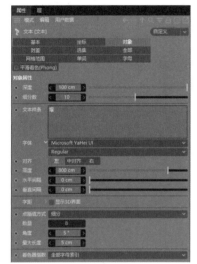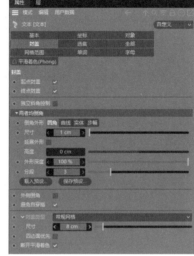

图 6-54　创建三维立体字"爆"

04 长按工具栏中的【弯曲】按钮 ◎ ，从弹出的面板中选择【爆炸 FX】工具 ☆ ，添加"爆炸 FX"变形器，在【对象】面板中将"爆炸 FX"放在"文本"的子层级，如图 6-55 所示。

05 在【属性】面板中选择【爆炸】选项卡，设置【强度】为 100，【衰减】为 26%，【冲击范围】为 110cm，如图 6-56 所示。

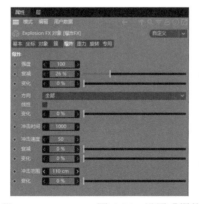

图 6-55　添加"爆炸 FX"变形器　　　　图 6-56　设置【爆炸】选项卡

06 在【属性】面板中选择【对象】选项卡，将【时间】设置为 6%，爆炸效果如图 6-57 所示。

07 在【属性】面板中选择【簇】选项卡，设置【厚度】为5cm，【密度】为1500，【变化】为50%，如图 6-58 所示。

08 在【属性】面板中选择【专用】选项卡，将【风力】设置为50后，调整场景中爆炸边框的位置，制作出如图 6-59 所示的文字局部爆炸效果。

 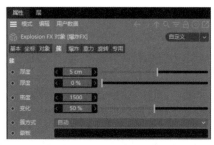 

图 6-57　设置爆炸时间后的效果　　　图 6-58　设置【簇】选项卡　　　图 6-59　文字局部爆炸效果

6.11　网格

　　使用"网格"变形器可以在对象周围创建自定义的低分辨率框架，用于自由变形对象(类似于 FFD 变形器)，效果如图 6-60 所示。

【执行方式】

　　□ 工具栏：长按工具栏中的【弯曲】按钮 ，从弹出的面板中选择【网格】工具 。
　　□ 菜单栏：选择【创建】|【变形器】|【网格】命令。

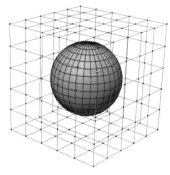 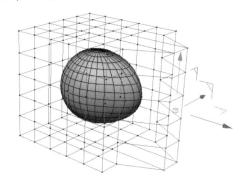

图 6-60　"网格"变形器效果

　　使用"网格"变形器的步骤如下。

01 在场景中创建一个【尺寸 .X】【尺寸 .Y】【尺寸 .Z】均为 400cm，【分段 X】【分段 Y】【分段 Z】均为 5 的立方体，如图 6-61 所示。

02 在图 6-61 所示立方体的内部再创建一个【半径】为 150cm，【分段】为 32 的球体。

03 长按工具栏中的【弯曲】按钮 ，从弹出的面板中选择【网格】工具 ，添加"网格"变形器，在【对象】面板中将"网格"放在"球体"的子层级，如图 6-62 所示。

04 在【对象】面板中选中"立方体"对象，按 C 键，将其转换为可编辑对象。

05 在【对象】面板中选中"网格"对象，将"立方体"对象拖动至网格【属性】面板的【网笼】列表框中，如图 6-63 所示。

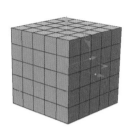

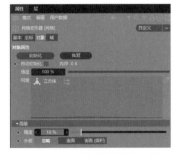

图 6-61　立方体　　图 6-62　添加"网格"变形器　　图 6-63　网格【属性】面板

06 在图 6-63 所示的【属性】面板中单击【初始化】按钮，然后单击工具栏中的【点】按钮 进入"点"模式，将显示图 6-60 左图所示网笼。此时选择(或框选)网笼上的点，使用【移动】工具 调整点的位置，网笼内球体的形状也会同步发生变化，如图 6-60 右图所示。

6.12　修正

使用"修正"变形器并进入"点"模式，可以通过移动"点"的位置使模型产生变形效果，从而改变模型的造型(模型会变得看上去坚硬)，如图 6-64 左图所示。

【执行方式】

- 工具栏：长按工具栏中的【弯曲】按钮 ，从弹出的面板中选择【修正】工具 。
- 菜单栏：选择【创建】|【变形器】|【网格】命令。

【选项说明】

创建"修正"变形器后，【属性】面板中比较重要的选项是【映射】和【强度】，如图 6-64 右图所示。

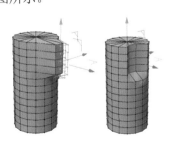
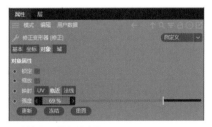

图 6-64　修正效果(左图)和【属性】面板(右图)

- 映射：用于设置映射方式，包括"UV""临近""法线"3 种。
- 强度：用于设置变形的强度。

6.13 融化

使用"融化"变形器可以制作物体融化的效果，如图 6-65 左图所示。

【执行方式】

- 工具栏：长按工具栏中的【弯曲】按钮，从弹出的面板中选择【融化】工具。
- 菜单栏：选择【创建】|【变形器】|【融化】命令。

【选项说明】

创建"融化"变形器后，【属性】面板中将显示【强度】【半径】【垂直随机】【半径随机】【溶解尺寸】【噪波缩放】选项，如图 6-65 右图所示。

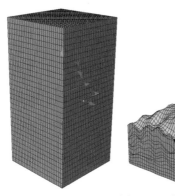 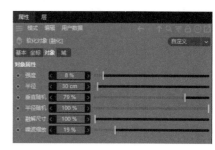

图 6-65　融化效果(左图)和【属性】面板(右图)

- 强度：用于设置融化的强度。该数值越大，融化效果越夸张。
- 半径：用于设置融化物体的半径值。
- 垂直随机：用于设置溶解模型垂直方向的随机效果。
- 半径随机：用于设置溶解模型半径的随机效果。
- 溶解尺寸：用于设置溶解模型的尺寸。
- 噪波缩放：用于设置噪波缩放大小。

视频讲解：制作融化文字

　　本例将通过扫码播放视频方式，向用户演示使用"融化"变形器制作融化效果文字的方法。

6.14 碎片

使用"碎片"变形器可以制作出模型破碎的效果，如图 6-66 左图所示。

【执行方式】

□ 工具栏：长按工具栏中的【弯曲】按钮◎，从弹出的面板中选择【碎片】工具圖。

□ 菜单栏：选择【创建】|【变形器】|【碎片】命令。

【选项说明】

创建"碎片"变形器后，【属性】面板中将显示【强度】【角速度】【终点尺寸】【随机特性】选项，如图 6-66 右图所示。

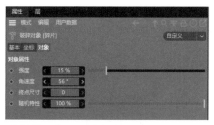

图 6-66　碎片效果(左图)和【属性】面板(右图)

□ 强度：用于设置碎片的强度。该参数值越大，模型碎片程度越充分。

□ 角速度：用于设置碎片的旋转效果。

□ 终点尺寸：用于设置碎片的尺寸。

□ 随机特性：用于设置碎片的随机效果。

视频讲解：制作碎片文字

本例将通过扫码播放视频方式，向用户演示使用"碎片"变形器制作图 6-66 左图所示碎片效果文字的方法。

6.15　挤压与伸展

使用"挤压 & 伸展"变形器可以使模型产生挤压和伸展效果，如图 6-67 左图所示。

【执行方式】

□ 工具栏：长按工具栏中的【弯曲】按钮◎，从弹出的面板中选择【挤压 & 伸展】工具圖。

□ 菜单栏：选择【创建】|【变形器】|【挤压 & 伸展】命令。

【选项说明】

创建"挤压 & 伸展"变形器后，【属性】面板中将显示【顶部】【中部】【底部】【方向】【因子】【膨胀】【平滑起点】【平滑终点】【弯曲】等选项，如图 6-67 右图所示。

□ 顶部 / 中部 / 底部：分别用于设置模型顶部、中部和底部的伸展和挤压效果。

- □ 方向：用于设置模型沿 X 轴挤压或伸展。
- □ 因子：用于设置模型沿 Y 轴挤压或伸展。
- □ 膨胀：用于设置模型沿 Z 轴挤压或伸展。
- □ 平滑起点 / 平滑终点：用于设置模型起点和终点的平滑效果。
- □ 弯曲：用于调整模型弯曲的程度。

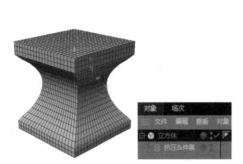
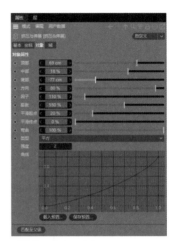

图 6-67　"挤压 & 伸展"效果(左图)和【属性】面板(右图)

6.16　碰撞

使用"碰撞"变形器可以使一个物体在移动位置穿越另一个模型的过程中产生碰撞变化效果，如图 6-68 所示。

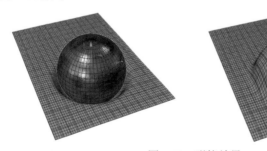

图 6-68　碰撞效果

【执行方式】

- □ 工具栏：长按工具栏中的【弯曲】按钮◙，从弹出的面板中选择【碰撞】工具▨。
- □ 菜单栏：选择【创建】|【变形器】|【碰撞】命令。

下面以为图 6-68 所示的球体和平面设置"碰撞"效果为例，介绍使用"碰撞"变形器的操作步骤。

01▶ 在场景中创建一个"球体"和一个"平面"对象后，长按工具栏中的【弯曲】按钮◙，从弹出的面板中选择【碰撞】工具▨，创建"碰撞"变形器。

02 在【对象】面板中将"碰撞"放在"平面"的子层级。

03 选中【对象】面板中的"碰撞"变形器，在【属性】面板中选择【碰撞器】选项卡，然后将【对象】面板中的"球体"拖动至【对象】选项框中，如图 6-69 所示。

04 此时，使用【移动】工具┿拖动场景中的球体，即可得到图 6-68 所示的效果。

05 在【对象】面板中选中"碰撞"变形器，在【属性】面板中选择【对象】选项卡，可以设置"碰撞"效果的【距离】【强度】和【衰减】类型，如图 6-70 所示；选择【高级】选项卡可以设置"碰撞"的【弯曲】【结构】【硬度】【松弛】【伸展】【步幅】【尺寸】参数值，如图 6-71 所示。

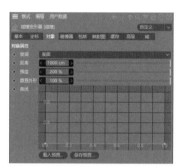
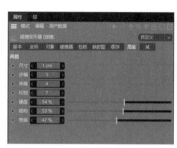

图 6-69　设置碰撞对象　　　图 6-70　【对象】选项卡　　　图 6-71　【高级】选项卡

视频讲解：制作碰撞气球

本例将通过扫码播放视频方式，向用户演示使用"碰撞"变形器制作气球模型表面被触碰后的凹陷碰撞效果。

6.17　包裹

使用"包裹"变形器可以使模型呈现柱状或球状形态，如图 6-72 所示。

【执行方式】

□ 工具栏：长按工具栏中的【弯曲】按钮◙，从弹出的面板中选择【包裹】工具◙。
□ 菜单栏：选择【创建】|【变形器】|【包裹】命令。

【选项说明】

创建"包裹"变形器后的【属性】面板如图 6-73 所示。几个主要选项的功能说明如下。

□ 宽度 / 高度 / 半径：用于设置"包裹"变形器的宽度、高度和半径值。
□ 包裹：用于设置"包裹"修改器的类型，包括【球状】和【柱状】两个选项，效果如图 6-72 所示。
□ 经度起点 / 经度终点：用于设置"包裹"变形器发挥作用的起点和终点位置。
□ 张力：用于设置"包裹"变形器的弯曲程度。

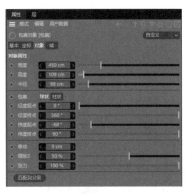

柱状　　　　　　　　　　球状

图 6-72　"包裹"变形器产生的效果　　　　　　　图 6-73　包裹【属性】面板

6.18　收缩包裹

使用"收缩包裹"变形器可以使模型在保持原特点的前提下与另一个对象吸附在一起，如图 6-74 所示。

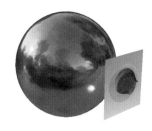  

图 6-74　收缩包裹效果

【执行方式】

□ 工具栏：长按工具栏中的【弯曲】按钮，从弹出的面板中选择【收缩包裹】工具。

□ 菜单栏：选择【创建】|【变形器】|【收缩包裹】命令。

下面为图 6-74 左图所示的"多边形"和"球体"对象设置"收缩包裹"变形器。

01 在场景中创建"球体"和"多边形"对象后，分别为其赋予材质。

02 长按工具栏中的【弯曲】按钮，从弹出的面板中选择【收缩包裹】工具，添加"收缩包裹"变形器，在【对象】面板中将"收缩包裹"放在"多边形"的子层级，如图 6-74 中图所示。

03 在【对象】面板中选中"收缩包裹"，然后将"球体"拖动至【属性】面板的【目标对象】选项框中，并将【强度】设置为 99%，如图 6-75 所示，得到如图 6-74 右图所示的收缩包裹效果。

图 6-75　收缩包裹【属性】面板

6.19　平滑

使用"平滑"变形器可以使物体表面变得平滑，如图 6-76 左图所示。

【执行方式】

　　□ 工具栏：长按工具栏中的【弯曲】按钮◯，从弹出的面板中选择【平滑】工具▰。

　　□ 菜单栏：选择【创建】|【变形器】|【平滑】命令。

【选项说明】

创建"平滑"变形器后，【属性】面板中将显示【强度】【类型】【迭代】【硬度】几个比较重要的选项，如图 6-76 右图所示。

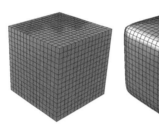

图 6-76　平滑效果(左图)和【属性】面板(右图)

　　□ 强度：用于设置平滑的程度。

　　□ 类型：用于设置平滑类型，包括【平滑】【松弛】【强度】3 个选项。

　　□ 迭代：用于设置平滑的迭代次数。该参数值越大，平滑迭代级别越高，平滑效果越明显。

　　□ 硬度：用于设置平滑的硬度值，该参数值越小，平滑效果越明显。

6.20　球化

使用"球化"变形器可以使模型相对原来状态变得更加圆润，效果类似球体，如图 6-77 左图所示。

【执行方式】

　　□ 工具栏：长按工具栏中的【弯曲】按钮◯，从弹出的面板中选择【球化】工具◉。

　　□ 菜单栏：选择【创建】|【变形器】|【球化】命令。

【选项说明】

创建"球化"变形器后，【属性】面板中将显示【半径】【强度】两个比较重要的选项，如图 6-77 右图所示。

　　□ 半径：用于设置球化的半径大小。

　　□ 强度：用于设置球化效果的强度。

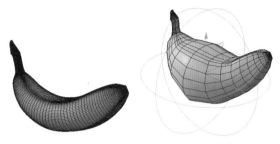
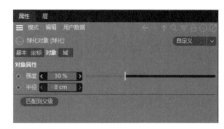

图 6-77　球化效果(左图)和【属性】面板(右图)

6.21　样条

使用"样条"变形器可通过原始曲线和修改曲线来改变平面的形状，如图 6-78 左图所示。

【执行方式】

□　工具栏：长按工具栏中的【弯曲】按钮，从弹出的面板中选择【样条】工具。

□　菜单栏：选择【创建】|【变形器】|【样条】命令。

【选项说明】

创建"样条"变形器后，【属性】面板中将显示【原始曲线】【修改曲线】【半径】【完整多边形】【形状】几个比较重要的选项，如图 6-78 右图所示。

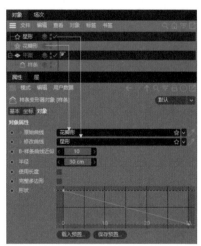

图 6-78　样条效果(左图)和【属性】面板(右图)

□　原始曲线：用于设置模型上发生变化的形状。

□　修改曲线：用于设置拉伸方向上发生变化的形状。

□　半径：用于设置两个曲线之间的变化大小。

□　完整多边形：选中【完整多边形】复选框后，模型会再一次发生变形。

□　形状：在【形状】选项框中可以通过调整曲线的形状，控制平面上的样条效果。

6.22　样条约束

使用"样条约束"变形器可以让三维对象以样条为走向发生变形，并以样条控制旋转效果。

【执行方式】

□ 工具栏：长按工具栏中的【弯曲】按钮◎，从弹出的面板中选择【样条约束】工具◖◗。

□ 菜单栏：选择【创建】|【变形器】|【样条约束】命令。

【选项说明】

创建"样条约束"变形器后，【属性】面板中将显示【样条】【轴向】【强度】【偏移】【起点】【终点】几个比较重要的选项，如图 6-79 所示。

□ 样条：用于链接绘制的样条路径。

□ 轴向：用于设置模型生成的轴向，不同的轴向会形成不同的模型效果。

□ 强度：用于设置模型生成的比例。

□ 偏移：用于设置模型在路径上的位移。

□ 起点 / 终点：用于设置模型在路径上的起点和终点位置。

图 6-79　样条约束【属性】面板

实战演练：制作旋转文字动画

本例将通过制作一个旋转文字动画，向用户演示"样条约束"变形器的具体使用方法。

01 长按工具栏中的【文本样条】按钮 **T**，从弹出的面板中选择【文本】工具 🗚，在场景中创建文本对象，在【属性】面板的【文本样条】选项框中输入 CENTRALPROCESSINGUNIT，将【深度】设置为 100cm，【细分】设置为 10，将【点插值方式】设置为【统一】，如图 6-80 所示。

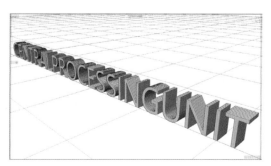

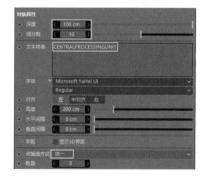

图 6-80　创建文本对象

02 在【属性】面板中选择【封盖】选项卡，将【封盖类型】设置为【常规网格】，并选中【四边面优先】复选框，如图 6-81 所示。

03 按住 Shift 键的同时，长按工具栏中的【弯曲】按钮 ⬭，从弹出的面板中选择【样条约束】工具 ⬭，创建"样条约束"变形器，如图 6-82 所示。

04 长按工具栏中的【矩形】按钮 ▢，从弹出的面板中选择【圆环】工具 ◯，在场景中创建一个圆环。在【对象】面板中选中"样条约束"，然后将"圆环"拖动至【属性】面板的【样条】选项框中，如图 6-83 所示。

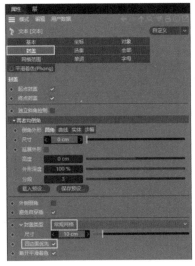

图 6-81 设置封盖属性　　图 6-82 添加"样条约束"变形器　　图 6-83 设置样条约束

05 此时，场景中文本的效果将如图 6-84 所示。在样条约束【属性】面板中单击【偏移】输入框左侧的 ⊙，使其状态变为 ⊙，在【时间线】面板的第 1 帧插入关键帧，如图 6-85 所示。

06 在【时间线】面板中将当前帧移到最后一帧，在【属性】面板中将【偏移】值设置为 100%，单击【偏移】输入框左侧的 ⊙，使其状态变为 ⊙，在最后一帧插入一个关键帧。

07 长按工具栏中的【立方体】按钮 ⬛，从弹出的面板中选择【圆环面】工具 ◯，在场景中创建一个圆环面，使其包裹文本，如图 6-86 所示。

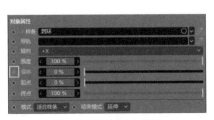

图 6-84 文本效果　　　　图 6-85 设置关键帧　　　　图 6-86 创建圆环面

08 单击【时间线】面板中的【向前播放】按钮 ▶(快捷键：F8)播放动画，即可观看旋转文字的动画效果。

6.23 倒角

使用"倒角"变形器可以使模型形成倒角效果，如图 6-87 左图所示。

【执行方式】

- □ 工具栏：长按工具栏中的【弯曲】按钮 ⊘，从弹出的面板中选择【倒角】工具 ⊚。
- □ 菜单栏：选择【创建】|【变形器】|【倒角】命令。

【选项说明】

创建"倒角"变形器后，【属性】面板中显示【构成模式】【偏移】【细分】【外形】
几个比较重要的选项，如图 6-87 右图所示。

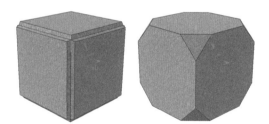
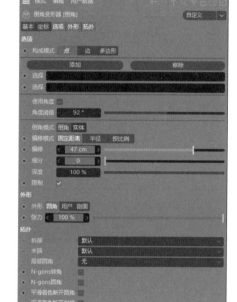

图 6-87 倒角效果(左图)和【属性】面板(右图)

- □ 构成模式：用于设置倒角模式，包括【点】【边】【多边形】3 种模式。
- □ 偏移：用于设置倒角的强度。
- □ 细分：用于设置倒角的分段数。
- □ 外形：用于设置倒角的样式(默认为"圆角")。

6.24 颤动

使用"颤动"变形器可以制作颤动动画效果。

【执行方式】

□ 工具栏：长按工具栏中的【弯曲】按钮，从弹出的面板中选择【颤动】工具。
□ 菜单栏：选择【创建】|【变形器】|【网格】命令。

【选项说明】

创建"颤动"变形器后，【属性】面板中将显示【启动 停止】【强度】【硬度】【构造】【黏滞】几个比较重要的选项，如图6-88所示。

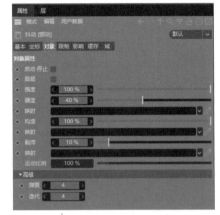

□ 启动 停止：选中该复选框后，可设置【运动比例】参数。
□ 强度：用于设置颤动效果的强度值。
□ 硬度：用于设置颤动效果的硬度值。
□ 构造：用于控制模型本身结构线的变化。
□ 黏滞：用于设置颤动黏滞效果。该参数值越大，模型的颤动效果越不明显。

图6-88 颤动【属性】面板

视频讲解：制作柔体模拟动画

本例将通过扫码播放视频方式，向用户演示使用"颤动"变形器使球体运动产生柔体效果。

第7章
多边形建模

● 本章内容

多边形建模是一种复杂和重要的建模方式。在 Cinema 4D 中通过将对象转换为可编辑多边形，可以编辑对象的点、边和多边形效果，从而一步步地将简单的对象调整为复杂精细的模型。

7.1 多边形建模概述

在使用 Cinema 4D 制作模型的过程中，一些复杂的模型(如产品、植物、立体文字、卡通角色、家具、电器、建筑、CG 模型等)很难用几何体建模、样条建模、生成器建模、变形器建模等建模方式制作，这时可以考虑使用多边形建模方式。多边形建模可以通过对多边形的点、边、多边形 3 种模式的操作，使对象产生变化，从而得到精细化的复杂模型效果。

7.2 转换为可编辑对象

在 Cinema 4D 中想要编辑三维对象，必须将其转换为可编辑对象。

【执行方式】

□ 工具栏：单击【转为可编辑对象】按钮 。
□ 快捷键：C。

【操作过程】

执行以上操作将对象转换为可编辑对象后，在【属性】面板中模型原有的参数将消失，转而显示图 7-1 所示的对象基本属性。

此时，单击工具栏中的【点】按钮 ，将进入"点"模式，可以看到模型上分布了很多点，如图 7-2 左图所示；单击【边】按钮 ，可以选择模型上的边，如图 7-2 中图所示；单击【多边形】按钮 ，可以选择模型上的多边形(注意，若在该级别操作完成后需要选择其他模型，需要返回到"模型"级别)，如图 7-2 右图所示。

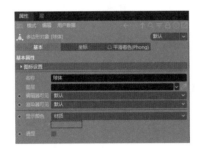

图 7-1　【属性】面板

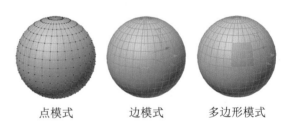

点模式　　　　边模式　　　多边形模式

图 7-2　操作可编辑对象

【技巧点拨】

在【对象】面板中，转换为可编辑样条的矩形会从图 7-3 左图所示的图案变为图 7-3 右图所示的图案，用户借此可以判断场景中哪些对象被转换成了可编辑对象。

图 7-3　【对象】面板

7.3　点模式

点模式用于编辑对象上的点。

【执行方式】

- 工具栏：单击工具栏中的【点】按钮 ◎。
- 菜单栏：选择【模式】|【点】命令。

【选项说明】

在点模式下，右击视图窗口，将弹出如图 7-4 所示的快捷菜单。其中比较重要的命令的功能说明如下。

- 创建点：选择该命令后，在模型的边和面上可以添加点，如果在多边形上添加点，将添加边和点用于连接四周的点，如图 7-5 所示。
- 封闭多边形孔洞：选择【封闭多边形孔洞】命令后，单击模型的缺口位置，即可将模型封口，效果如图 7-6 所示。

图 7-4　"点"模式快捷菜单

单击多边形

创建点

图 7-5　创建点

封闭孔洞前

封闭孔洞后

图 7-6　封闭多边形孔洞

- 多边形画笔：选择【多边形画笔】命令后，先单击一个点，再单击另一个点，即可在模型上绘制出线，如图 7-7 所示。
- 倒角：在模型上选择一个点后，右击鼠标，从弹出的快捷菜单中选择【倒角】命令，然后拖动鼠标可以将一个点倒角为一个多边形，如图 7-8 所示。

单击一点

单击另一点

图 7-7　多边形画笔

选择一点

将点倒角为一个多边形

图 7-8　倒角

☐ 桥接：选择【桥接】命令后，选择一点后再选择一点，并拖动鼠标，可以将第一点与第二点连接，如图 7-9 所示。

☐ 挤压：在模型上选择点后，右击鼠标，从弹出的快捷菜单中选择【挤压】命令，然后拖动鼠标即可使点产生凸起效果，如图 7-10 所示。

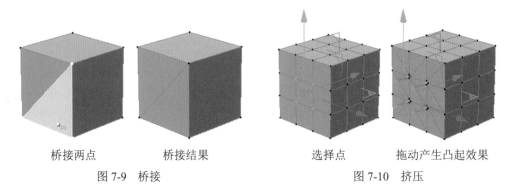

桥接两点　　　　　桥接结果　　　　　　选择点　　　　拖动产生凸起效果

图 7-9　桥接　　　　　　　　　　　　　图 7-10　挤压

☐ 焊接：按住 Shift 键选中多个点后，右击鼠标，从弹出的快捷菜单中选择【焊接】命令，此时只要单击几个点中的某一个点(或几个点的中心点)即可将最终焊接后的点放在该位置，如图 7-11 所示。

☐ 线性切割：选择【线性切割】命令后，在模型上单击可以创建分段，如图 7-12 所示。

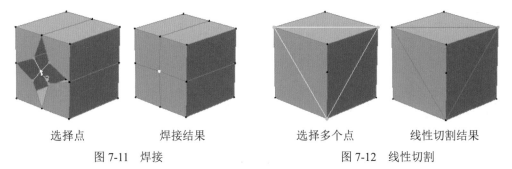

选择点　　　　　　焊接结果　　　　　选择多个点　　　　线性切割结果

图 7-11　焊接　　　　　　　　　　　　图 7-12　线性切割

☐ 平面切割：选择【平面切割】命令后，在模型上单击并拖动鼠标，然后再次单击，可以创建一圈笔直且贯穿模型的分段，如图 7-13 所示。

☐ 循环/路径切割：选择【循环/路径切割】命令后，在模型上移动鼠标，此时会显示一圈边，移动至合适的位置单击即可创建切割，如图 7-14 所示。

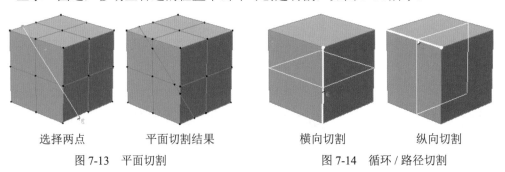

选择两点　　　　　平面切割结果　　　　横向切割　　　　　纵向切割

图 7-13　平面切割　　　　　　　　　　图 7-14　循环/路径切割

☐ 笔刷：选择【笔刷】命令，在模型上拖动可以使模型产生起伏效果，如图 7-15 所示。
☐ 磁铁：选择【磁铁】命令后，按住鼠标左键拖动，可以对当前模型进行涂抹，使模型产生如图 7-16 所示的变化。

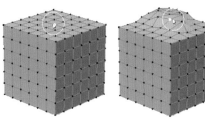
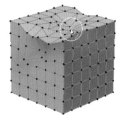

选择点　　　　拖动点产生起伏效果　　　　　　　选择点　　　　涂抹产生变化
图 7-15　笔刷　　　　　　　　　　　　　　图 7-16　磁铁

☐ 滑动：选择【滑动】命令后，单击点并拖动可以使点产生位置变化，如图 7-17 所示。
☐ 熨烫：选择【熨烫】命令后，拖动鼠标可将模型熨烫得更平滑，如图 7-18 所示。

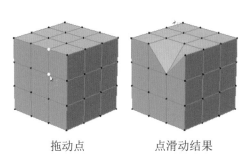
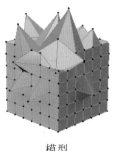
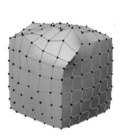

拖动点　　　　点滑动结果　　　　　　　　模型　　　　熨烫模型结果
图 7-17　滑动　　　　　　　　　　　　　图 7-18　熨烫

☐ 设置点值：选择【设置点值】命令后，在【属性】面板中可以对选中的点的位置进行调整，将其指定到一个位置，如图 7-19 所示。

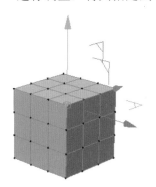

图 7-19　设置点值

☐ 缝合：选择【缝合】命令后，可以在"点""边""多边形"模式下，对点和点、边和边、多边形和多边形进行缝合处理，如图 7-20 所示。
☐ 连接点 / 边：选中两个点后，选择【连接点 / 边】命令，将在两点之间连接一条边，如图 7-21 所示。

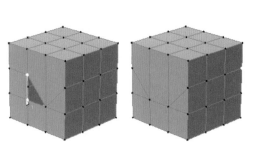

图 7-20　缝合

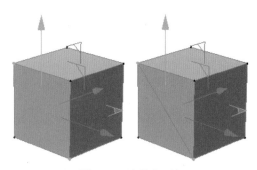

图 7-21　连接点 / 边

☐ 消除：选择【消除】命令，可以将选中的顶点消除，被消除点的位置重新自动产生模型细微变化，如图 7-22 所示。

☐ 断开连接：选中一个点后，选择【断开连接】命令，即可将该点断开，不再连接其他的点(如果移动该位置的点，可以发现其已经不是一个点了)，如图 7-23 所示。

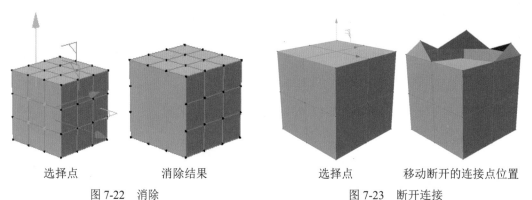

选择点　　　　　　消除结果

图 7-22　消除

选择点　　　移动断开的连接点位置

图 7-23　断开连接

☐ 融解：选中模型上的点后，选择【融解】命令可以将选中的点融解，如图 7-24 所示。

☐ 优化：选择【优化】命令，可以精简模型上点的个数。

☐ 坍塌：选中多个点后，选择【坍塌】命令可将多个点坍塌为一个点，如图 7-25 所示。

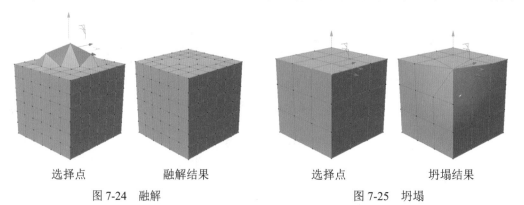

选择点　　　　　　融解结果

图 7-24　融解

选择点　　　　　　坍塌结果

图 7-25　坍塌

☐ 分裂：选择【分裂】命令，可将选中的点或多边形对象分裂出来，并且不会破坏原来的模型。

实战演练：制作菱形表面

本例将通过制作拥有菱形凸起表面纹理的圆管模型，向用户演示多边形建模中【倒角】【滑动】等工具的使用方法。

01 长按工具栏中的【立方体】按钮，从弹出的面板中选择【管道】工具，在场景中创建一个管道，在【属性】面板中将【外部半径】设置为100cm，【内部半径】设置为80cm，【旋转分段】设置为50，【高度】设置为50cm，【高度分段】设置为5，如图 7-26 所示。

02 单击工具栏中的【转为可编辑对象】按钮(快捷键：C)，将圆管转换为可编辑对象。

03 单击工具栏中的【点】按钮，切换至"点"模式，选择【选择】|【循环选择】命令，使用"循环选择"工具并按住 Shift 键选择如图 7-27 所示的 4 条循环边上的点。

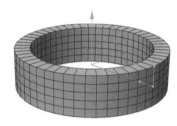
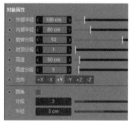
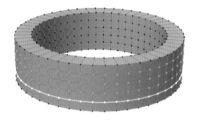

图 7-26　创建圆管　　　　　　　　　　图 7-27　选择 4 条循环边上的点

04 在场景中右击，从弹出的快捷菜单中选择【倒角】命令，在【属性】面板中将【模式】设置为【均匀】，将【偏移】设置为50%，如图 7-28 所示。

05 按 Ctrl+A 快捷键选中模型上的所有点，然后右击鼠标，在弹出的快捷菜单中选择【优化】命令。

06 单击工具栏中的【边】按钮，切换至"边"模式，将鼠标指针放置在模型顶部外圈的边上后，双击鼠标选中模型顶部外圈边，如图 7-29 所示。

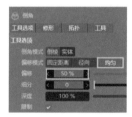
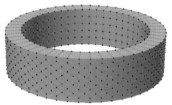

图 7-28　设置倒角　　　　　　　　　　图 7-29　选中顶部外圈边

07 右击鼠标，在弹出的快捷菜单中选择【滑动】命令，按住 Ctrl 键使用"滑动"工具复制选中的顶部外圈边，如图 7-30 所示，然后在【属性】面板中将【偏移】设置为"-3cm"，如图 7-30 右图所示。

08 使用同样的方法复制模型底部外圈边("偏移"为 -1.5)。

09 按住 Shift 键选中模型上下两圈外圈边，然后选择【选择】|【填充选择】命令，选择圆管外面，如图 7-31 所示。

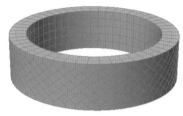

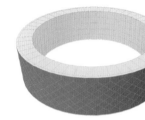

图 7-30　使用"滑动"工具复制顶部外圈边　　　　　　图 7-31　选择圆管外面

10 选择【选择】|【储存选集】命令，为选中的圆管外面设置选集。

11 按住 Shift 键后选择【运动图形】|【运动挤压】命令，为"圆管"添加"运动挤压"，在【属性】面板中将【挤出步幅】设置为 2，然后将【对象】面板中的"多边形选集"标签▲拖动至【属性】面板的【多边形选集】选项框中，如图 7-32 所示。

12 在【属性】面板中选择【变换】选项卡，将【缩放 .X】设置为 0.6，将【位置 .Z】设置为 3cm，如图 7-33 所示。

13 在【对象】面板中选中"管道"，按 Alt+G 快捷键创建编组，然后按住 Shift 键后，长按工具栏中的【弯曲】按钮，从弹出的面板中选择【倒角】工具，为编组后生成的"空白"添加"倒角"生成器。

14 在【属性】面板中将【倒角模式】设置为【实体】，将【偏移】设置为 0.5cm，如图 7-34 所示。

图 7-32　设置运动挤压　　　　　图 7-33　【变换】选项卡　　　　　图 7-34　添加倒角

15 最后，在【对象】面板中选中"空白"，在按住 Alt 键的同时单击工具栏中的【细分曲面】按钮，添加"细分曲面"生成器，模型效果如图 7-35 所示。

图 7-35　模型效果

视频讲解：制作蘑菇模型

本例将通过扫码播放视频方式，向用户演示多边形建模中使用【封闭多边形孔洞】【挤压】【倒角】等工具制作蘑菇模型的方法。

7.4　边模式

边模式用于编辑对象上的边。

【执行方式】

□ 工具栏：单击工具栏中的【边】按钮。
□ 菜单栏：选择【模式】|【边】命令。

【选项说明】

进入"边"模式后，在视图窗口中右击，系统弹出的快捷菜单中将显示如图 7-36 所示的各类工具，其中很多工具与"点"模式中的工具重复，这里不再阐述，只介绍其中比较重要的工具。

□ 倒角：选中模型上的边，右击鼠标，在弹出的快捷菜单中选择【倒角】命令，拖动鼠标可以使选中的边产生图 7-37 所示的倒角效果。

□ 挤压：选中边后，右击鼠标，在弹出的快捷菜单中选择【挤压】命令，拖动鼠标可以挤压选中的边，如图 7-38 所示为选取一圈边后使用"挤压"工具挤压边后的效果。

图 7-36　"边"工具

选择一条边　　　倒角结果　　　　　选择一圈边　　　　挤压结果

图 7-37　倒角　　　　　　　　　图 7-38　挤压

□ 切割边：选中边后，右击鼠标，从弹出的快捷菜单中选择【切割边】命令，拖动鼠标可以使模型产生切割边的效果，如图 7-39 所示。

□ 旋转边：选中边后，右击鼠标，从弹出的快捷菜单中选择【旋转边】命令，即可将边旋转，如图 7-40 所示。

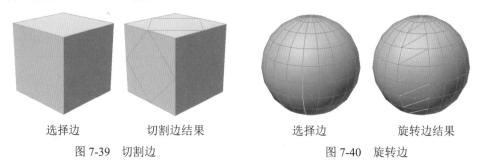

| 选择边 | 切割边结果 | | 选择边 | 旋转边结果 |

图 7-39　切割边　　　　　　　　图 7-40　旋转边

□ 提取样条：以"胶囊"模型为例，选中边后，右击鼠标，从弹出的快捷菜单中选择【提取样条】命令，此时将会自动产生"胶囊.样条"对象，并且其位于"胶囊"的子层级(如图 7-41 左图所示)。此时拖动"胶囊.样条"对象，使其与"胶囊"对象处于同一层级(如图 7-41 中图所示)，就可以看到被提取的边，如图 7-41 右图所示。

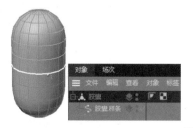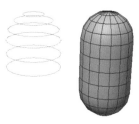

图 7-41　提取样条

视频讲解：制作网格模型

本例将通过扫码播放视频方式，向用户演示"边"模式下"提取样条"工具的使用方法。

7.5　多边形模式

多边形模式用于编辑对象上的面。

【执行方式】

□ 工具栏：单击工具栏中的【多边形】按钮 。
□ 菜单栏：选择【模式】|【多边形】命令。

【选项说明】

进入多边形模式后，在视图窗口中右击，系统弹出的快捷菜单中提供了如图 7-42 所示的各类工具，其中比较重要的工具说明如下。

□ 倒角：选中多边形后右击鼠标，在弹出的快捷菜单中选择【倒角】命令，然后拖动鼠标可以使多边形产生凸起倒角效果，如图 7-43 所示。

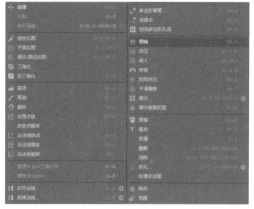

图 7-42　"多边形"工具

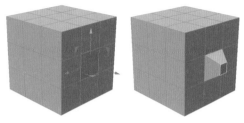

图 7-43　倒角

□ 挤压：选中多边形后右击鼠标，在弹出的快捷菜单中选择【挤压】命令，然后拖动鼠标可以使选中的多边形产生凸起效果，如图 7-44 所示。

□ 矩阵挤压：选中多边形后右击鼠标，在弹出的快捷菜单中选择【矩阵挤压】命令，然后拖动鼠标可以使选中的多边形产生连续逐渐收缩的凸起效果，如图 7-45 所示。

图 7-44　挤压

图 7-45　矩阵挤压

□ 克隆：选中多边形后右击鼠标，在弹出的快捷菜单中选择【克隆】命令，在【属性】面板中设置【克隆】和【偏移】参数并单击【应用】按钮后，可以使选中的对象产生复制效果，如图 7-46 所示。

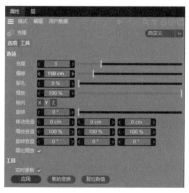
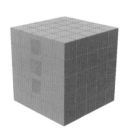

图 7-46　克隆

□ 镜像：选中多边形后右击鼠标，在弹出的快捷菜单中选择【镜像】命令，在【属性】面板中设置参数后，单击【应用】按钮，可以将模型上的多边形进行镜像处理，如图7-47所示。

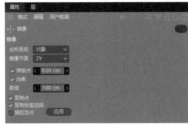

图 7-47　镜像

□ 坍塌：选中多边形后右击鼠标，在弹出的快捷菜单中选择【坍塌】命令，可将选中的多边形坍塌聚集在一起，如图7-48所示。

□ 细分：选中多边形后右击鼠标，在弹出的快捷菜单中选择【细分】命令，可以使选中的多边形产生更多的分段，如图7-49所示。

图 7-48　坍塌　　　　　　　　　　图 7-49　细分

□ 三角化：选中多边形后右击鼠标，在弹出的快捷菜单中选择【三角化】命令，可以使四边形变为三角形，如图7-50所示。

□ 反三角化：选中多边形后右击鼠标，在弹出的快捷菜单中选择【反三角化】命令，可以使三角形变为四边形，如图7-51所示。

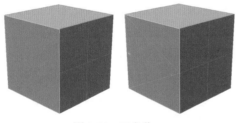

图 7-50　三角化　　　　　　　　　　图 7-51　反三角化

实战演练：制作镂空模型

本例将通过制作一个垃圾篓，向用户演示通过多边形建模的"多边形"和"点"模式制作镂空模型的方法。

01 长按工具栏中的【立方体】按钮 ▽，从弹出的面板中选择【圆柱体】工具 ▯，在场景中创建一个圆柱体，在【属性】面板中将【高度】设置为 100cm，【高度分段】设置为 16，【旋转分段】设置为 48，如图 7-52 所示。

02 单击工具栏中的【转为可编辑对象】按钮 ⬚ (快捷键：C)，将圆柱体转换为可编辑对象，然后单击工具栏中的【多边形】按钮 ▯，切换至"多边形"模式，选择【选择】|【循环选择】命令选中圆柱体顶部的多边形，如图 7-53 左图所示，按 Delete 键将其删除，效果如图 7-53 右图所示。

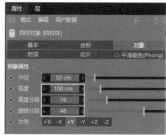

图 7-52　创建圆柱体

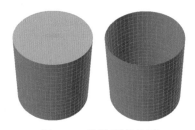

图 7-53　删除顶部的面

03 按住 Shift 键的同时长按工具栏中的【弯曲】按钮 ◐，从弹出的面板中选择 FFD 工具，为"圆柱体"添加 FFD 变形器，如图 7-54 所示。

04 单击工具栏中的【点】按钮 ◉，切换至"点"模式，选择【选择】|【框选】命令，框选 FFD 变形器底部所有的点，如图 7-55 所示。

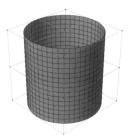

图 7-54　添加 FFD 变形器

图 7-55　框选点

05 使用【缩放】工具 ◲ 收紧模型的底部，如图 7-56 所示。

06 在【对象】面板中选中并右击"圆柱体"，从弹出的快捷菜单中选择【连接对象 + 删除】命令，得到如图 7-57 所示的模型。

07 切换至"多边形"模式，使用"框选"命令在正视图中选中图 7-58 所示的区域。

图 7-56　缩放模型　　　图 7-57　连接对象 + 删除　　　图 7-58　选择中间的多边形

08 切换至透视图，在场景中右击鼠标，从弹出的快捷菜单中选择【嵌入】命令，在【属性】面板中将【偏移】设置为1cm，【偏移变化】设置为0%，【细分数】设置为1，取消【保持群组】复选框的选中状态，然后单击【应用】按钮，如图7-59所示。

09 完成嵌入操作后，模型效果如图7-60左图所示，按Delete键删除选中的多边形，模型效果如图7-60右图所示。

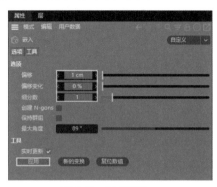

图 7-59　设置嵌入

图 7-60　删除选中的多边形

10 单击工具栏中的【边】按钮，切换至"边"模式，然后按Ctrl+A快捷键选中模型上所有的边，右击鼠标，从弹出的快捷菜单中选择【挤压】命令，在如图7-61所示的【属性】面板中将【偏移】设置为－2cm后，按Enter键，将模型向内挤压2cm。

11 在按住Alt键的同时单击工具栏中的【细分曲面】按钮，为模型添加"细分曲面"生成器，如图7-62所示。

12 按Shift+F2快捷键创建塑料材质(具体方法可参见本书第10章相关案例)，然后将材质赋予模型。按Ctrl+R快捷键渲染场景，效果如图7-63所示。

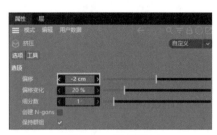

图 7-61　设置挤压

图 7-62　添加"细分曲面"生成器

图 7-63　模型渲染效果

视频讲解：制作沙发模型

　　本例将通过扫码播放视频方式，向用户演示通过多边形建模中的【嵌入】工具创建一个沙发模型的方法。

第8章
摄像机

本章内容

摄像机是许多三维设计软件常用的功能之一。在 Cinema 4D 中，通过摄像机不仅可以提供固定的视角，还可以设置各种特效和渲染效果。

8.1 摄像机概述

在 Cinema 4D 中可以使用各种摄像机来进行镜头的调整，以制作出视觉上更加舒适的画面、动画和视频效果。

不同于其他三维设计软件，在 Cinema 中用户只需要在视图中找到合适的视角，单击工具栏中的【摄像机】按钮 🖳 即可完成摄像机的创建，创建的摄像机将显示在【对象】面板中，如图 8-1 左图所示。

在场景中创建多个摄像机并分别为其调整合适的角度后，在【对象】面板中单击某个"摄像机"对象右侧的【摄像机对象 [摄像机名]】按钮 🖸，使其状态变为 🖸，即可进入摄像机视图。此时渲染场景可以快速得到预设角度的画面效果，如图 8-1 右图所示。

图 8-1 使用摄像机固定视角后渲染场景

8.2 Cinema 4D 摄像机工具

在 Cinema 4D 中，长按工具栏中的【摄像机】按钮 🖳，在弹出的列表中用户可以选择摄像机工具，包括摄像机、目标摄像机、立体摄像机 3 种，其各自的功能说明如表 8-1 所示。

表 8-1 摄像机工具

摄像机名称	功能说明	图　标
摄像机	用于对场景进行拍摄	🖳
目标摄像机	用于对场景进行定向拍摄	🖳
立体摄像机	用于创建 3D 电影的摄像机	🖳

下面将重点介绍常用的摄像机和目标摄像机。

8.2.1 设置摄像机

摄像机是 Cinema 4D 中最常用的摄像机类型。

【执行方式】

□ 菜单栏：在菜单栏中选择【创建】|【摄像机】|【摄像机】命令。

□ 工具栏：单击工具栏中的【摄像机】按钮 📷。

【选项说明】

在场景中创建摄像机后，【属性】面板中将显示【基本】【坐标】【对象】【物理】【细节】【立体】【合成】【球面】多个选项卡。下面介绍常用的几个选项卡。

1. 【对象】选项卡

在摄像机【属性】面板中选择【对象】选项卡(如图 8-2 所示)，可以设置摄像机的【投射方式】【焦距】【传感器尺寸(胶片规格)】【视野范围】等参数。

□ 投射方式：用于设置不同的视图显示方式，单击该按钮将弹出如图 8-3 左图所示的类别，在其中选择不同的方式将在场景中显示不同的视图效果，如图 8-3 右图所示。

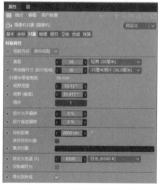
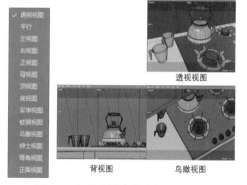

图 8-2 【对象】选项卡　　　　图 8-3 切换摄像机视图显示方式

□ 焦距：用于设置摄像机的焦距数值。图 8-4 所示为焦距 20 和焦距 60 的摄像机对比效果。

□ 传感器尺寸(胶片规格)：用于设置胶片规格。

□ 视野范围：其设置得越大，可视范围越大，视野越大，透视感也越强，如图 8-5 所示。

焦距 =20　　　　焦距 =60　　　　　视野范围 =30°　　　视野范围 =60°

图 8-4 焦距 20 和焦距 60 对比(单位：毫米)　　图 8-5 视野范围对摄像机可视范围的影响

□ 胶片水平偏移：用于控制摄像机在水平(左右)方向的偏移效果。

□ 胶片垂直偏移：用于控制摄像机在垂直(上下)方向的偏移效果。

□ 目标距离：用于设置摄像机距离目标点的距离。

2. 【物理】选项卡

在摄像机【属性】面板中选择【物理】选项卡(如图 8-6 所示)，可以设置【电影摄像机】【光圈(f/#)】【曝光】【ISO】【快门速度(秒)】【快门角度】等选项。

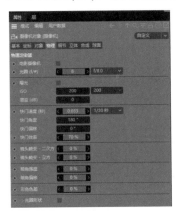

图 8-6 【物理】选项卡

□ 电影摄像机：选中【电影摄像机】复选框，可以启用电影摄像机。

□ 光圈(f/#)：用于设置摄像机的光圈值，其参数值越大，景深模糊感越小(注意：需要选中物理相机的景深选项)。

□ 曝光：用于设置光到达胶片表面使胶片感光的过程(选中【曝光】复选框可以设置ISO 参数值)。

□ ISO：用于控制图像的明暗，其参数值越大，表示 ISO 的感光系数越强，图像也越明亮。

□ 快门速度(秒)：用于控制快门的速度。快门速度值越大，快门越慢，图像就越亮；快门速度值越小，快门越快，图像就越暗。

□ 快门角度：选中【电影摄像机】复选框后，【快门角度】选项才会被激活，其作用和【快门速度(秒)】一样，主要用于控制图像的亮暗。

□ 快门偏移：选中【电影摄像机】复选框后，【快门偏移】选项才会被激活，其主要用于控制快门角度的偏移。

□ 光圈形状：选中【光圈形状】复选框后，可以设置光圈的形状(激活其下方的参数)。

3. 【细节】选项卡

【细节】选项卡包含【启用近处剪辑】【启用远端剪辑】等参数，如图 8-7 所示。

□ 启用近处剪辑 / 启用远端剪辑：选中这两个复选框后，可以分别设置近端剪辑和远端剪辑的参数。

　　❑ 近端剪辑 / 远端剪辑：用于设置近距和远距平面。

　　❑ 显示视锥：用于显示相机视野定义的锥形光线(一个四棱锥)。锥形光线出现在其他视口，但是显示在摄像机视口中。

　　❑ 景深映射 - 前景模糊 / 景深映射 - 背景模糊：选中该复选框后，可以增加相机的景深效果。

　　❑ 开始 / 终点：选中景深映射 - 前景模糊 / 景深映射 - 背景模糊复选框后，将激活开始 / 终点参数，用于设置摄像机景深的起始位置。

4.【立体】选项卡

　　【立体】选项卡用于设置 3D 电影的摄像机相关参数，如图 8-8 所示。

图 8-7　【细节】选项卡　　　　　　　图 8-8　【立体】选项卡

　　在【立体】选项卡中，【模式】选项用于设置摄像机的模式，包括单通道、对称、左和右等模式选项。默认为单通道，选择其他模式时，将激活下方的选项参数。

5.【合成】选项卡

　　【合成】选项卡用于设置显示的辅助参考线，如网格、对角线、黄金分割、黄金螺旋线等。通过这些参考线可以设置更加合理的构图，如图 8-9 所示。

6.【球面】选项卡

　　【球面】选项卡用于设置球面摄像机的相关参数，如图 8-10 所示，可以通过选中【启用】复选框，渲染制作 360°VR 全景图。

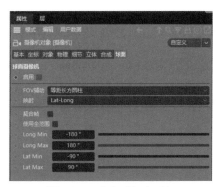

图 8-9　【合成】选项卡　　　　　　　图 8-10　【球面】选项卡

实战演练：为场景建立摄像机

本例将通过在当前透视图场景中建立摄像机，帮助用户掌握创建和操作摄像机的方法。

01 打开场景文件，在透视图中移动视图找到合适的角度。

02 单击工具栏中的【摄像机】按钮，场景中自动添加摄像机，如图 8-11 所示。

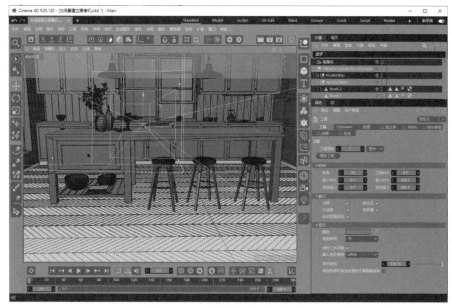

图 8-11　在场景中创建摄像机

03 在【对象】面板中单击"摄像机"对象右侧的，使其状态变为(如图 8-12 左图所示)，切换至摄像机视图，如图 8-12 右图所示。

图 8-12　切换至摄像机视图

04 此时，按住鼠标左键拖动可以调整摄像机视图的水平和垂直角度，滚动鼠标中键，可以拉远或拉近视图，如图 8-13 所示。如果需要调整场景中的对象，但是不更改摄像机的角度，可以在【对象】面板中单击■按钮，使其状态变为■退出摄像机视图，再进行操作将不会影响摄像机视角，如图 8-14 所示。

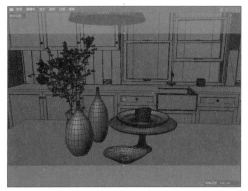

图 8-13　调整摄像机视图的角度

图 8-14　退出摄像机视图

8.2.2　目标摄像机

目标摄像机与摄像机类似，不同之处在于目标摄像机调整时比摄像机更加灵活(在【对象】面板中多一个"目标"标签)。

【执行方式】

□ 工具栏：长按工具栏中的【摄像机】按钮■，从弹出的面板中选择【目标摄像机】工具■。

□ 菜单栏：在菜单栏中选择【创建】|【摄像机】|【目标摄像机】命令。

使用目标摄像机既可以选择摄像机部分移动位置，也可以选择目标移动位置。例如，在图 8-15 所示的场景中创建目标摄像机后，在【对象】面板中将显示"摄像机"和"摄像机 目标 1"标签，选中"摄像机 目标 1"标签，可以调整目标的位置，如图 8-15 左图所示；而选中"摄像机"标签则可以调整摄像机的位置，如图 8-15 中图所示。将目标摄像机的位置调整妥当后，切换至摄像机视图，渲染场景后的效果如图 8-15 右图所示。

调整目标位置

调整摄像机位置

切换至摄像机视图并渲染场景

图 8-15　使用目标摄像机

8.3　安全框

安全框是摄像机的辅助工具，在添加摄像机后可以通过设置安全框得到理想的画面。

8.3.1　设置安全框

Cinema 4D 的安全框是视图中的安全线，包括图 8-16 所示的标题安全框、动作安全框和渲染安全框 3 种。安全框内的对象在进行渲染时不会被系统自动剪裁。

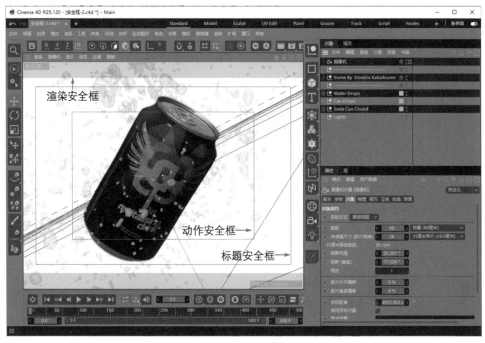

图 8-16　安全框

实战演练：设置摄像机安全框

要在场景中设置安全框，需要在【属性】面板中选择【模式】|【视图设置】命令，切换至【视窗】面板。

01 打开图 8-17 所示的场景文件后，在【对象】面板中选中"摄像机"对象，在【属性】面板中选择【模式】|【视图设置】命令，如图 8-17 左图所示，切换至【视窗】面板并选择【安全框】选项卡，如图 8-17 右图所示。

02 在【安全框】选项卡中分别选中【安全范围】【标题安全框】【动作安全框】【渲染安全框】复选框。

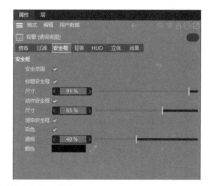

图 8-17　切换至【视窗】面板

03 调整【标题安全框】和【动作安全框】下方的【尺寸】参数,可以控制标题安全框和动作安全框的范围。设置【透明】参数,可以调整渲染安全框的透明度。调整安全框后,视图窗口中处于渲染安全框以外的部分将不会被渲染,如图 8-18 所示。

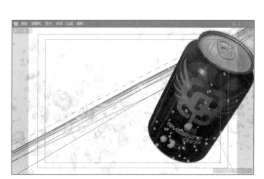

图 8-18　调整安全框后渲染场景

8.3.2　设置胶片宽高比

渲染场景时,为了达到理想的画面效果,在摄像机无法调整的情况下,可以通过【渲染设置】窗口调整胶片宽高比。

单击工具栏中的【编辑渲染设置】按钮█(快捷键:Ctrl+B),打开【渲染设置】窗口,选择【输出】选项,在显示的选项区域中单击【胶片宽高比】选项右侧的【自定义】下拉按钮,在弹出的下拉列表中系统预置了"正方(1:1)""标准(4:3)""HDTV(16:9)""35mm静帧(3:2)""宽屏(14:9)""35mm(1.85:1)""宽屏电影(2.39:1)"多种胶片宽高比,如图 8-19所示。

在系统提供的胶片宽高比中,常用的是"标准(4:3)""HDTV(16:9)""正方(1:1)"。用户可以在【渲染设置】窗口的【胶片宽高比】输入框中输入参数值得到自己需要的胶片宽高比。例如,输入"0.64",可以得到类似手机屏幕的胶片宽高比,效果如图 8-20所示。

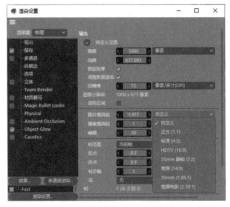

图 8-19 【渲染设置】窗口

图 8-20 设置胶片宽高比为 0.64

8.4 摄像机特效

常见的摄像机特效有景深和运动模糊两种。

8.4.1 景深

利用摄像机特效可以制作出如图 8-21 所示的景深效果。

图 8-21 "景深"效果

在 Cinema 4D 中，设置景深特效需要具备以下两个要素。

□ 要素 1：在摄像机中设置"目标距离"或"焦点对象"中的一个。

□ 要素 2：将渲染器设置为"物理"类型，并在 Physical 选项区域中选中【景深】复选框。

实战演练：制作景深效果

本例通过在 Cinema 4D 中制作景深特效，帮助用户掌握摄像机"景深"特效的具体使用方法。

01 ▶ 打开场景文件，在透视图中移动视点，寻找摄像机的合适角度。

02 ▶ 单击工具栏中的【摄像机】按钮 📷，场景中自动添加摄像机。

03 在【对象】面板中单击"摄像机"对象右侧的 ![icon]，使其状态变为 ![icon]，按 Ctrl+R 快捷键渲染场景，效果如图 8-22 所示(此时渲染效果没有"景深"效果)。

04 在【对象】面板中选中"摄像机"对象，在【属性】面板中选择【对象】选项卡，然后单击【目标距离】选项右侧的 ![icon] 按钮，此时光标变为十字形，单击场景中的某个对象(如近处的某一个按钮)，【目标距离】输入框中将显示摄像机和该对象之间的距离，如图 8-23 所示。

图 8-22　无"景深"特效的场景渲染效果

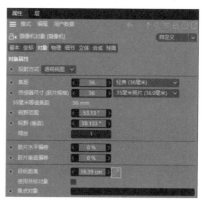

图 8-23　测量目标距离

05 单击工具栏中的【编辑渲染设置】按钮 ，打开【渲染设置】窗口，将【渲染器】切换为"物理"渲染器，如图 8-24 所示。

06 选择 Physical 选项，在系统显示的选项区域中选中【景深】复选框。

07 按 Ctrl+R 快捷键渲染场景，效果如图 8-25 所示(渲染结果将具有"景深"效果)。

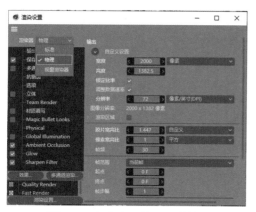

图 8-24　切换为"物理"渲染器

图 8-25　有"景深"特效的场景渲染效果

8.4.2　运动模糊

当摄像机在拍摄运动物体时，运动的物体或周围的场景会产生模糊现象，这就是运动模糊，如图 8-26 左图所示。摄像机的快门速度可以控制场景中模糊的对象，当快门速度与运动物体的速度相似时，运动的物体清晰可见，如图 8-26 右图所示。

图 8-26　"运动模糊"特效

在 Cinema 4D 中，设置运动模糊效果需要具备以下两个要素。

　□ 要素 1：需要在摄像机中设置【目标距离】或【焦点对象】中的一个。

　□ 要素 2：需要将渲染器切换为"物理"类型，并在 Physical 选项区域中选中【运动模糊】复选框。

视频讲解：制作运动模糊效果

　　本例将通过扫码播放视频方式，向用户演示制作"运动模糊"特效的方法。

第9章

灯光

本章内容

灯光与材质决定了画面的质感和色调。在 Cinema 4D 中我们可以参考身边光源的布置方式，创建出不同时间段的灯光效果，如拂晓、晨曦、午后、黄昏、夜晚等；可以创建出不同用途的灯光效果，如室内设计灯光、工业照明灯光、摄影棚内的灯光等；也可以根据三维场景设计的需要设置出不同场景的灯光效果，如自然光、冷光、暖光、柔和光等氛围光照效果。

9.1　灯光概述

　　光是人们能够看清世界的前提条件，如果没有光的存在，一切将不再美好。在Cinema 4D中，常常运用灯光贯穿其中，通过光与影的交集，以创造出各种不同的气氛和多重意境。灯光可以说是一个较灵活及富有趣味的设计元素，它可以成为气氛的催化剂，也能加强现有画面的层次感。

　　灯光主要分为"直接灯光"和"间接灯光"两种。

　　☐　"直接灯光"泛指那些直接式的光线，如太阳光等，光线直接散落在指定的位置上，并产生投射(此类灯光直接而简单)。

　　☐　"间接灯光"在气氛营造上具备独特的功能，能营造出不同的意境。它的光线不会直射至地面，而是被置于灯罩、天花板背后，光线投射至墙上再反射至沙发和地面(此类灯光较柔和)。

　　将上述两种灯光合理地结合可以创造出完美的空间意境。

9.2　Cinema 4D 灯光工具

　　在工具栏中长按【灯光】按钮💡，系统将弹出如图9-1所示的灯光面板。单击该面板中的图标即可选择在场景中创建灯光的类型(不同的灯光类型会产生不同的灯光效果)，如表9-1所示。

表9-1　Cinema 4D 内置的灯光类型

工具名称	说　明
灯光	用于创建灯光效果
聚光灯	用于创建类似探照灯的光源效果
目标聚光灯	用于创建沿目标点方向发射的聚光光源效果
区域光	用于创建面光源效果
PBR 灯光	用于创建 PBR 灯光效果
IES 灯	用于创建模拟台灯或壁灯效果的 IES 灯光
无限光	用于创建带方向的直线光
日光	用于创建模拟太阳光
物理天空	用于创建物体天空

图9-1　灯光面板

　　本章将重点介绍灯光、目标聚光灯、区域光、IES 灯和日光等常用的光源效果。

9.2.1　设置灯光

　　"灯光"工具产生的光是一个点光源，其默认类型为"泛光灯"。

【执行方式】

□ 菜单栏：选择【创建】|【灯光】|【灯光】命令。

□ 工具栏：单击工具栏中的【灯光】按钮 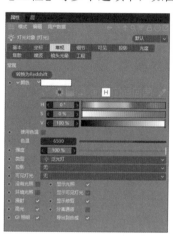 。

【选项说明】

在场景中创建灯光后，灯光可以向场景的任何方向发射光线，光线可以到达场景中无限远的地方，如图 9-2 所示。同时，在【属性】面板中将显示【常规】【细节】【可见】【投影】【光度】【焦散】【噪波】【镜头光晕】【工程】等多个选项卡，如图 9-3 所示。

图 9-2 灯光效果

图 9-3 【属性】面板

下面将介绍【属性】面板中几个比较重要的选项卡。

1.【常规】选项卡

在【属性】面板的【常规】选项卡中，可以设置【颜色】【强度】【类型】【投影】等灯光属性，如图 9-3 所示。

□ 颜色：用于设置不同的灯光颜色，如图 9-4 所示。

□ 使用色温：选中【使用色温】复选框后，可以通过设置色温参数值改变灯光颜色。

□ 强度：用于设置灯光的强度，如图 9-5 所示。

颜色偏黄　　　　　　　颜色偏紫

图 9-4 灯光颜色对比

强度 =50%　　　　　　强度 =150%

图 9-5 灯光强度对比

□ 类型：用于设置灯光的类型，包括泛光灯、聚光灯、远光灯、区域光、四方聚光灯、平行光、圆形平行聚光灯、四方平行聚光灯、IES 等几种类型。

□ 投影：用于设置投影的类型，包括【无】【阴影贴图(软阴影)】【光线跟踪(强烈)】【区域】等几种投影类型，如图 9-6 所示。

　　无　　　　　　阴影贴图(软阴影)　　　光线跟踪(强烈)　　　　　区域

图 9-6　各种投影效果对比

□ 可见灯光：用于设置可见灯光的类型，包括无、可见、正向测定体积、反向测定体积等几种。

□ 没有光照：选中【没有光照】复选框，则关闭灯光效果。

□ 显示光照：取消【显示光照】复选框的选中状态，将隐藏灯光的外轮廓。

□ 环境光照：选中【环境光照】复选框，将启用环境光照，如图 9-7 所示。

□ 漫射：取消【漫射】复选框的选中状态，视图中的物体本来的颜色将被忽略，突出灯光的光泽部分，如图 9-8 所示。

□ 显示修剪：选中【显示修剪】复选框，可以修剪灯光。

□ 高光：取消【高光】复选框的选中状态，具有高光的模型表面将不会发射出灯光效果，如图 9-9 所示。

　　启用环境光照　　　　关闭环境光照

图 9-7　环境光照效果对比　　　　图 9-8　取消漫射　　图 9-9　取消高光

2. 【细节】选项卡

在【属性】面板的【细节】选项卡中，可以设置【对比】【衰减】【内部半径】【半径衰减】【远处修剪】等灯光属性，如图 9-10 所示。

□ 对比：用于设置灯光的对比效果，其参数值越大，灯光对比效果越强烈。

□ 衰减：用于设置灯光的衰减效果，包括【无】【平方倒数(物理精度)】【线性】【步幅】【倒数立方限制】等几种类型，默认为【无】，该方式下灯光会照亮整个场景。若选择【平方倒数(物理精度)】和【倒数立方限制】类型，并在【半径衰减】输入框中设置合适的衰减半径参数值，可使灯光在半径范围内产生衰减，超出该范围将不产生光照；若选择【步幅】类型，并设置【半径衰减】参数值，灯光将集中在半径范围内；若选择【线性】类型，并在【内部半径】和【半径衰减】中设置合适的参数值，灯光将在半径范围由内向外线性衰减，如图 9-11 所示。

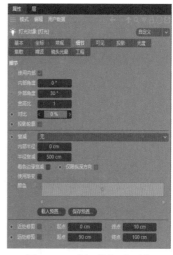

图 9-10　【细节】选项卡

平方倒数(物理精度)　　　　步幅　　　　倒数立方限制　　　　线性

图 9-11　各种灯光衰减效果对比

□ 远处修剪：选中【远处修剪】复选框，可以设置【起点】和【终点】参数，用于设置灯光远处的起点和终点位置，如图 9-12 所示。

起点 =30cm 终点 =80cm　　　　　　起点 =30cm 终点 =100cm

图 9-12　远处修剪灯光效果对比

3. 【可见】选项卡

在【属性】面板的【可见】选项卡中，可以设置【衰减】【内部距离】【外部距离】
等灯光属性，如图 9-13 所示。

□ 衰减：用于设置灯光衰减效果的百分比值。

□ 内部距离 / 外部距离：用于设置灯光的内部距离 / 外部距离值。

4. 【投影】选项卡

【投影】选项卡用于设置灯光的投影、密度等参数，如图 9-14 所示。

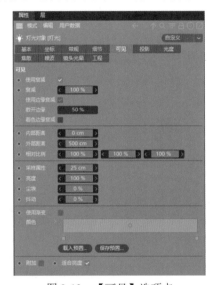

图 9-13　【可见】选项卡　　　　　　图 9-14　【投影】选项卡

□ 投影：用于设置投影的类型，包括【无】【阴影贴图(软阴影)】【光线跟踪(强烈)】
【区域】等几种，选择不同的投影类型，【投影】选项卡将显示不同的选项，图 9-14
所示为选择"阴影贴图(软阴影)"类型时显示的选项；图 9-15 所示为选择"无""光
线跟踪(强烈)""区域"类型时显示的选项。

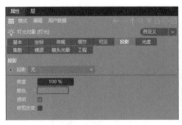

【无】阴影选项　　　　　　　　【光线跟踪】阴影选项　　　　　　【区域】阴影选项

图 9-15　不同阴影类型的选项卡选项

□ 密度：用于设置阴影的密度，其参数值越大，阴影的效果看上去越浓密，如图 9-16 所示。

□ 颜色：用于设置投影的颜色。

□ 投影贴图：用于设置投影贴图的大小。

□ 采样半径：用于设置投影的采样半径，其参数值越大，噪点越少，场景的渲染速度越慢。

密度=50%　　　　密度=100%

图 9-16　不同密度参数的阴影效果对比

实战演练：制作灯柱灯光

本例将通过为场景中的灯柱制作彩色灯光效果，向用户演示灯光的创建与设置过程。

01 打开图 9-17 所示的场景文件后，单击工具栏中的【摄像机】按钮，在场景中创建一个摄像机。

02 单击工具栏中的【灯光】按钮，在场景中创建一个灯光，在【属性】面板的【常规】选项卡中设置颜色的 RGB 值为 R:255、G:246、B:74，【强度】为 80%，如图 9-18 所示。

03 在【属性】面板中选择【细节】选项卡，设置【形状】为【球体】、【水平尺寸】【垂直尺寸】【纵深尺寸】均为 150cm、【衰减】为【平方倒数(物理精度)】、【半径衰减】为 800cm，如图 9-19 所示。

　　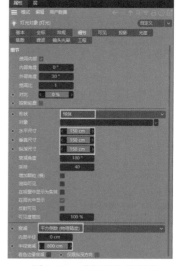

图 9-17　场景文件　　　图 9-18　【常规】选项卡　　　图 9-19　【细节】选项卡

04 使用【移动】工具将设置好的灯光移动至灯柱的中心位置，然后按住 Ctrl 键移动灯光，将其复制一份，在顶视图和透视图中调整复制灯光的位置，并在【属性】面板的【常规】选项卡中设置颜色的 RGB 值为 R:255、G:74、B:246，使其效果如图 9-20 左图所示。

05 使用同样的方法，在场景中复制更多灯光并调整其位置与颜色。

06 进入摄像机视图，按 Ctrl+R 键渲染场景，效果如图 9-20 右图所示。

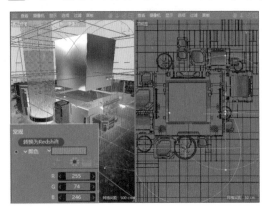

图 9-20　设置更多灯光后渲染场景

【知识点滴】

在【对象】面板中按住 Shift 键全选灯光，可以统一修改灯光参数。

实战演练：制作展示灯光

本例将通过为广告产品展示场景制作灯光，帮助用户进一步巩固灯光的创建与设置方法。

01 打开图 9-21 所示的场景文件后，单击【摄像机】按钮 ，在场景中创建一个摄像机。

02 单击工具栏中的【灯光】按钮 ，在场景中创建一个灯光，在【属性】面板的【常规】选项卡中设置颜色的 RGB 值为 R:255、G:255、B:255，【强度】为 100%，【投影】为【区域】，如图 9-22 所示。

03 在【属性】面板中选择【细节】选项卡，设置【形状】为【球体】、【水平尺寸】【垂直尺寸】【纵深尺寸】均为 100cm、【衰减】为【平方倒数(物理精度)】、【衰减半径】为 180cm，如图 9-23 所示。

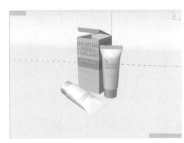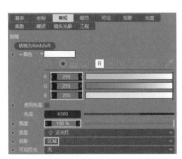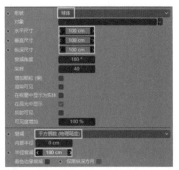

图 9-21　场景文件　　　　图 9-22　设置颜色 / 强度 / 投影　　　图 9-23　【细节】选项卡

04 使用【移动】工具 ✛ 将设置好的灯光移动至场景中合适的位置。进入摄像机视图，按 Ctrl+R 键渲染场景，效果如图 9-24 所示。

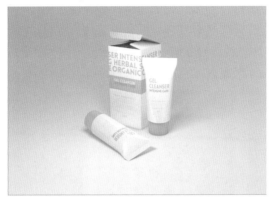

图 9-24　调整灯光位置后渲染场景

9.2.2　目标聚光灯

目标聚光灯是一种灯光沿目标方向发射的聚光灯，此类灯光常用于模拟舞台、汽车、电筒等灯光，如图 9-25 左图所示。

【执行方式】

□ 菜单栏：选择【创建】|【灯光】|【目标聚光灯】命令。
□ 工具栏：长按工具栏中的【灯光】按钮 💡，在弹出的面板中选择【目标聚光灯】工具 🔦。

【选项说明】

在场景中创建"目标聚光灯"后，【属性】面板的【细节】选项卡中将显示【使用内部】【内部角度】【外部角度】【宽高比】等几个主要选项，如图 9-25 右图所示。

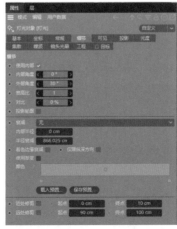

图 9-25　目标聚光灯效果(左图)和【属性】面板(右图)

□ 使用内部：若取消【使用内部】复选框的选中状态，则渲染效果中仅有【外部角度】控制渲染范围，灯光效果将如图 9-26 所示。

□ 内部角度：用于调整圆锥体灯光的角度，如图 9-27 所示。

□ 外部角度：用于设置灯光衰减区域的角度范围，如图 9-28 所示。内部角度与外部角度的差值越大，灯光过渡越柔和。

□ 宽高比：用于设置灯光衰减范围的宽高比。

图 9-26　取消使用内部　　　图 9-27　内部角度 =10°　　　图 9-28　外部角度 =50°

视频讲解：制作舞台灯光

本例将通过扫码播放视频方式，介绍使用"目标聚光灯"在场景中制作舞台灯光效果的方法。

9.2.3　聚光灯

聚光灯与目标聚光灯类似，但聚光灯没有目标点只能通过旋转改变灯光的角度，如图 9-29 所示。

【执行方式】

□ 菜单栏：选择【创建】|【灯光】|【聚光灯】命令。

□ 工具栏：长按工具栏中的【灯光】按钮，在弹出的面板中选择【聚光灯】工具。

图 9-29　聚光灯

9.2.4　区域光

区域光是一个方形的照射灯光，具有很强的方向性，我们可以将其理解为光源或体积光，它通过固定的形状产生光源，如图 9-30 左图所示。

【执行方式】

　　☐ 菜单栏：选择【创建】|【灯光】|【区域光】命令。

　　☐ 工具栏：长按工具栏中的【灯光】按钮，在弹出的面板中选择【区域光】工具。

【选项说明】

在场景中创建"区域光"后，【属性】面板的【细节】选项卡中将显示【形状】【水平尺寸】【纵深尺寸】【垂直尺寸】【纵深尺寸】【衰减角度】【采样】【渲染可见】【在视窗中显示为实体】等主要选项，如图 9-30 右图所示。

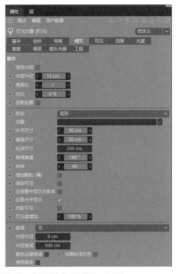

图 9-30　区域光效果(左图)和【属性】面板(右图)

　　☐ 形状：用于设置区域灯光的形状，包括【矩形】【圆盘】【直线】【球体】【圆柱】【圆柱(垂直的)】【立方体】【半球体】【对象 / 样条】几个选项。

　　☐ 水平尺寸 / 垂直尺寸 / 纵深尺寸：用于设置区域光的尺寸大小。

　　☐ 衰减角度：用于设置衰减的角度值。

　　☐ 采样：用于控制灯光的细腻程度，其参数值越大，场景灯光渲染效果越好。

　　☐ 渲染可见：选中【渲染可见】复选框后，可以在场景渲染图中看到区域光。

　　☐ 在视窗中显示为实体：选中【在视窗中显示为实体】复选框后，灯光会显示为如图 9-31 所示的实体状态。

图 9-31　在视窗中显示为实体

视频讲解：制作彩色灯光

本例将通过扫码播放视频方式，介绍使用"区域光"在场景中制作彩色灯光的方法。

9.2.5　IES 灯

"IES 灯"通过加载 IES 灯光文件形成光照效果，如图 9-32 所示，其常用于模拟室内射灯、地灯、壁灯或筒灯。

【执行方式】

　　□ 菜单栏：选择【创建】|【灯光】|【IES 灯】命令。
　　□ 工具栏：长按工具栏中的【灯光】按钮，在弹出的面板中选择【IES 灯】工具。
　　执行以上操作后，在打开的对话框中选择一个 IES 文件(如图 9-33 所示的文件)，即可在场景中创建 IES 灯，同时显示图 9-34 所示的【属性】面板。

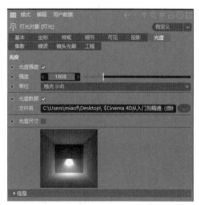

　图 9-32　IES 灯效果　　　　图 9-33　IES 灯光文件　　　　图 9-34　IES 灯【属性】面板

【选项说明】

　　□ 光度数据：选中【光度数据】复选框，可以在下方的选项区域中加载光度学文件。
　　□ 文件名：用于加载光度学文件的路径。加载光度学文件后，会在该选项下方显示灯光效果，如图 9-34 所示。

9.2.6　无限光

使用"无限光"工具可以制作带有方向性的灯光效果，其属性与效果与 IES 灯类似。

【执行方式】

　　□ 菜单栏：选择【创建】|【灯光】|【无限光】命令。
　　□ 工具栏：长按工具栏中的【灯光】按钮，在弹出的面板中选择【无限光】工具。

实战演练：制作室内阳光

本例将通过制作模拟阳光照在房间中的效果，向用户演示"无限光"在场景中的应用方法。

01 打开场景文件后，单击工具栏中的【摄像机】按钮，在场景中创建一个摄像机，并设置好摄像机视图。

02 长按工具栏中的【灯光】按钮，在弹出的面板中选择【无限光】工具，在场景中创建一个无限光。

03 在【属性】面板的【常规】选项卡中，将颜色的 RGB 值设置为 R:255、G:210、B:132，将【投影】设置为【区域】，然后选择【细节】选项卡，将【衰减】设置为【平方倒数(物理精度)】，设置【衰减半径】为 1000cm。

04 使用【移动】工具调整灯光的位置，使用【旋转】工具调整灯光的角度，如图 9-35 所示。

05 切换至摄像机视图，按 Ctrl+R 快捷键渲染场景，效果如图 9-36 所示。

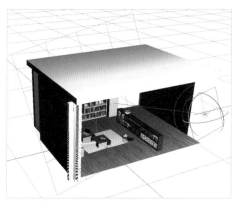

图 9-35　调整灯光

图 9-36　渲染场景

9.2.7　日光

使用"日光"工具可以在场景中模拟全局性的太阳光效果，如图 9-37 左图所示。

【执行方式】

□ 菜单栏：选择【创建】|【灯光】|【日光】命令。

□ 工具栏：长按工具栏中的【灯光】按钮，在弹出的面板中选择【日光】工具。

【选项说明】

在场景中创建"日光"后，【属性】面板中将显示【太阳】选项卡，其中包含【时间】【纬度】【经度】【距离】等比较重要的选项，如图 9-37 右图所示。

□ 时间：用于设置太阳所在时间的位置、强度和颜色。太阳随着不同的时间，其所在位置、强度和颜色都会不同。

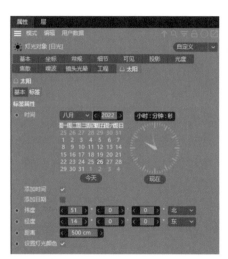

图 9-37　日光效果(左图)和【属性】面板(右图)

□ 纬度 / 经度：用于设置太阳所在的位置。
□ 距离：用于设置太阳与地面之间的距离。

9.2.8　物理天空

使用"物理天空"工具可以模拟真实的太阳，从而制作出来自室外的光照效果。通过修改位置和参数，可以改变光照的效果，实现天空、太阳、大气、云等环境，如图 9-38 所示，模拟出早晨、中午、黄昏和夜晚的光照效果。

天空　　　　　　　　　太阳　　　　　　　　　大气　　　　　　　　　云

图 9-38　物理天空效果

【执行方式】

□ 菜单栏：选择【创建】|【灯光】|【物理天空】命令。
□ 工具栏：长按工具栏中的【灯光】按钮 ，在弹出的面板中选择【物理天空】工具 。

视频讲解：制作天空背景

本例将通过扫码播放视频方式，介绍使用"物理天空"工具在场景中创建天空背景效果的方法。

第 10 章
材质和贴图

● **本章内容**

在 Cinema 4D 中，材质与贴图主要用于表现不同质感的物体。利用各种类型的材质可以制作出现实世界中任何物体的质感(如金属质感、玻璃质感、陶瓷质感、丝绸质感、皮革质感、透明质感、发光质感等)，让模型物体看起来更加真实。

10.1 材质与贴图概述

材质主要用于表现物体的颜色、纹理、质地、光泽度和透明度等物理特性，依靠各种类型的材质可以制作出真实世界中任何物体的质感。简单地说，使用材质就是为了让模型物体看上去更真实、可信，如图 10-1 所示。

贴图能够在不增加物体几何结构复杂程度的基础上增加物体的细节程度，其最大的作用是提高材质的真实程度。高超的贴图技术是制作仿真材质的关键，也是决定最后渲染效果的关键，如图 10-2 所示。

图 10-1　材质　　　　　　　　　　　　图 10-2　贴图

材质和贴图是不同的概念。贴图是指物体表面具有贴图属性，例如，一个杯子(或瓶子)的表面有陶瓷或带有印刷标志玻璃的质感，一个桌子的表面有木纹贴图效果，一个皮包表面有皮革的凸起。而材质就是一个物体看起来是什么样的质地，例如，立方体看上去是透明的，易拉罐看上去是金属的。颜色、反射、高光、透明等是材质的基本属性。

10.2 材质的创建与赋予

在 Cinema 4D 中，可以通过【材质】面板创建材质并将其附着在物体上。

10.2.1 创建材质

在 Cinema 4D 中选择【窗口】|【材质管理器】命令(快捷键：Shift+F2)，在打开的【材质】窗口中可以创建新材质。

【执行方式】

在【材质】窗口中创建材质的方法有以下 4 种。

□ 执行【创建】|【新的默认材质】命令，如图 10-3 左图所示。

□ 按 Ctrl+N 快捷键。

□ 单击【新的默认材质】按钮■或双击【材质】面板左侧的列表，自动创建一个新的默认材质(材质球)，如图 10-3 中图所示。

☐ 执行【创建】|【材质】命令，在弹出的子菜单中选择系统预设的材质类型，如图 10-3 右图所示。

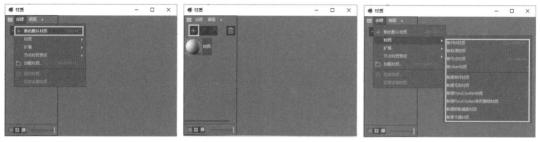

图 10-3 创建新材质的方法

10.2.2 赋予材质

在 Cinema 4D 中创建材质后，可以通过以下几种方法将材质赋予场景中的模型对象。

【执行方式】

☐ 将【材质】窗口中的材质(材质球)拖动至视图窗口中的模型对象上，然后释放鼠标即可将材质赋予模型。

☐ 将【材质】窗口中的材质(材质球)拖动至【对象】面板中的某个模型对象上，如图 10-4 左图所示，然后释放鼠标，可以将材质赋予模型，如图 10-4 右图所示。

☐ 选中场景中需要赋予材质的模型对象，在【材质】窗口中右击材质(材质球)，从弹出的快捷菜单中选择【应用】命令，如图 10-5 所示。

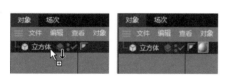

图 10-4 拖动材质到【对象】面板

图 10-5 应用材质

【技巧点拨】

在【材质】窗口中创建了材质但没有将材质赋予场景中的任何对象时，直接选中材质后按 Delete 键即可将材质删除。若已经将创建的材质赋予场景中的对象，需要先在【对象】面板中选中需要删除的材质(例如图 10-4 右图中的材质球)，按 Delete 键将其删除(将对象上的材质移除)，然后在【材质】面板中选中材质，按 Delete 键才能删除材质。

10.3 材质编辑器

在【材质】窗口中创建材质后，将显示图 10-3 中图所示的材质球，双击材质球(或选择【窗口】|【材质编辑器】命令)，将打开如图 10-6 所示的【材质编辑器】窗口。该窗口是对 Cinema 4D 中材质属性进行调节的窗口，包括【颜色】【漫射】【发光】【透明】【反射】【环境】【烟雾】【凹凸】【法线】【Alpha】【辉光】【置换】12 种属性。下面将重点介绍其中比较重要的几种属性。

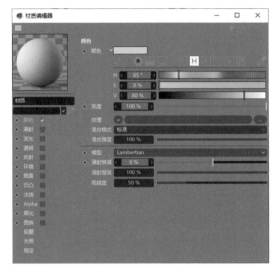

图 10-6 【材质编辑器】窗口

10.3.1 颜色

在【材质编辑器】窗口中选中【颜色】复选框后，将显示如图 10-6 所示的选项区域。在该选项区域中通过设置【颜色】【亮度】【纹理】【混合模式】【混合强度】等参数，可以调整材质的固有色，并为材质添加贴图纹理。

【选项说明】

☐ 颜色：材质显示的固有色，在图 10-6 所示的选项区域中，可以通过"色轮""光谱""RGB"和"HSV"等方式调整颜色。

☐ 亮度：用于设置材质颜色显示的程度，当设置为 0 时材质为纯黑色，设置为 100% 时为材质的颜色，超过 100% 时为自动发光效果，如图 10-7 所示。

亮度 =0　　　　亮度 =100%　　　　亮度 =180%　　　　亮度 =360%

图 10-7 亮度对材质的影响

☐ 纹理：用于为材质加载内置纹理或外部贴图通道。

☐ 混合模式：当【纹理】通道中加载了贴图时【混合模式】自动激活，用于设置贴图与颜色的混合模式(类似于 Photoshop 中的图层混合模式)，包括【标准】(完全显示"纹理"通道中的贴图)、【添加】(将颜色与"纹理"通道进行叠加)、【减去】(将颜色与

"纹理"通道进行相减)、【正片叠底】(将颜色与"纹理"通道进行正片叠底)4个混合模式选项，如图10-8所示。

☐ 混合强度：用于设置颜色与"纹理"通道的混合量。

标准　　　　　　添加　　　　　　减去　　　　　正片叠底

图10-8　混合模式

实战演练：制作纯色材质

本例将通过【材质编辑器】窗口的【颜色】和【反射】属性制作白色、紫色和红色的纯色材质，并将其赋予制作好的三维广告文字模型。

01 打开三维广告文字模型，按Shift+F2键，打开【材质】窗口，单击【新的默认材质】按钮，创建一个新的默认材质，如图10-9所示。

02 双击创建的默认材质，打开【材质编辑器】窗口，选中【颜色】复选框，在显示的选项区域中单击RGB按钮R，在显示的选项区域中将R、G、B的值分别设置为255、0、0，如图10-10所示。

图10-9　创建新的默认材质

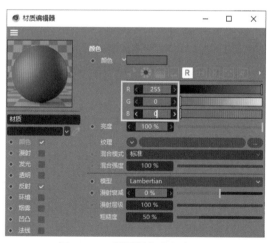

图10-10　设置颜色为红色

03 在【材质编辑器】窗口中选中【反射】复选框，在显示的选项区域中单击激活【层】按钮，单击【添加】按钮，从弹出的列表中选择GGX选项，如图10-11所示。

04 在系统显示的选项区域中展开【层菲涅耳】栏，将【菲涅耳】设置为【绝缘体】，将【预置】设置为【玉石】，如图10-12所示。

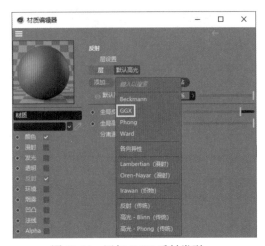

图 10-11　添加 GGX 反射类型

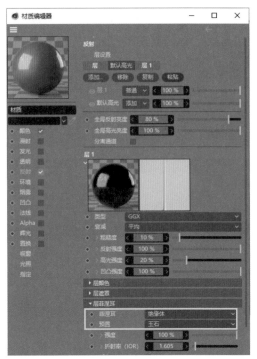

图 10-12　设置层菲涅耳参数

05 关闭【材质编辑器】窗口，在【材质】窗口中将创建的材质拖动至【对象】面板的"文本 1"对象上，为该对象赋予材质，如图 10-13 所示。

06 在【材质】窗口中按住 Ctrl 键并拖动"材质"材质球，将其复制一份，得到如图 10-14 所示的"材质 1"材质球。

图 10-13　为"文本 1"对象赋予材质

图 10-14　复制材质

07 双击"材质 1"材质球，打开【材质编辑器】窗口，选中【颜色】复选框，在显示的选项区域中将 R、G、B 的值分别设置为 255、0、255。

08 关闭【材质编辑器】窗口，在【材质】窗口中将创建的"材质 1"材质拖动至【对象】面板的"文本 2"对象上，如图 10-15 所示。

09 使用同样的方法复制出"材质 2"材质，在【材质编辑器】窗口的【颜色】选项区域中将 R、G、B 的值分别设置为 78、235、192 后，将"材质 2"材质赋予【对象】面板中的"文本 3"对象，制作出如图 10-16 所示的三维广告文字效果。

图 10-15 为"文本 2"对象赋予材质

图 10-16 纯色材质效果

10.3.2 漫射

在【材质编辑器】窗口中选中【漫射】复选框后，将显示图 10-17 所示的选项区域。在该选项区域中可以通过设置"漫射"属性产生投射在粗糙表面上的光向各个方向漫射的效果。其中【亮度】参数用于调整漫射表面的亮度，其数值越大漫射效果越亮，数值越小漫射效果越暗淡。

10.3.3 发光

在【材质编辑器】窗口中选中【发光】复选框后，将显示如图 10-18 所示的选项区域。在该选项区域中可以设置材质的自发光效果。

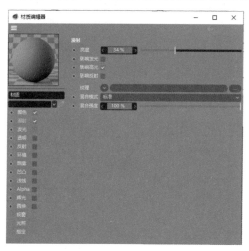

图 10-17 【漫射】选项区域

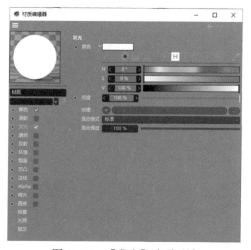

图 10-18 【发光】选项区域

【选项说明】

☐ 颜色：用于设置材质的自发光颜色。

☐ 亮度：用于设置材质的自发光亮度。

☐ 纹理：用加载的贴图显示自发光效果，如图 10-19 所示。其下方的【模糊偏移】和【模糊程度】输入框用于设置纹理的模糊效果。

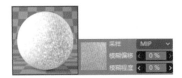

图 10-19　添加贴图显示自发光效果

实战演练：制作发光材质

　　本例将通过【材质编辑器】窗口的"颜色""发光""反射"属性制作各种材质，并将材质赋予场景中的模型对象。

01 打开图 10-20 所示的场景文件，按 Shift+F2 快捷键打开【材质】窗口，创建一个新的默认材质，右击该材质，在弹出的快捷菜单中选择【重命名】命令将其重命名为"黑镜"。

02 双击"黑镜"材质，打开【材质编辑器】窗口并选中【颜色】复选框，在显示的选项区域中设置【颜色】的 R、G、B 值均为 66，如图 10-21 所示。

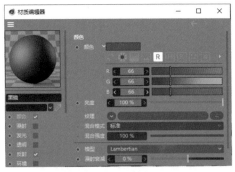

图 10-20　打开场景文件　　　　　　　图 10-21　设置"颜色"属性

03 在【材质编辑器】窗口中选中【反射】复选框，在显示的选项区域中单击激活【层】按钮 ，单击【添加】按钮，从弹出的列表中选择 GGX 选项，在系统显示的选项区域中设置【粗糙度】为 1%、【反射强度】为 200%、【高光度】为 30%、【菲涅耳】为【绝缘体】、【预置】为【玻璃】，如图 10-22 所示。

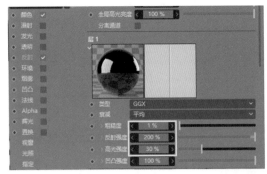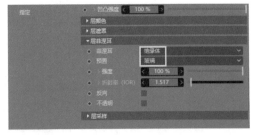

图 10-22　设置"反射"属性

04 在【材质】面板中创建一个名为"反射"的新材质，然后双击"反射"材质，在打开的【材质编辑器】窗口中取消【颜色】复选框的选中状态，选中【反射】复选框，在系统显示的选项区域中参考步骤(3)的方法添加 GGX，设置【菲涅耳】为【导体】、【预置】为【铝】。

05 在【材质】窗口中创建一个名为"发光"的新材质，然后双击"发光"材质，在打开的【材质编辑器】窗口中选中【颜色】复选框，在系统显示的选项区域中设置【颜色】的 R、G、B 值分别为 110、44、101，【亮度】为 500%，如图 10-23 左图所示。

06 在【材质编辑器】窗口中取消【反射】复选框的选中状态，选中【发光】复选框，在系统显示的选项区域中设置【颜色】的 R、G、B 值分别为 167、76、167，【亮度】为 200%，如图 10-23 右图所示。

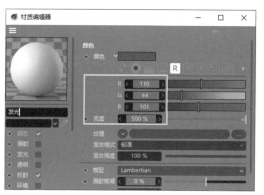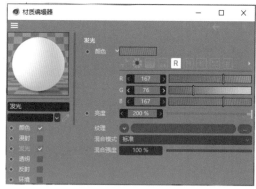

图 10-23　设置"发光"材质属性

07 关闭【材质编辑器】窗口，将【材质】窗口中的"黑镜"材质赋予【对象】面板中的"立方体"对象，将"反射"材质赋予"文本 1""文本 2"和"文本 3"对象，将"发光"材质赋予"圆柱体"对象，如图 10-24 所示。

08 单击工具栏中的【渲染到图像查看器】按钮渲染场景，效果如图 10-25 所示。

图 10-24　赋予对象材质　　　　图 10-25　场景渲染效果

10.3.4　透明

在【材质编辑器】窗口中选中【透明】复选框后，将显示图 10-26 所示的选项区域。在该选项区域中可以设置【颜色】【亮度】【折射率预设】【折射率】【菲涅耳反射率】【纹理】【吸收颜色】【吸收距离】【模糊】等选项，以调整材质的透明和半透明效果。

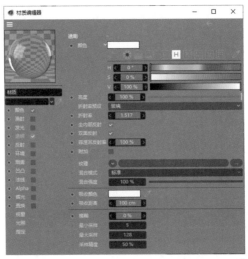

图 10-26　【透明】选项区域

【选项说明】

☐ 颜色：用于设置材质的折射颜色。材质的折射颜色越接近白色，材质越透明，如图 10-27 所示。

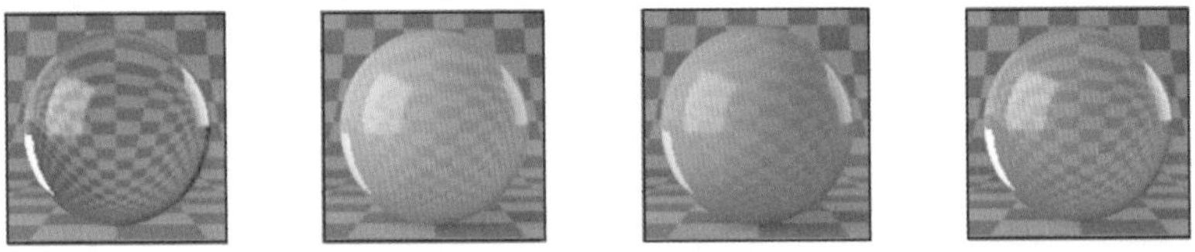

颜色 = 白　　　　颜色 = 绿　　　　颜色 = 蓝　　　　颜色 = 黄

图 10-27　"颜色"对材质透明效果的影响

☐ 亮度：用于设置材质的透明程度，如图 10-28 所示。

☐ 折射率预设：单击【折射率预设】下拉按钮，在弹出的下拉列表中 Cinema 4D 提供了一些常见的预设材质折射率，使用这些预设折射率可以快速设定材质的折射效果，如图 10-29 所示。

亮度 =0　　　　亮度 =80%　　　　亮度 =100%

图 10-28　"亮度"对透明效果的影响

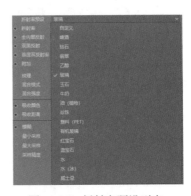

图 10-29　折射率预设列表

□ 折射率：用于设置材质的折射率，如图 10-30 所示。

□ 菲涅耳反射率：用于设置材质产生菲涅耳反射的程度，如图 10-31 所示。

折射率 =1.5　　　折射率 =3　　　　　　菲涅耳反射率 =0　菲涅耳反射率 =100%

图 10-30　"折射率"对材质的影响　　　图 10-31　菲涅耳反射率对材质的影响

□ 纹理：用于加载贴图控制材质的折射效果。

□ 吸收颜色：用于设置折射产生的颜色，如图 10-32 所示。

□ 吸收距离：用于设置折射颜色的浓度。

□ 模糊：用于控制折射的模糊程度，其参数值越大，材质越模糊，如图 10-33 所示。

吸收颜色 = 红　吸收颜色 = 白　　　模糊 =0　　　模糊 =20%　　　模糊 =50%

图 10-32　"吸收颜色"对材质的影响　　　图 10-33　"模糊"对材质的影响

10.3.5　反射

在【材质编辑器】窗口中选中【反射】复选框后，将显示图 10-34 所示的选项区域。在该选项区域中可以设置材质的反射程度和反射效果。

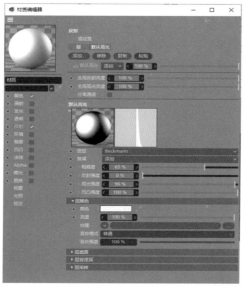

图 10-34　【反射】选项区域

1. 基本选项

在如图 10-34 所示的【反射】选项区域中，用户可以设置材质反射效果的【类型】【衰减】【粗糙度】【高光强度】【层颜色】等。

【选项说明】

☐ 类型：用于设置材质的高光类型，包括"Beckmann""GGX""Phong""Ward""各向异性""Lambertian(漫射)""Oren-Nayar(漫射)""Irawan(织物)""反射(传统)""高光 -Blinn(传统)""高光 -Phong(传统)"等几种类型，如图 10-35 所示。

Beckmann　　　GGX　　　　Phong　　　　Ward　　　各向异性　　Lambertian(漫射)

Oren-Nayar(漫射)　　Irawan(织物)　　　反射(传统)　　高光 -Blinn(传统)　　高光 -Phong(传统)

图 10-35　材质的高光效果类型

☐ 衰减：用于设置材质反射衰减效果，包含【添加】和【金属】两个选项。

☐ 粗糙度：用于设置材质的光滑度，其数值越小，材质效果越光滑。

☐ 高光强度：用于设置材质高光的强度。

☐ 层颜色：在【层颜色】栏中可以设置材质反射的颜色(默认为白色)、亮度、纹理、混合模式和混合强度等效果。

2. GGX

GGX 是一种材质反射类型，常用于制作高反射类材质，如金属、塑料、液体(水)等。在【材质编辑器】窗口中 GGX 并不是默认显示的选项面板，用户需要在图 10-34 所示的【反射】选项区域中单击激活【层】选项卡，然后单击【添加】按钮，在弹出的列表中选择 GGX 选项进行添加。添加 GGX 后系统将显示图 10-36 所示的选项面板。

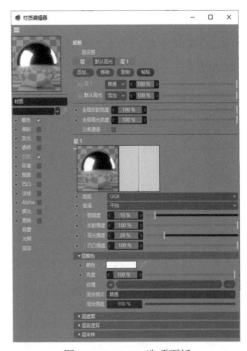

图 10-36　GGX 选项面板

【选项说明】

□ 粗糙度：用于设置材质表面的光滑程度，如图 10-37 所示为反射强度为 100% 的情况下，不同的粗糙度对材质的效果对比。

□ 反射强度：用于设置材质的反射强度，其参数值越小，材质越接近其固有色，如图 10-38 所示为粗糙度为 30% 的情况下，不同的反射强度对材质的效果对比。

粗糙度 =5%　　粗糙度 =30%　　粗糙度 =60%　　　　反射强度 =30%　　反射强度 =80%

图 10-37　粗糙度效果对比　　　　　　　　图 10-38　反射强度效果对比

□ 高光强度：用于设置材质的高光范围(只有设置了"粗糙度"参数值，"高光强度"参数才有效果)，如图 10-39 所示为粗糙度为 30% 的情况下，不同的高光强度对材质的效果对比。

□ 层颜色：在【层颜色】栏中可以设置材质的反射颜色、亮度、纹理、混合模式和混合强度等效果。

□ 层菲涅耳：展开【层菲涅耳】栏，可以设置材质的菲涅耳属性，包括"无""绝缘体""导体"3 种类型，如图 10-40 所示。

高光强度 =10%　高光强度 =100%

图 10-39　高光强度效果对比　　　　　　图 10-40　【层菲涅耳】栏

【知识点滴】

菲涅耳反射是指反射强度与视点角度之间的关系。简单来讲，菲涅耳反射是当视线垂直于物体表面时，反射效果较弱；否则，视线与物体的夹角越小，反射越强烈。在自然界中，物体几乎都存在菲涅耳反射，金属也不例外，只是金属的菲涅耳现象表现得很弱。

此外，菲涅耳反射还有一种特性：物体表面的反射模糊随着视线与物体角度的变化而变化，视线和物体表面法线的夹角越大，此处的反射模糊就会越少，就会越清晰。

实战演练：制作塑料材质

本例将使用【材质编辑器】窗口中的"颜色"和"反射"属性制作一个米白色的"塑料"材质，并将其赋予场景中的对象。

01 打开场景文件后，按 Shift+F2 快捷键打开【材质】窗口，创建一个新的默认材质并将其重命名为"塑料"。

02 双击【材质】窗口中的"塑料"材质，打开【材质编辑器】窗口，选中【颜色】复选框，在系统显示的选项区域中设置【颜色】为"米白色"(R、G、B 值为 255、246、230)，如图 10-41 所示。

03 选中【反射】复选框，设置【全局反射亮度】和【全局高光亮度】均为 150%，【宽度】为 32%，【高光强度】为 88%，如图 10-42 所示。

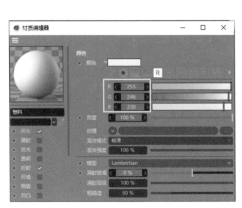

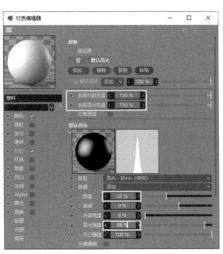

图 10-41　设置"颜色"属性　　　　　图 10-42　设置"反射"属性

04 在【反射】选项区域中单击【添加】按钮，添加 GGX，然后设置【粗糙度】为 15%、【反射强度】为 80%。展开【层菲涅耳】栏，将【菲涅耳】设置为【绝缘体】、【预置】设置为【聚酯】，如图 10-43 所示。

05 关闭【材质编辑器】窗口，将【材质】窗口中制作好的"塑料"材质赋予【对象】面板中的 PLUG(插座)对象，如图 10-44 所示。

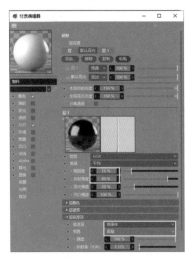

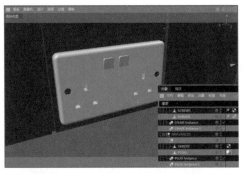

图 10-43　设置 GGX 属性　　　　　图 10-44　为对象赋予"塑料"材质

实战演练：制作玻璃材质

本例将使用【材质编辑器】窗口中的"反射"和"透明"属性制作一个透明玻璃材质，并将其赋予场景中的"碗"模型。

01 在打开的【材质】窗口中创建一个新的默认材质并将其重命名为"玻璃"。

02 双击【材质】窗口中的"玻璃"材质，打开【材质编辑器】窗口，取消【颜色】复选框的选中状态，选中【透明】复选框，在系统显示的选项区域中将【折射率预设】设置为【玻璃】。

03 在【材质编辑器】窗口中选中【反射】复选框，添加GGX，在系统显示的选项区域中设置【粗糙度】为15%，【反射强度】为80%，【高光强度】为30%。展开【层菲涅耳】栏，将【菲涅耳】设置为【绝缘体】，【预置】设置为【玻璃】，如图10-45所示。

04 将【材质】窗口中制作的"玻璃"材质赋予场景中的玻璃容器模型，按Ctrl+R快捷键渲染场景，效果如图10-46所示。

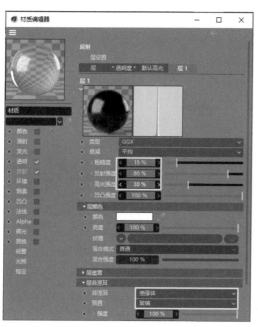

图10-45 设置"反射"属性

图10-46 场景渲染结果

实战演练：制作金属材质

本例将使用【材质编辑器】窗口中的"反射"属性制作金色、银色和不锈钢金属材质，并将其赋予场景中的"杯子""水壶"等模型。

01 打开如图10-47所示的场景文件后，按Shift+F2快捷键，在打开的【材质】窗口中创建一个新的默认材质并将其重命名为"不锈钢金属"。

02 双击"不锈钢金属"材质，打开【材质编辑器】窗口，取消【颜色】复选框的选中状态。选中【反射】复选框，添加 GGX，设置【粗糙度】为 50%，【反射强度】为 80%。展开【层菲涅耳】栏，将【菲涅耳】设置为【导体】，【预置】设置为【钢】，如图 10-48 所示。

图 10-47 打开场景文件

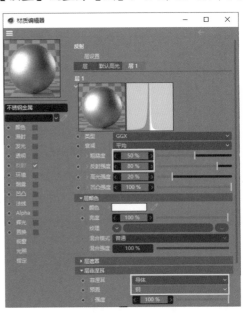

图 10-48 设置不锈钢金属

03 创建一个新材质并将其命名为"金色金属"。然后双击"金色金属"材质，在打开的【材质编辑器】窗口中选中【颜色】复选框，将【颜色】的 R、G、B 值设置为 94、53、15。

04 选中【反射】复选框，单击【添加】按钮，添加 GGX，将【粗糙度】设置为 18%，【菲涅耳】设置为【导体】，【预置】设置为【金】，制作如图 10-49 左图所示的金色金属材质。

05 在【材质】窗口中按住 Ctrl 键并拖动"金色金属"材质，将其复制一份，并将复制的材质重命名为"银色金属"，然后在【材质编辑器】窗口中将"银色金属"材质的【预置】设置为【银】，制作出如图 10-49 右图所示的银色金属材质。

06 将本例制作的三种材质分别赋予场景中的水壶、杯子和煤气灶，然后按 Ctrl+R 快捷键渲染场景，效果如图 10-50 所示。

图 10-49 制作金色和银色金属材质

图 10-50 场景渲染结果

10.3.6　凹凸

在【材质编辑器】窗口中选中【凹凸】复选框后，将显示图 10-51 所示的选项区域。在该选项区域中可以设置材质的纹理通道。

【选项说明】

□ 纹理：单击【纹理】通道后的 ▬ 按钮，将打开如图 10-52 所示的【打开文件】对话框，在该对话框中可以加载材质的纹理贴图。需要注意的是，此处通道只识别贴图的灰度信息。

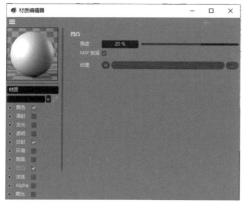

图 10-51　【凹凸】选项区域

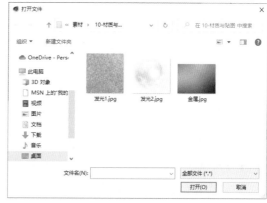

图 10-52　【打开文件】对话框

□ 强度：在"纹理"通道中加载贴图后，【强度】选项将会被激活。该选项用于设置凹凸纹理的强度效果，如图 10-53 所示。

强度 =0　　　　　　强度 =20%　　　　　　强度 =50%　　　　　　强度 =100%

图 10-53　强度参数对凹凸纹理效果的影响

10.3.7　辉光

在【材质编辑器】窗口中选中【辉光】复选框后，将显示如图 10-54 所示的选项区域。在该选项区域中可以为材质添加发光效果。

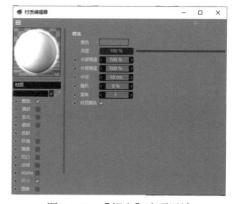

【选项说明】

□ 内部强度：用于设置辉光在材质表面的强度，如图 10-55 所示。

□ 外部强度：用于设置辉光在材质外面的强度，如图 10-56 所示。

图 10-54　【辉光】选项区域

内部强度=10%　　内部强度=50%　　　　外部强度=100%　　外部强度=500%

图 10-55　"内部强度"效果对比　　　图 10-56　　"外部强度"效果对比

☐ 半径：用于设置辉光效果的半径值。

☐ 随机：用于设置辉光发射的随机效果。

☐ 频率：用于设置辉光发射的频率。

☐ 材质颜色：选中【材质颜色】复选框后，辉光颜色与材质颜色相似。取消【材质颜色】复选框的选中状态，将激活【颜色】和【亮度】选项，可以设置辉光的颜色和亮度。

10.3.8　烟雾

在【材质编辑器】窗口中选中【烟雾】复选框后，将显示如图 10-57 所示的选项区域。在该选项区域中可以设置材质看起来像烟雾一样的半透明效果。

【选项说明】

☐ 颜色：用于修改烟雾的颜色。

☐ 亮度：用于设置烟雾效果的亮度值。

☐ 距离：用于设置烟雾中心点到最外部边缘的距离。该数值越小，衰减效果越小，充满烟雾的效果会比较明显一些；数值越大，衰减的效果就会变得明显。

10.3.9　环境

在【材质编辑器】窗口中选中【环境】复选框后，将显示如图 10-58 所示的选项区域。在该选项区域中可以设置材质的环境效果，使具有反射的材质看起来像是处于某种环境中，材质的表面会反射出贴图的效果。

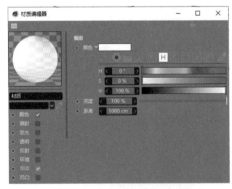 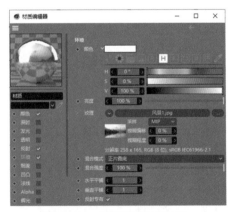

图 10-57　【烟雾】选项区域　　　　图 10-58　【环境】选项区域

- 纹理：单击【纹理】选项右侧的■按钮，在弹出的菜单中选择【加载图像】命令，即可添加贴图，添加贴图后材质表面会反射贴图效果。
- 水平平铺：用于设置水平方向的贴图重复次数。
- 垂直平铺：用于设置垂直方向的贴图重复次数。

10.3.10 法线

在【材质编辑器】窗口中选中【法线】复选框后，将显示如图 10-59 左图所示的选项区域。在该选项区域中可以设置材质的法线贴图，如图 10-59 右图所示。

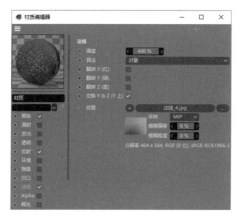

图 10-59 【法线】选项区域(左图)和法线贴图(右图)

【选项说明】

- 强度：用于设置起伏强度。该参数值越大，纹理起伏感越强，如图 10-60 所示。

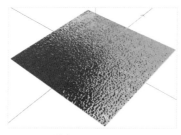
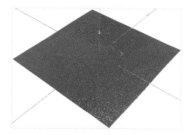

强度 =100%　　　　　　　　　　　　　强度 =300%

图 10-60 强度对起伏效果的影响对比

- 纹理：单击【纹理】选项右侧的■按钮，在弹出的菜单中选择【加载图像】命令，可以添加贴图，添加贴图后材质的表面将出现起伏效果。

【知识点滴】

"法线"与"凹凸"相似又有区别，它们都可以产生凹凸起伏的材质效果，但"法线"看上去更真实，常用于模拟逼真的纹理，如织物、水果、山脉等。

10.3.11　Alpha

在【材质编辑器】窗口中选中 Alpha 复选框后，将显示图 10-61 左图所示的选项区域。在该选项区域中可以设置 Alpha 的颜色、反相、纹理等参数，其最大的作用就是对贴图进行抠图处理，如图 10-61 右图所示。

【选项说明】

- 颜色：设置吸取贴图的颜色，系统将设置颜色的区域变成透明，来完成抠图效果。
- 反相：将原抠图区域与非抠图区域进行互换。
- 纹理：单击【纹理】选项右侧的■按钮，在弹出的菜单中选择【加载图像】命令，可以添加用于抠图的贴图。
- 柔和：取消【柔和】复选框后，将把颜色和 Alpha 容差(变量)设置为禁用状态。

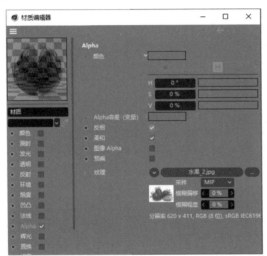

图 10-61　Alpha 选项区域(左图)和贴图效果(右图)

10.3.12　置换

在【材质编辑器】窗口中选中【置换】复选框后，将显示图 10-62 左图所示的选项区域。在该选项区域中可以设置材质直接改变模型的形状，产生凹凸纹理，如图 10-62 右图所示。

【选项说明】

- 强度：用于设置改变模型形状的强度值。该值越大，模型改变效果越明显。
- 高度：用于设置模型外观的起伏高度参数值。
- 类型：用于设置置换通道的类型，包括【强度】【强度(中心)】【红色/绿色】【RGB(XYZ 切线)】【RGB(XYZ 对象)】【RGB(XYZ 世界)】等几种类型。
- 纹理：单击【纹理】选项右侧的■按钮，在弹出的菜单中选择【加载图像】命令，可以添加用于置换的贴图。

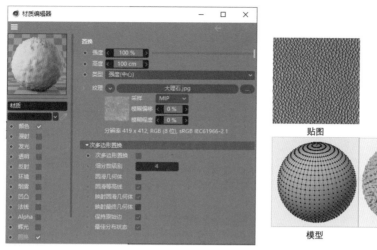

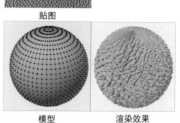

贴图

模型　　　　　　　　渲染效果

图10-62　【置换】选项区域(左图)和模型外观改变效果(右图)

实战演练：制作液体材质

本例将使用【材质编辑器】窗口中的"反射""透明""凹凸"属性制作茶杯中的液体材质。为了突出液体材质，将赋予茶杯玻璃材质。

01 打开图10-63所示的场景文件，打开【材质】窗口并创建一个名为"玻璃"的新材质。

02 双击"玻璃"材质，打开【材质编辑器】窗口，选中【模糊】复选框，在系统显示的选项区域中将【模糊】设置为15%，【折射率】设置为1.5。

03 选中【反射】复选框，在系统显示的选项区域中单击【移除】按钮，删除"默认高光"，制作如图10-64所示的玻璃材质，并将其赋予场景中的"茶杯"模型。

04 在【材质】窗口中创建一个新的默认材质并将其重命名为"玉石"。

05 双击"玉石"材质，打开【材质编辑器】窗口，选中【颜色】复选框，在系统显示的选项区域中将颜色的R、G、B值均设置为255。

06 选中【反射】复选框，在系统显示的选项区域中单击【添加】按钮，添加GGX，然后将【粗糙度】设置为30%，【高光强度】设置为50%，【菲涅耳】设置为【绝缘体】，【预置】设置为【玉石】，制作如图10-65所示的白色玉石材质，并将其赋予场景中的"茶杯托"模型。

07 在【材质】窗口中创建一个新的默认材质并将其重命名为"液体"。

08 双击"液体"材质，打开【材质编辑器】窗口，选中【凹凸】复选框，在系统显示的选项区域中单击【纹理】选项后的 按钮，在弹出的菜单中选择【表面】|【水面】命令，然后将【强度】设置为15%，如图10-66所示。

图 10-63　打开场景文件

图 10-64　玻璃材质

图 10-65　玉石材质

09 在【材质编辑器】窗口中取消【颜色】复选框的选中状态，选中【反射】复选框，在【反射】下拉列表中选择【高光 -Blinn(传统)】选项，如图 10-67 所示，添加一个【高光 -Blinn(传统)】类型的反射。

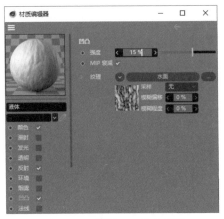

图 10-66　设置"凹凸"属性

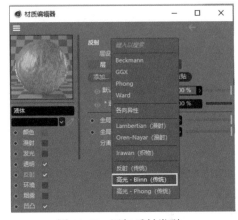

图 10-67　添加反射类型

10 选中【透明】复选框，将【折射率预设】设置为【水】，并设置【颜色】的 R、G、B 值为 251、211、233，如图 10-68 所示。

11 将制作好的"液体"材质赋予场景中的"球体"对象，按 Shift+R 快捷键打开【图像查看器】窗口渲染场景，效果如图 10-69 所示。

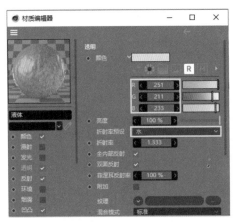

图 10-68　设置"透明"属性

图 10-69　场景渲染效果

【知识点滴】

除了使用上面介绍的方法通过调整参数制作各种材质以外，在 Cinema 4D 中还可以使用系统预置的材质效果。单击工具栏中的【资产浏览器】按钮，或选择【窗口】|【资产浏览器】命令(快捷键：Shift+F8)，打开【资产浏览器】窗口，通过搜索找到需要的材质将其拖动并应用到场景中，如图 10-70 所示。

图 10-70　通过【资产浏览器】搜索材质并将其赋予对象

10.4　纹理贴图

在 Cinema 4D 的【材质编辑器】窗口中单击【纹理】通道后的按钮，在弹出的下拉列表中系统提供了一些自带的纹理贴图，可以方便用户在建模时直接调用，如图 10-71 所示。下面将介绍其中几个比较常用的纹理贴图。

10.4.1　噪波

在图 10-71 所示的下拉列表中选择"噪波"类型的纹理贴图后，单击【噪波】选项，如图 10-72 左图所示，系统将打开如图 10-72 右图所示的噪波【着色器】选项卡。在该选项卡中可以设置模拟凹凸颗粒、水波纹和杂色等效果。

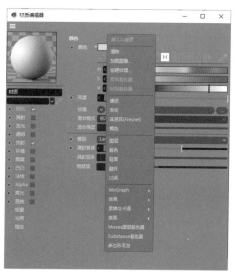

图 10-71　Cinema 4D 自带的纹理贴图

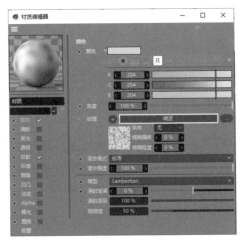

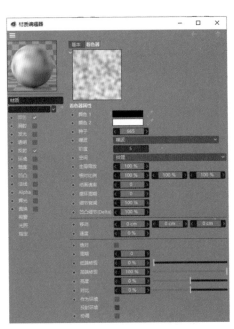

图 10-72　打开噪波【着色器】选项卡

【选项说明】

　　▢ 颜色 1/ 颜色 2：用于设置噪波的两种颜色(默认为黑色和白色)。

　　▢ 种子：用于设置随机显示不同的噪波分布结果。

　　▢ 噪波：单击【噪波】下拉按钮，在弹出的下拉列表中可以使用系统内置的多种噪波类型。

　　▢ 全局缩放：用于设置噪点的大小。

10.4.2　渐变

　　"渐变"贴图纹理用于模拟颜色渐变的效果。渐变【着色器】选项卡如图 10-73 所示，在其中可以设置渐变贴图的颜色、类型、角度等参数。

【选项说明】

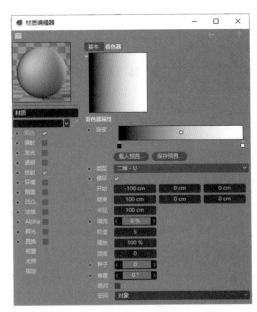

　　▢ 渐变：用于设置渐变的颜色，单击该选项下方的颜色块可以设置渐变色标，在渐变条上单击可以添加颜色块。

　　▢ 类型：用于设置渐变的类型，如图 10-74 所示。

　　▢ 湍流：用于设置渐变的角度，如图 10-75 所示。

图 10-73　渐变【着色器】选项卡

图 10-74　渐变类型　　　　　　　图 10-75　"湍流"参数对渐变效果的影响

实战演练：制作渐变材质

本例将制作一个渐变效果的透明玻璃材质，帮助用户掌握"渐变"贴图的使用方法。

01 打开图 10-76 所示的场景文件，打开【材质】窗口并创建一个名为"玻璃"的新材质。

02 双击"玻璃"材质，打开【材质编辑器】窗口，取消【颜色】复选框的选中状态，选中【透明】复选框，在系统显示的选项区域中单击【纹理】选项右侧的 ■ 按钮，在弹出的列表中选择【渐变】选项，然后单击【渐变】按钮，打开如图 10-73 所示的选项区域。

03 单击渐变条左侧的颜色块，在打开的【渐变色标设置】对话框中将 R、G、B 值设置为 0、213、0，如图 10-77 所示，然后单击【确定】按钮。

图 10-76　打开场景文件

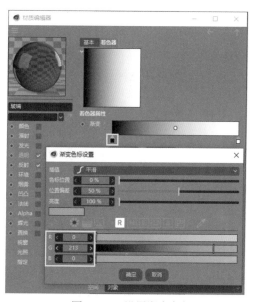

图 10-77　设置渐变色标

04 单击渐变条右侧的颜色块，在打开的【渐变色标设置】对话框中将 R、G、B 值设置为 255、255、139，然后单击【确定】按钮。

05 在【渐变】选项区域中将【类型】设置为【二维 - 星形】，将【湍流】设置为 30%。

06 在【材质编辑器】窗口中选中【反射】复选框，单击【移除】按钮，删除"默认高光"，然后单击【* 透明度 *】按钮，在系统显示的选项区域中将【粗糙度】设置为 1%，如图 10-78 所示。

07 关闭【材质编辑器】窗口，将【材质】窗口中制作的"玻璃"材质赋予场景中的玻璃花瓶模型，按 Shift+R 快捷键渲染场景，效果如图 10-79 所示。

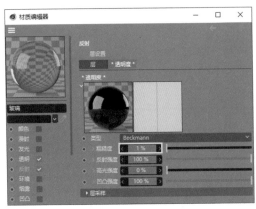

图 10-78　设置"反射"属性

图 10-79　场景渲染效果

10.4.3　菲涅耳(Fresnel)

"菲涅耳"是用于模拟菲涅耳反射效果的贴图。菲涅耳【着色器】选项卡如图 10-80 所示，在其中可以设置菲涅耳效果的类型、颜色等选项。

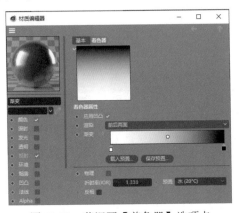

图 10-80　菲涅耳【着色器】选项卡

【选项说明】

□ 渲染：用于设置菲涅耳效果的类型，包括【仅有前面】【前面透明】【仅有后面】【后面透明】【前后两面】几种。

□ 渐变：用于设置菲涅耳效果的颜色。

□ 物理：选中【物理】复选框后，激活【折射率(IOR)】【预置】【反相】选项。

视频讲解：制作丝绸材质

本例将通过扫码播放视频方式介绍制作丝绸材质，帮助用户掌握"菲涅耳"贴图属性的设置技巧。

10.4.4　图层

"图层"贴图类似 Photoshop 的图层属性。进入图层【着色器】选项卡，可以对图层进行编组、加载图像、添加着色器及效果等，如图 10-81 所示。

【选项说明】

□　图像：单击【图像】按钮可以加载外部图片，形成一个单独的图层。

□　着色器：单击【着色器】按钮，将弹出如图 10-82 所示的菜单，在该菜单中可以选择系统提供的默认着色器。

□　效果：单击【效果】按钮，将弹出如图 10-83 所示的菜单，在该菜单中可以选择贴图的各种效果。

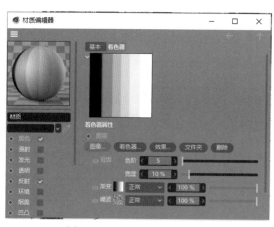

图 10-81　【图层】选项区域　　　图 10-82　着色器　　图 10-83　效果

□　文件夹：单击【文件夹】按钮，可以添加一个空白文件夹，以方便用户将图层进行分组。

□　删除：单击【删除】按钮，可以删除选中的着色器或效果。

10.4.5　效果

"效果"贴图中包含光谱、变化、环境吸收、背光、样条、投射、衰减等多种预置贴图，如图 10-84 所示。

【选项说明】

- 光谱：可创建多种颜色形成的渐变效果，如图 10-85 所示。
- 环境吸收：可使模型在渲染时，阴影部分更加明显。
- 衰减：可用于制作带有颜色渐变的材质，如图 10-86 所示。

图 10-84　效果贴图类型

图 10-85　光谱效果

图 10-86　颜色渐变

10.4.6　表面

"表面"贴图包含多种花纹纹理，可以制作丰富的贴图效果，如图 10-87 所示。

【选项说明】

- 云：形成云朵效果，其颜色可修改，如图 10-88 所示。
- 地球：形成类似地球图案的纹理效果。
- 大理石：形成类似大理石纹理效果，如图 10-89 所示。
- 平铺：形成网格状态贴图，可用于制作瓷砖和地板效果，如图 10-90 所示。

图 10-87　表面贴图类型

图 10-88　云

图 10-89　大理石

图 10-90　平铺

视频讲解：制作铁锈材质

本例将通过扫码播放视频方式，向用户演示使用"铁锈"贴图制作腐蚀效果机械零部件的方法。

实战演练：制作樱桃材质

本例将通过在"反射""法线""凹凸"属性中加载贴图，制作非常逼真的樱桃表面状态的纹理材质。

01 打开图 10-91 所示的场景文件，打开【材质】窗口并创建一个名为"樱桃-1"的新材质。

02 双击"樱桃-1"材质，打开【材质编辑器】窗口，选中【颜色】复选框，在系统显示的选项区域中单击【纹理】选项右侧的▼按钮，在弹出的菜单中选择【加载图像】命令，在打开的对话框中加载如图 10-92 所示的贴图文件。

03 选中【反射】复选框，将【全局反射亮度】设置为 80%，如图 10-93 所示。

图 10-91　打开场景文件　　　图 10-92　贴图文件　　图 10-93　设置全局反射亮度

04 单击【添加】按钮，添加【反射(传统)】，如图 10-94 所示。

05 单击激活【层 1】选项卡，设置【衰减】为"添加"，单击【纹理】选项右侧的▼按钮，选择并加载【菲涅耳(Fresnel)】，如图 10-95 所示。

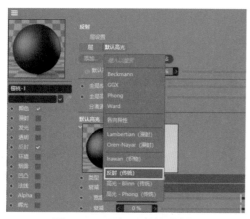

图 10-94　添加"反射(传统)"　　　　　图 10-95　加载"菲涅耳(Fresnel)"

06 选中【法线】复选框，在系统显示的选项区域中单击【纹理】选项右侧的▼按钮，在弹出的菜单中选择【加载图像】命令，添加如图 10-96 所示的位图贴图，并将【强度】设置为"200%"。

07 选中【凹凸】复选框，在系统显示的选项区域中单击【纹理】选项右侧的■按钮，在弹出的菜单中选择【加载图像】命令，添加如图 10-97 所示的位图贴图，并将【强度】设置为"10%"。

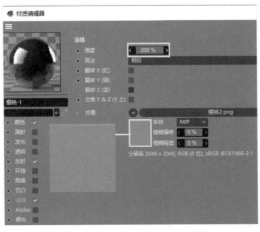
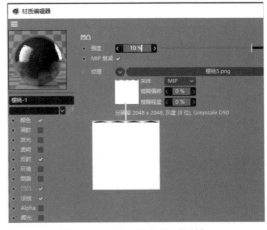

图 10-96　"法线"选项区域　　　　　　图 10-97　"凹凸"选项区域

08 关闭【材质编辑器】窗口，将【材质】窗口中的"樱桃-1"材质赋予场景中左侧的樱桃模型。

09 按住 Ctrl 键并拖动【材质】窗口中的"樱桃-1"材质，将该材质复制一份，并将复制的材质命名为"樱桃-2"。

10 双击"樱桃-2"材质，打开【材质编辑器】窗口，选择【颜色】选项卡，单击【纹理】选项右侧的■按钮，在弹出的菜单中选择【加载图像】命令，选择图 10-98 所示的贴图文件作为"樱桃-2"材质的贴图文件。

11 将"樱桃-2"材质赋予场景中右侧的樱桃模型。

12 使用同样的方法，在【材质】窗口中使用图 10-99 所示的贴图文件制作"樱桃枝"材质(只设置"颜色"和"反射"属性)。

13 将"樱桃枝"材质赋予场景中的樱桃枝模型，按 Ctrl+R 快捷键渲染场景，效果如图 10-100 所示。

樱桃-右.png　　　　樱桃枝1.png

图 10-98　贴图文件　图 10-99　樱桃枝贴图　　　　　图 10-100　场景渲染结果

第 11 章
标签和环境

本章内容

Cinema 4D 中的标签可以为场景中的对象提供不同的属性，从而方便用户制作三维模型。

环境是 Cinema 4D 中的重要部分，合理运用环境可以使场景的渲染效果更加真实，如天空、地面、前景、背景等。

11.1　标签

在 Cinema 4D 中，标签可以为场景中的对象提供不同的属性，从而方便模型和动画的制作。通常，为对象创建标签的方法有以下两种。

☐ 方法 1：选中要添加标签的对象后，选择【创建】|【标签】命令，在弹出的子菜单中选择需要添加标签的种类，再选择相应的标签，如图 11-1 左图所示。

☐ 方法 2：在【对象】面板中选中需要添加标签的对象后，右击鼠标，从弹出的快捷菜单中选择需要添加标签的种类，如图 11-1 右图所示。

图 11-1　为对象建立标签的两种方法

如图 11-1 所示，Cinema 4D 提供的标签类型有其他标签、动画标签、建模标签、摄像机标签、材质标签、模拟标签、毛发标签、渲染标签、编程标签、装配标签、跟踪标签等多种类型，每种类型标签下又提供了多种具体的标签，以针对不同的功能属性。其中比较常用的标签如表 11-1 所示。

表 11-1　常用标签

标签名称	功能说明	图　标
保护	将移动、缩放、旋转功能锁定(常用于锁定摄像机视角)	⃠
合成	设置分层渲染或无缝背景等	▦
目标	添加目标对象	◎
振动	使对象产生抖动效果	▯
显示	设置对象的显示效果	◉

(续表)

标签名称	功能说明	图　标
注释	为场景或对象添加备注	
对齐曲线	控制对象沿着链接的样条进行运动	

11.2　常用标签

本节将分别介绍表 11-1 中提到的各种常用标签。

11.2.1　保护标签

Cinema 4D 中的"保护标签"常用于摄像机对象。为摄像机对象添加保护标签后，该对象将无法被移动或旋转，从而起到固定摄像机的作用，同时可以避免因误操作导致的摄像机视角丢失的情况发生。

【执行方式】

在场景中选中摄像机后右击，从弹出的快捷菜单中选择【装配标签】|【保护】命令，即可为摄像机添加"保护标签"，如图 11-2 左图所示。添加保护标签后，【对象】面板中摄像机名称右侧将显示标签图标◌，如图 11-2 右图所示。

图 11-2　为摄像机对象添加保护标签

实战演练：添加保护标签

下面将通过为场景添加摄像机，调整画面镜头，并为摄像机对象添加保护标签，演示保护标签的使用方法。

01 打开场景文件后，单击工具栏中的【摄像机】按钮，在场景中添加一个摄像机，如图 11-3 所示。

02 在【对象】面板中单击"摄像机"对象右侧的，使其状态变为，进入摄像机视图，调整至合适的摄像机角度，如图 11-4 所示。

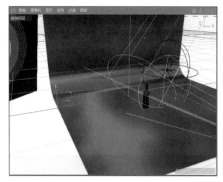

图 11-3　创建摄像机

图 11-4　调整摄像机视图

03 在【对象】面板的"摄像机"对象上右击，从弹出的快捷菜单中选择【装配标签】|【保护】命令，如图 11-5 左图所示，为"摄像机"对象添加"保护"标签⊘。

04 添加"保护"标签后，将无法移动摄像机视图，按 Ctrl+R 快捷键渲染场景，效果如图 11-5 右图所示。

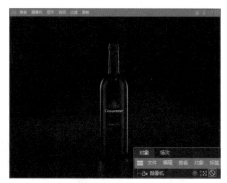

图 11-5　为"摄像机"添加"保护"标签并渲染场景

【技巧点拨】

在场景中添加多种标签后，可以参考以下步骤批量删除同类标签。

□ 步骤 1：按 Alt+G 快捷键在【对象】面板中创建一个空白组，将需要删除的同类标签的对象移到空白组中，

□ 步骤 2：将需要删除的标签赋予空白组。

□ 步骤 3：在空白组的标签上右击，从弹出的快捷菜单中选择【选择相同类型的子标签】选项，然后按 Delete 键即可。

11.2.2　合成标签

"合成标签"用于控制对象的多个属性，如可见性、渲染性、接收光照和投影等，是 Cinema 4D 中常用的标签。其在制作无缝背景和分层渲染时经常被用到。

【执行方式】

在【对象】面板中选中对象后右击，从弹出的快捷菜单中选择【渲染标签】|【合成】

命令，如图 11-5 左图所示，即可为对象添加合成标签。此时，【属性】面板中将显示标签的各种属性，如图 11-6 右图所示。

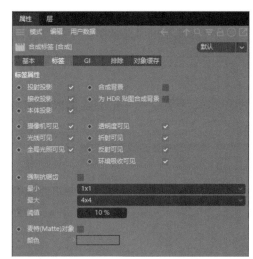

图 11-6　为对象添加合成标签

【选项说明】

- 投射投影：默认选中【投射投影】复选框后，对象将会对别的对象产生投影。
- 接收投影：默认选中【接收投影】复选框后，对象将会接收别的对象产生的投影。
- 本体投影：默认选中【本体投影】复选框后，对象会产生自身的投影。
- 合成背景：选中【合成背景】复选框后，对象将与"背景"模型合为一体。
- 摄像机可见：默认选中【摄像机可见】复选框，表示对象在摄像机中可见，并且不被直接渲染。
- 全局光照可见：默认选中【全局光照可见】复选框，表示对象接收全局光照的照明。

实战演练：添加合成标签

下面将通过为场景中的模型对象添加合成标签，帮助用户掌握使用合成标签控制场景中各个对象渲染效果的方法。

01 打开场景文件后，单击工具栏中的【摄像机】按钮📷，在场景中添加一个摄像机，在【对象】面板中单击"摄像机"对象右侧的█，使其状态变为█，进入摄像机视图，调整合适的摄像机角度，如图 11-7 左图所示。

02 按 Ctrl+R 快捷键渲染场景，效果如图 11-7 右图所示。

03 在【对象】面板中选中"橙色"对象，右击鼠标，从弹出的快捷菜单中选择【渲染标签】|【合成】命令，为"橙色"的颜料模型添加"合成"标签█，如图 11-8 所示。

04 在【对象】面板中选中"合成"标签█，在【属性】面板中取消【摄像机可见】复选框的选中状态后渲染场景，效果如图 11-9 左图所示。

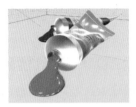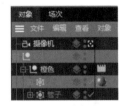

图 11-7　添加摄像机并渲染场景　　　　图 11-8　添加"合成"标签

05 在【属性】面板中取消【投射投影】复选框的选中状态后渲染场景，效果如图 11-9 中图所示。

06 在【属性】面板中取消【光线可见】复选框的选中状态后渲染场景，效果如图 11-9 右图所示。

图 11-9　设置"合成"标签属性后渲染场景

11.2.3　目标标签

目标标签常用于场景中的摄像机对象。当为摄像机添加目标标签后，目标标签可以链接场景中的目标对象，从而使场景能够渲染出景深和运动模糊效果。

【执行方式】

在【对象】面板中选中"摄像机"对象后，右击鼠标，从弹出的快捷菜单中选择【动画标签】|【目标】命令，即可为摄像机添加"目标"标签，同时在【属性】面板中显示与该标签相关的属性，如图 11-10 所示。

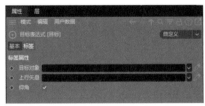

图 11-10　为摄像机添加目标标签

【选项说明】

□ 目标对象：在通道中加载场景中的目标对象。

□ 上行矢量：在通道中加载目标对象的指向对象。加载后目标对象会指向该对象，并跟随其旋转。

11.2.4　振动标签

振动标签会对赋予的对象产生随机的振动效果。振动效果可以是位移、缩放和旋转中的一种或多种，方便用户制作各种形式的动画效果。

【执行方式】

在【对象】面板中选中对象后，右击鼠标，从弹出的快捷菜单中选择【动画标签】|【振动】命令，即可为摄像机添加"振动"标签，同时在【属性】面板中显示与该标签相关的属性，如图 11-11 所示。

图 11-11　为对象添加振动标签

【选项说明】

- 规则脉冲：选中【规则脉冲】复选框后，对象的振动幅度相同。
- 种子：用于设置振动的随机性。
- 启用位置：选中【启用位置】复选框后，对象按照设置的方向进行位移振动。
- 振幅：用于设置对象振动的方向和位移。其右侧的 3 个输入框分别代表 X、Y 和 Z 轴。
- 频率：用于设置对象振动的频率，其数值越大，振动的频率越快。
- 启用缩放：选中【启用缩放】复选框后，对象将按照设置的方向进行缩放。
- 等比缩放：默认选中【等比缩放】复选框，表示对象同时在 3 个轴向进行缩放。
- 启用旋转：选中【启用旋转】复选框，对象将按照设置的方向进行旋转。

实战演练：添加振动标签

下面将通过为场景中的模型对象添加振动标签，制作一个对象随机产生位移的振动动画效果。

01 打开图 11-12 所示的场景文件后，在【对象】面板中选中 w 选项，右击鼠标，从弹出的快捷菜单中选择【动画标签】|【振动】命令，添加如图 11-13 所示的"振动"标签。

02 在【属性】面板中选中【启用位置】复选框，将【振幅】设置为 0cm、5cm、0cm，将【频率】设置为 2，如图 11-14 所示。

图 11-12　场景文件

图 11-13　添加"振动"标签

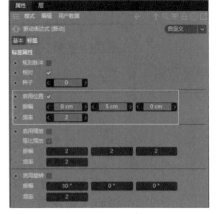
图 11-14　设置振动标签属性

03 按 F8 键播放动画，场景中写有 w 的木块模型将进行上下位移振动。

11.2.5　显示标签

显示标签可以单独控制对象在渲染后的显示效果。

【执行方式】

在【对象】面板中选中对象后，右击鼠标，从弹出的快捷菜单中选择【渲染标签】|【显示】命令，即可为对象添加"显示"标签，同时在【属性】面板中显示与该标签相关的属性，如图 11-15 所示。

图 11-15　为对象添加显示标签

【选项说明】

□ 着色模式：选中【着色模式】选项左侧的【使用】复选框后启用。可单独控制对象的显示效果，如图 11-16 所示。

□ 可见：选中【可见】选项左侧的【使用】复选框后启用。若将【可见】参数设置为 100%，将完全显示对象。

□ 材质：选中【材质】选项左侧的【使用】复选框后启用。当对象赋予材质后，若不选中【材质】复选框将不显示材质效果，如图 11-17 所示。

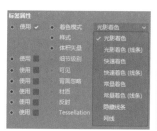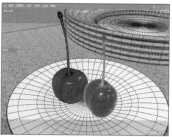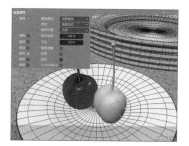

图 11-16　控制对象的显示效果　　　　图 11-17　不显示对象材质

11.2.6　对齐曲线标签

"对齐曲线"标签可以控制对象沿着链接的样条进行运动。其常用于制作轨迹动画。

【执行方式】

在【对象】面板中选中对象后，右击鼠标，从弹出的快捷菜单中选择【动画标签】|【对齐曲线】命令，即可为对象添加"对齐曲线"标签，同时在【属性】面板中显示与该标签相关的属性，如图 11-18 所示。

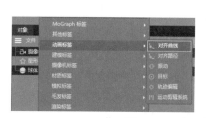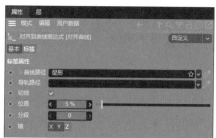

图 11-18　为对象添加对齐曲线标签

【选项说明】

□ 曲线路径：需要将【对象】面板中链接的样条拖动至该选项框中。

□ 切线：选中【切线】复选框后，对象将按照切线的方向沿曲线移动。

□ 位置：用于设置对象在曲线上移动的位置。

11.2.7　注释标签

使用"注释"标签可以随时在对象或场景中添加备注。

【执行方式】

在【对象】面板中选中对象后，右击鼠标，从弹出的快捷菜单中选择【其他标签】|【注释】命令，如图 11-19 左图所示，即可为对象添加"注释"标签，同时在【属性】面板中显示与标签相关的属性，如图 11-19 中图所示。

【选项说明】

　□　文本：用于输入备注的文本内容。

　□　URL：用于输入引用的相关网址。

　□　颜色：用于设置备注框的颜色。

　□　在视窗中显示：若取消【在视窗中显示】复选框的选中状态，则视窗中将不会显示图 11-19 右图所示的备注框。

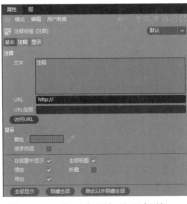

图 11-19　为对象添加注释标签

11.3　环境

　　环境是 Cinema 4D 中非常容易忽略的功能，合理使用环境可以模拟出天空、地板、背景等效果，使场景的渲染效果更加真实。

　　在 Cinema 4D 中，为场景创建环境的方法有以下两种。

　□　方法 1：在菜单栏中选择【创建】|【环境】命令，在弹出的子菜单中选择需要添加环境的种类，如图 11-20 左图所示。

　□　方法 2：长按工具栏中的【天空】按钮⊕，在弹出的面板中选择合适的环境工具，如图 11-20 右图所示。

图 11-20　在场景中创建环境的两种方法

如图 11-20 所示，Cinema 4D 提供的环境工具包括天空、地板、环境、背景、前景、舞台等，其中比较常用的环境工具如表 11-2 所示。

表 11-2　常用环境工具

标签名称	功能说明	图　标
天空	用于创建一个无限大的球体包裹场景	
地板	用于在场景中创建一个平面	
环境	用于设置环境颜色和雾效果	
背景	用于设置场景的整体背景	

11.4　常用环境

本节将分别介绍表 11-2 中提到的各种常用环境的具体使用方法。

11.4.1　天空

Cinema 4D 的场景默认为黑色，使用"天空"工具可以在场景中创建一个无限大的球体包裹场景，从而为场景添加天空环境。

实战演练：制作环境光

本例将通过在场景中添加"天空"环境，并为天空赋予材质，为场景添加环境光效果。

01 打开图 11-21 左图所示的场景后按 Ctrl+R 快捷键渲染场景，效果如图 11-21 右图所示。

02 单击工具栏中的【天空】按钮，在场景中创建天空，然后按 Ctrl+R 快捷键渲染场景，效果如图 11-22 左图所示。用户可以观察到可乐瓶顶部的金属部分反射天空环境模拟的蓝灰色。

03 按 Shift+F2 快捷键打开【材质】窗口，将天空材质赋予【对象】面板中的"天空"对象。按 Ctrl+R 快捷键渲染场景，效果如图 11-22 右图所示(可乐瓶顶部的金属部分反射了材质贴图上的环境信息)。

图 11-21　渲染场景

图 11-22　创建天空后渲染场景

11.4.2　地板

使用"地板"工具可以在场景中创建一个无限延伸没有边界的平面，如图 11-23 左图所示，该工具与"平面"工具类似，不同之处在于"地板"是无限延伸没有边界的，而"平面"对象是可以设置范围的，如图 11-23 右图所示。

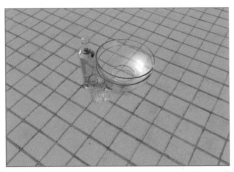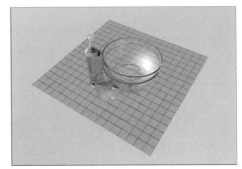

图 11-23　地板(左图)和平面(右图)的区别

视频讲解：设置纯色地板

本例将通过扫码播放视频方式，演示在场景添加纯色地板的具体操作方法，帮助用户掌握"地板"工具的使用。

11.4.3　环境

"环境"工具用于设置场景中环境颜色和雾效果，如图 11-24 左图所示。

【选项说明】

长按工具栏中的【天空】按钮⚈，在弹出的面板中选择【环境】工具🖦后，系统将显示图 11-24 右图所示的【属性】面板。

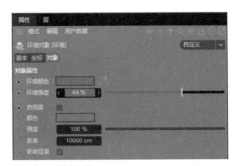

图 11-24　环境效果(左图)和【属性】面板

☐ 环境颜色：用于设置环境的颜色。

☐ 环境强度：用于设置环境颜色的显示强度。

- 启用雾：选中【启用雾】复选框后，将开启雾效果，如图 11-25 所示。
- 颜色：用于设置雾的颜色。
- 强度：用于设置雾的浓度。
- 距离：用于设置雾与镜头之间的距离，如图 11-26 所示。
- 影响背景：选中【影响背景】复选框，雾效果将影响镜头背景。

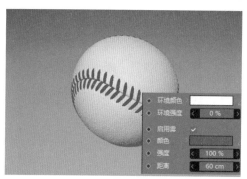

图 11-25 启用雾

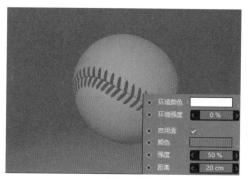

图 11-26 设置雾的颜色、强度和距离

11.4.4 背景

"背景"工具用于设置场景的整体背景，其没有实体模型，只能通过材质和贴图来进行表现。

实战演练：制作无缝背景

本例将通过添加"地板"和"背景"环境，并使用"合成"标签，制作无缝背景效果。

01 打开场景文件后，长按工具栏中的【天空】按钮⊕，在弹出的面板中选择【地板】工具▦，在场景中创建一个地板模型，如图 11-27 所示。

02 长按工具栏中的【天空】按钮⊕，在弹出的面板中选择【背景】工具▦，创建背景，为地板赋予白色材质后按 Ctrl+R 快捷键渲染场景，效果如图 11-28 所示(背景为灰色)。

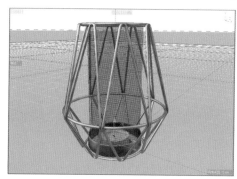

图 11-27 创建地板

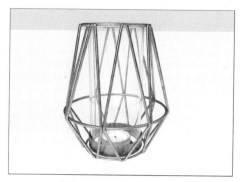

图 11-28 地板渲染结果

03 将白色材质赋予"背景"，然后按 Ctrl+R 快捷键渲染场景，效果如图 11-29 所示(背景和地板之间有一条缝，没有实现无缝效果)。

04 在【对象】面板中按住 Shift 键选中"地板"和"背景"，右击鼠标，在弹出的快捷菜单中选择【渲染标签】|【合成】命令，添加"合成"标签▣。

05 按住 Shift 键选中【对象】面板中"背景"和"地板"对象的"合成"标签，在【属性】面板中选中【合成背景】复选框，如图 11-30 所示。

图 11-29　背景渲染结果

图 11-30　设置"合成"标签

06 按 Ctrl+R 快捷键再次渲染场景，效果如图 11-31 所示。此时无论怎么调整视图，背景和地板的颜色都显示为白色，且没有缝隙。

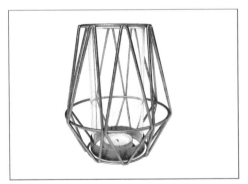

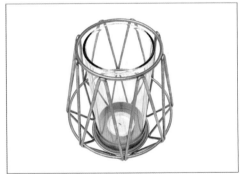

图 11-31　无缝背景渲染效果

第 12 章

渲染器

● 本章内容

渲染(英文：Render，也称为着色)是指用软件将模型生成图像的过程，它是设计模型时常用的表达手段。渲染器能让模型产品的效果图更加具有吸引力，看起来更真实、饱满、丰富。在 Cinema 4D 中除了可以使用自带的渲染器以外，还可以加载一些外置插件类渲染器。

12.1 渲染器概述

渲染器是 3D 引擎的核心部分，它可以使 Cinema 4D 场景细节呈现出最终的设计效果。

在 Cinema 4D 中，用户除了可以使用软件自带的渲染器以外，还可以加载一些外置插件类渲染器，下面将介绍几个 Cinema 4D 的常用渲染器。

1. 标准渲染器

单击 Cinema 4D 工具栏中的【编辑渲染设置】按钮■(快捷键：Ctrl+B)可打开图 12-1 所示的【渲染设置】窗口，在该窗口的左上角显示当前使用的渲染器类型。其中默认的渲染器就是"标准"渲染器。标准渲染器可以渲染任何场景，但不能渲染景深和运动模糊等特殊效果，它是 Cinema 4D 中比较常用的渲染器。

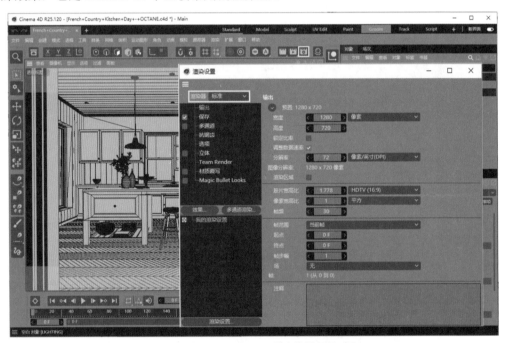

图 12-1 打开 Cinema 4D【渲染设置】窗口

2. 物理渲染器

在图 12-1 所示的【渲染设置】窗口中单击【渲染器】下拉按钮，在弹出的下拉列表中选择【物理】选项，可以使用"物理"渲染器。在右侧显示的【物理】选项区域中可以设置景深或运动模糊渲染效果，以及抗锯齿的类型和等级，如图 12-2 所示。

3. 视窗渲染器

视窗渲染器是 Cinema 4D 默认的渲染器之一。该渲染器提供如图 12-3 所示的【视窗渲染器】选项卡，提供反射、景深、投影、透明、抗锯齿等渲染效果选项设置。

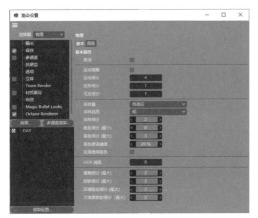

图 12-2　物理渲染器

图 12-3　视窗渲染器

4. 其他渲染器

在 Cinema 4D 中，除了上面介绍的标准 / 物理 / 视窗渲染器以外，可以使用的渲染器还有很多，如 Octane、Arnold、Redshift 这几款，它们有各自的使用环境。

  □ Octane 渲染器：Octane 渲染器(简称 OC 渲染器)是世界上第一个真正意义上的基于 GPU、物理渲染的渲染器。该渲染器只需要使用计算机上的显卡，就可以获得更快、更逼真的渲染结果。

  □ Arnold 渲染器：Arnold 渲染器是基于物理算法的电影级别渲染引擎。该渲染器的效果稳定、真实，但依赖 CPU 的性能。当 CPU 性能较低时，在渲染玻璃或透明类材质时速度会较慢。

  □ Redshift 渲染器：Redshift 渲染器是一款强大的 GPU 加速渲染器，专为满足当代高端制作渲染的特殊需求而打造。该渲染器给用户最直观的感受是渲染速度快，适用于创作动画作品。

除了上面介绍的几款渲染器以外，VRay 和 Corona 这两款 3ds Max 渲染器也开发了针对 Cinema 4D 的版本。若用户掌握了这两种渲染器的使用方法，可以寻找其相应的 Cinema 4D 版本安装使用。

【知识点滴】

用户可以通过网络下载上面介绍的几种渲染器。Cinema 4D 渲染器一般分为 CPU 和 GPU 两类，如果计算机 CPU 性能较好，但是显卡性能一般，可以选用系统自带的标准 / 物理渲染器，也可以使用 Arnold、VRay、Corona 等渲染器；如果计算机 CPU 性能一般，但是显卡性能较好，则可以使用 Octane 或 Redshift 渲染器。

12.2　渲染器设置

Cinema 4D 中可用的渲染器类型较多。本节将重点介绍渲染器的基本知识，包括如图 12-1 所示的【渲染设置】窗口中常用选项的功能。

12.2.1 输出

在【渲染设置】窗口中选择【输出】选项卡后，将显示如图 12-4 所示的选项区域，在其中可以设置渲染图片的宽度、高度、分辨率和帧范围等参数。

【选项说明】

【输出】选项区域中重要参数的功能说明如下。

☐ 高度 / 宽度：用于设置渲染图片的高度和宽度，其默认单位为【像素】，也可以使用【厘米】【英寸】【毫米】【点】等单位。

☐ 锁定比率：选中【锁定比率】复选框后，无论修改【高度】或【宽度】其中之一的参数，另一个参数值都会根据"胶片宽高比"进行变化。

☐ 分辨率：用于设置渲染图片的分辨率。

☐ 渲染区域：选中【渲染区域】复选框后，可以在其下方的选项区域中设置图片渲染区域的大小，如图 12-5 所示。

☐ 胶片宽高比：用于设置渲染画面的宽度与高度比例。

☐ 帧频：用于设置动画播放的帧率。

☐ 帧范围：用于设置渲染动画时的帧起始范围。

☐ 帧步幅：用于设置渲染动画的帧间隔。默认参数值为 1，表示逐帧渲染。

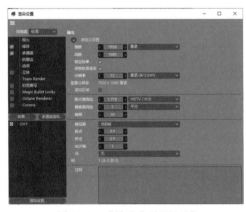

图 12-4　【输出】选项区域

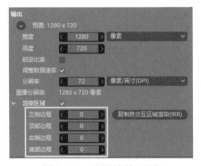

图 12-5　设置渲染区域

12.2.2 保存

在【渲染设置】窗口中选中【保存】复选框后可以设置渲染图片的保存路径和格式，如图 12-6 所示。

【选项说明】

【保存】选项区域中重要参数的功能说明如下。

☐ 格式：用于设置文件保存的格式。如图 12-7 所示为 Cinema 4D 提供的【格式】下拉列表。

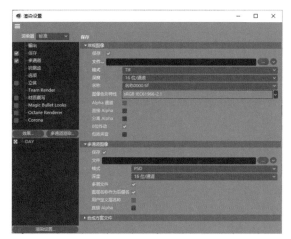 

图 12-6　【保存】选项区域　　　　　　图 12-7　【格式】下拉列表

☐ 文件：用于设置渲染文件的保存位置。

☐ 深度：用于设置渲染图片的深度。

☐ 名称：用于设置渲染图片的保存名称。

☐ Alpha 通道：选中【Alpha 通道】复选框后，渲染图片将会保留透明信息。

12.2.3　多通道

在【渲染设置】窗口中选中【多通道】复选框，可以将渲染的图片渲染为多个图层，以便在后期软件中进一步对其进行调整，如图 12-8 所示。

【选项说明】

☐ 分离灯光：包括【全部】【无】【选取对象】3 个选项。

☐ 模式：用于设置分离通道的类型，如图 12-9 所示，包括【1 通道：漫射 + 高光 + 投影】【2 通道：漫射 + 高光 , 投影】【3 通道：漫射 , 高光 , 投影】3 个选项。

☐ 投影修正：选中【投影修正】复选框后，通道的投影会得到修正。

图 12-8　【多通道】选项区域　　　　　图 12-9　多通道模式

12.2.4　抗锯齿

在【渲染设置】窗口中选择【抗锯齿】选项卡后，将显示如图 12-10 所示的选项区域，通过该选项区域可以控制场景中模型边缘的锯齿。需要注意的是，"抗锯齿"功能只有在"标准"渲染器中才能完全使用。

【选项说明】

☐ 抗锯齿：包括【无】【几何体】【最佳】3 种模式。其中【无】模式表示没有抗锯齿效果；【几何体】模式下，场景渲染速度较快，模型有一定的抗锯齿效果，可用于测试渲染；【最佳】模式下，场景渲染速度较慢，模型的抗锯齿效果较好。

☐ 最小级别/最大级别：当将【抗锯齿】设置为【最佳】时激活该选项，用于设置抗锯齿的级别，图 12-11 左图所示。其参数值越大，模型的抗锯齿效果越好，场景的渲染速度也相对越慢。

☐ 过滤：用于设置图像过滤器(在"物理"渲染器中也可以使用)，如图 12-11 右图所示。

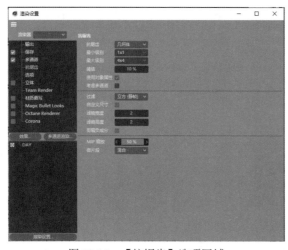

图 12-10　【抗锯齿】选项区域

图 12-11　选择抗锯齿级别和图像过滤器

实战演练：渲染植物盆栽

本例将通过渲染一个包含植物、花瓶、木桌等模型的场景，对比不同抗锯齿参数设置下，场景的渲染效果和渲染时间。

01 打开场景文件后按 Ctrl+B 快捷键，在打开的【渲染设置】窗口中将当前使用的渲染器类型设置为"标准"。

02 选择【抗锯齿】选项卡，在显示的选项区域中将【抗锯齿】分别设置为【无】【几何体】和【最佳】(在【最佳】级别下调整【最小级别】和【最大级别】设置)，然后按 Ctrl+R 快捷键渲染场景，得到如图 12-12 所示的渲染效果。

(a)【无】模式

(b)【几何体】模式

(c)【最佳】模式

图 12-12　不同模式下的渲染效果

12.2.5　选项

在【渲染设置】窗口中选择【选项】选项卡，将显示如图 12-13 所示的选项区域。在该选项区域中可以设置场景渲染的整体效果。

【选项说明】

□ 透明：用于设置是否渲染透明效果。

□ 折射率：用于设置是否使用设定的材质折射率进行渲染。

□ 反射：用于设置是否渲染反射效果。

□ 投影：用于设置是否渲染物体的投影。

□ 区块顺序：用于设置图片渲染的顺序，包括【居中】【从左至右】【从右至左】【从上到下】【从下到上】5 个选项，如图 12-14 所示。

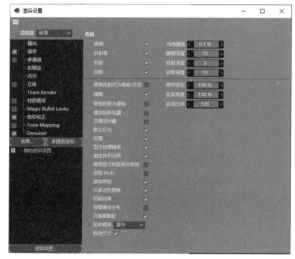

图 12-13　【选项】选项区域

图 12-14　【区块顺序】选项

12.2.6　材质覆写

在【渲染设置】窗口中选中【材质覆写】复选框，在显示的如图 12-15 所示的选项区域中可以为场景整体添加一个材质，但不改变场景中模型本身的材质。

【选项说明】

□ 自定义材质：用于设置场景整体的覆盖材质。

□ 模式：用于设置材质覆写的模式，包括【包含】和【排除】两种模式，如图 12-16 所示。

□ 保持：选中【保持】卷展栏中的复选框会保留原有材质的属性，不会被覆写材质完全覆盖。

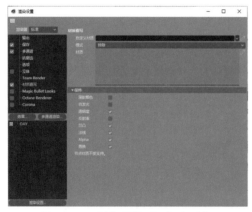

图 12-15　【材质覆写】选项区域

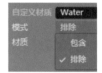

图 12-16　设置材质覆写模式

12.2.7　物理

在【渲染设置】窗口中将类型设置为【物理】时，将显示如图 12-17 所示的【物理】选项区域，在其中可以设置景深、运动模糊、采样器、细分等渲染参数。

【选项说明】

□ 景深：选中【景深】复选框后配合摄像机的设置可以渲染出景深效果。

□ 运动模糊：选中【运动模糊】复选框后可以渲染运动模糊效果。

□ 运动细分：用于设置运动模糊的细分效果。其参数值越大，渲染画面越细腻。

□ 采样器：包含图 12-18 所示的【固定的】【自适应】【递增】3 个选项，其作用与【抗锯齿】选项的作用类似。

□ 采样品质：用于设置采样品质(抗锯齿级别)。

□ 采样细分：用于设置全局的抗锯齿细分值。

□ 模糊细分(最大)：用于设置场景中模糊效果的细分值。

□ 阴影细分(最大)：用于设置场景中阴影效果的细分值。

□ 环境吸收细分(最大)：用于设置添加"环境吸收"效果后该效果的细分值。

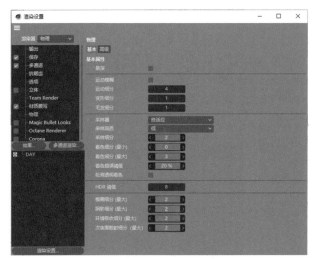

图 12-17　【物理】选项区域

图 12-18　采样器类型

【知识点滴】

　　【渲染设置】窗口中除了上面介绍的选项卡以外，还包括【立体】、Team Render 等其他几个选项卡，其中【立体】选项卡主要用于渲染 3D 电影的参数选项；Team Render选项卡用于设置分布次表面缓存、分布环境吸收缓存、分布辐照缓存、分布光线映射缓存、分布辐射贴图缓存。

实战演练：渲染卡通场景

　　本例将通过渲染一个卡通场景，为用户演示在 Cinema 4D 中渲染场景的具体流程。

01 打开卡通场景后，单击工具栏中的【摄像机】按钮，在场景中添加一个摄像机。

02 在【对象】面板中单击"摄像机"对象右侧的，使其状态变为，进入摄像机视图，调整合适的摄像机角度，如图 12-19 所示。

03 按 Ctrl+B 快捷键，打开【渲染设置】窗口，选择【输出】选项卡，设置【宽度】为1980 像素、【高度】为 1080 像素，如图 12-20 所示。

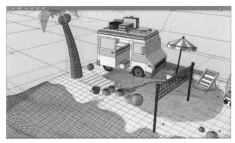

图 12-19　创建摄像机

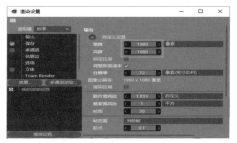

图 12-20　设置输出尺寸

04 选中【保存】复选框，在显示的选项区域中设置渲染图片的保存位置和格式(PNG)，如图 12-21 所示。

05 选择【抗锯齿】选项卡，将【抗锯齿】设置为"最佳"，将【最小级别】和【最大级别】分别设置为"2×2"和"8×8"，如图 12-22 所示。

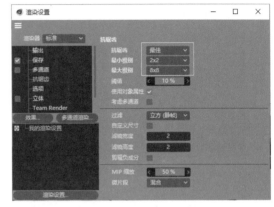

图 12-21　设置图片的保存位置和格式　　　　　图 12-22　设置抗锯齿

06 按 Shift+R 快捷键打开【图像查看器】窗口渲染场景，效果如图 12-23 所示。

图 12-23　场景渲染结果

12.3　效果设置

在【渲染设置】窗口中单击【效果】选项，在弹出的列表中可以选择为场景添加渲染效果，包括【全局光照】【对象辉光】【环境吸收】等，如图 12-24 所示。

12.3.1　全局光照

在【渲染设置】窗口中单击【效果】选项，从弹出的列表中选择【全局光照】选项可以为场景设置全局光照，如图 12-25 所示。"全局光照"是 Cinema 4D 中非常重要的选项之一，其可以计算出场景的全局光照效果，让渲染的图片更接近真实的光影关系。

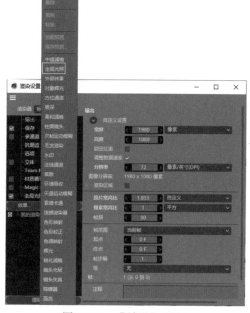

图 12-24　【效果】列表

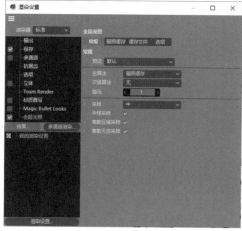

图 12-25　全局光照

【选项说明】

- 预设：用于设置渲染的经典模式，如图 12-26 所示。
- 主算法：用于设置光线首次反弹的方式，如图 12-27 所示。
- 次级算法：用于设置光线二次反弹的方式，如图 12-28 所示。
- 采样：用于设置图片像素的采样精度，如图 12-29 所示。
- 伽马：用于设置渲染缓慢变化的整体亮度值。

图 12-26　预设

图 12-27　主算法

图 12-28　次级算法

图 12-29　采样

实战演练：渲染广告场景

本例将通过渲染一个饮料广告场景，向用户演示不设置与设置全局光照效果后，场景的渲染效果对比。

01 打开场景文件后，单击工具栏中的【摄像机】按钮 📷，在场景中添加一个摄像机并设置合适的摄像机视图，如图 12-30 所示。

02 按 Ctrl+B 快捷键，打开【渲染设置】窗口，设置【输出】【保存】【抗锯齿】等选项后，按 Ctrl+R 快捷键渲染场景，结果如图 12-31 所示。

图 12-30　打开场景并添加摄像机

图 12-31　场景渲染结果

03 返回【渲染设置】窗口，单击【效果】选项，在弹出的列表中选择【全局光照】选项，然后在系统显示的选项区域中设置【次级算法】为【光子贴图】、【采样】为【自定义采样数】、【采样数量】为 128、【伽马】为 8。

04 按 Ctrl+R 快捷键渲染场景，效果如图 12-32 所示。

图 12-32　设置全局光照后的场景渲染结果

12.3.2 对象辉光

若场景中的模型材质添加了"辉光"属性，就必须在渲染器中添加"对象辉光"，才能渲染出辉光效果，如图 12-33 所示。

12.3.3 环境吸收

在渲染器中添加"环境吸收"可以增加场景中模型整体的阴影效果，使场景看起来更加立体，如图 12-34 所示。

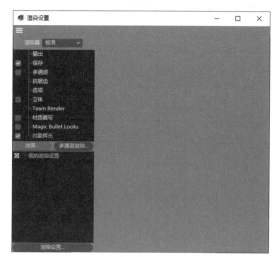

图 12-33　对象辉光

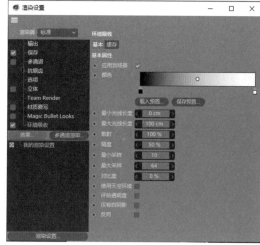

图 12-34　环境吸收

一般情况下，【环境吸收】选项卡中的参数保持默认设置即可。当场景中有高反射的材质，如不锈钢、金属、玻璃等，不要使用环境吸收效果，否则容易使渲染结果为纯黑色。

实战演练：渲染隧道动画

本例将通过渲染隧道动画中带有辉光效果的灯光，帮助用户掌握渲染辉光材质的方法。

01 打开隧道场景文件后，按 Ctrl+B 快捷键打开【渲染设置】窗口，单击【渲染器】下拉按钮，从弹出的下拉列表中选择【物理】选项，切换至"物理"渲染器，选择【输出】选项卡，将【宽度】设置为 1280 像素，【高度】设置为 720 像素，如图 12-35 所示。

02 在【物理】选项卡选中【运动模糊】复选框，如图 12-36 所示。

03 在【时间线】面板中将当前帧移到 18F，按 Ctrl+R 快捷键渲染场景，结果如图 12-37 所示。

04 按 Shift+F2 快捷键打开【材质】窗口，双击应用在场景中发光对象上的"发光"材质，打开【材质编辑器】窗口，选中【辉光】复选框，将【内部强度】设置为 100%，【外部强度】设置为 300%，【半径】设置为 5cm，如图 12-38 所示。

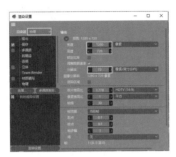
图 12-35　设置"输出"参数

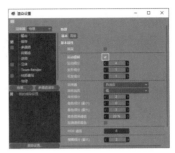
图 12-36　设置运动模糊

图 12-37　渲染结果

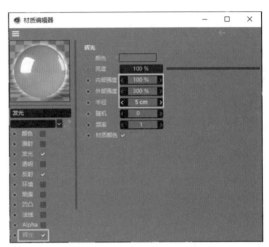
图 12-38　设置辉光材质

05 返回【渲染设置】窗口，单击【效果】按钮，在弹出的列表中选择【对象辉光】选项，添加如图 12-39 所示的"对象辉光"效果。

06 按 Ctrl+R 快捷键渲染场景，效果如图 12-40 所示。

图 12-39　添加"对象辉光"效果

图 12-40　辉光渲染效果

07 在【渲染设置】窗口中选择【保存】选项卡，设置动画的保存路径和格式。选择【输出】选项卡，将【帧范围】设置为【全部帧】。

08 按 Shift+R 快捷键打开【图像查看器】窗口渲染动画。动画渲染结束后，在设置的动画保存路径中双击动画文件即可观看隧道动画效果。

第 *13* 章
运动图形

- **本章内容**

　　运动图形是 Cinema 4D 中非常有特色的一项功能(许多三维软件不具备"运动图形"功能)，其发挥的作用是非常大的。在 Cinema 4D 中，用不同的运动图形类型可以制作出不同的特殊效果，本章将分别进行介绍。

13.1 运动图形概述

运动图形模块是 Cinema 4D 软件中最高效的一个模块，能够帮助设计者快速搭建场景，以及创建很多有创意的动画。

在 Cinema 4D 菜单栏中选择【运动图形】菜单命令，在弹出的菜单中罗列了所有运动图形工具，如图 13-1 所示。其中，比较重要工具的功能说明如表 13-1 所示。

表 13-1　比较重要的运动图形工具

工具名称	说　　明
克隆	可以多种类型复制对象
矩阵	可生成对象规律的复制效果
破碎(Voronoi)	可生成对象破碎效果
追踪对象	可生成对象的运动轨迹
实例	可以实例方式复制对象
分裂	可将对象分割成相互独立的部分
运动样条	可制作生长动画效果
运动挤压	可使模型产生逐渐挤压变形的效果
多边形 FX	可使模型或样条呈现分裂效果
线性克隆工具	可将对象复制多份，并且保持线性分布
放射克隆工具	可将对象复制多份，并且呈放射状分布
网格克隆工具	可将对象复制多份，并且呈网格状分布

图 13-1　运动图形工具

13.2 运动图形工具

使用表 13-1 中介绍的运动图形工具，可以在 Cinema 4D 中创建复杂的模型或动画，从而降低模型制作的复杂程度。下面将重点介绍几个常用的运动图形工具，包括"克隆""矩阵""追踪对象""实例"等工具。

13.2.1 克隆

使用"克隆"工具可以将对象按照设定的方式进行复制。

【执行方式】

　□ 菜单栏：选择【运动图形】|【克隆】命令，然后在【对象】面板中将模型拖动至"克隆"的子层级，如图 13-2 所示。

　□ 工具栏：选中模型后按住 Alt 键，并单击工具栏中的【克隆】按钮。

【选项说明】

1. 网格

图 13-2 所示为"网格"模式下的克隆效果。图 13-3 所示为"网格"克隆模式下的【属性】面板，其中比较重要的参数如下。

☐ 数量：用于设置克隆对象在 X/Y/Z 上的数量。

☐ 模式：分为【每步】和【端点】两种模式。

☐ 尺寸：用于设置克隆物体之间的距离。

☐ 填充：用于设置模型中心的填充程度。

图 13-2 "网格"克隆模式

图 13-3 "网格"模式【属性】面板

2. 线性

在"克隆"【属性】面板中将【模式】设置为"线性"后，模型会沿着直线进行复制，如图 13-4 所示，并显示图 13-5 所示的【属性】面板，其中比较重要的参数如下。

图 13-4 "线性"克隆模式

图 13-5 "线性"模式【属性】面板

❑ 数量：用于设置克隆物体的数量。

❑ 偏移：用于设置克隆物体的偏移数值，如图 13-6 所示。

❑ 模式：用于设置克隆物体的距离，分为【每步】和【终点】两种方式。采用【每步】方式可设置克隆的每个物体间的距离；采用【终点】方式复制物体的第一个与最后一个之间的距离已经固定，只在该范围内进行复制。

❑ 总计：用于设置当前数值的百分比，如图 13-7 所示。

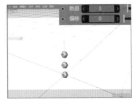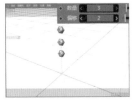

图 13-6　不同偏移值的克隆效果　　　　　　　　图 13-7　不同总计值的克隆效果

❑ 位置 .X/ 位置 .Y/ 位置 .Z：用于设置克隆物体不同轴上物体之间的距离。数值越大，克隆物体之间的间隔越大，如图 13-8 所示。

❑ 缩放 .X/ 缩放 .Y/ 缩放 .Z：用于设置克隆物体的缩放效果。根据不同轴向上的缩放比例，可以使克隆物体呈现出递进或递减效果，如图 13-9 所示。当 3 个缩放数值相同时可以称为等比缩放。

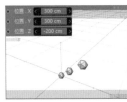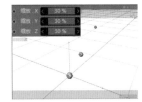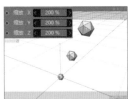

图 13-8　不同位置参数对克隆物体的影响　　　　图 13-9　不同缩放参数对克隆物体的影响

❑ 步幅模式：分为【单一值】和【累积】两种模式，【单一值】是指将物体之间的变化进行平均处理；【累积】则是指克隆在前一个物体的效果上再进行变化。其通常与【步幅尺寸】【步幅旋转 .H】【步幅旋转 .P】【步幅旋转 .B】相结合使用。

❑ 步幅尺寸：用于设置克隆物体之间的步幅尺寸，只影响克隆对象之间的距离，不影响克隆物体的其他属性。

❑ 步幅旋转 .H/ 步幅旋转 .P/ 步幅旋转 .B：用于设置克隆物体的旋转角度。

3. 放射

在"克隆"【属性】面板中将【模式】设置为"放射"后，模型会产生放射复制效果，如图 13-10 所示，并显示图 13-11 所示的【属性】面板，其中包括【数量】【半径】【平面】【对齐】【开始角度】【结束角度】【偏移】【偏移变化】【偏移种子】等几个比较重要的选项。

图 13-10　"放射"克隆模式

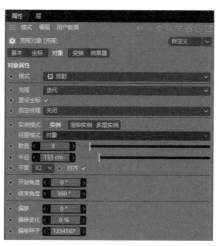

图 13-11　"放射"模式【属性】面板

□ 数量：用于设置克隆物体的数量。

□ 半径：用于设置放射模式的范围大小。

□ 平面：设置克隆物体可以沿着 XY/ZY/XZ 方向进行复制。

□ 对齐：选中【对齐】复选框后，克隆物体将会向着克隆中心排列，如图 13-12 所示。

□ 开始角度 / 结束角度：用于设置克隆物体的起始与终点位置，如图 13-13 所示。

图 13-12　不对齐与对齐克隆中心对比

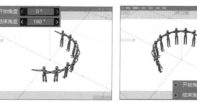

图 13-13　不同起始位置角度对比

□ 偏移：用于设置克隆物体的偏移数值。

□ 偏移变化：用于设置偏移变化程度。

□ 偏移种子：用于设置偏移距离的随机型。

4. 对象

在"克隆"【属性】面板中将【模式】设置为"对象"后，将【对象】面板中的某个对象(例如图 13-14 所示的样条)拖动至【属性】面板的【对象】选项中，可使模型沿着样条对象分布，如图 13-15 所示。

在图 13-14 所示的【属性】面板中，比较重要的参数说明如下。

□ 对象：将样条拖动至【对象】中，可将模型沿着样条线进行复制。

□ 导轨：用于设置克隆物体的导轨。

□ 排列克隆：选中【排列克隆】复选框后，克隆的物体将随着样条线的路径进行一定旋转。

□ 每段：选中【每段】复选框后，将改变克隆物体之间的间隔。

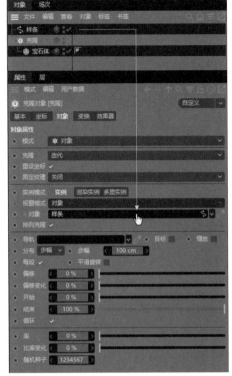

图 13-14　"对象"模式【属性】面板　　　　图 13-15　模型沿着样条对象分布

　　❑ 分布：用于设置克隆物体的分布方式，包括数量、步幅、平均、顶点和轴心 5 种分布方式，如图 13-16 所示。

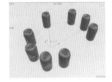数量 =8　　步幅 =150cm　　平均(数量 =8)　　顶点　　轴心

图 13-16　5 种分布方式

　　❑ 开始 / 结束：用于设置克隆物体的开始与结束位置。

　　❑ 偏移 / 偏移变化：用于设置克隆物体的偏移及偏移变化比例。

　　❑ 循环：选中【循环】复选框后，克隆物体将出现循环效果。

5. 蜂窝

　　在"克隆"【属性】面板中将【模式】设置为"蜂窝"后，可以使模型产生类似蜂窝的克隆，如图 13-17 所示，并显示如图 13-18 所示的【属性】面板，其中比较重要的选项是【角度】【偏移方向】【宽数量】【高数量】【形式】。

　　❑ 角度：用于设置克隆物体沿着 Z(XY)/X(ZY)/Y(XZ)方向复制。

　　❑ 偏移方向：用于设置克隆物体的偏移方向，分为高和宽两种方式。

图 13-17　"蜂窝"克隆模式

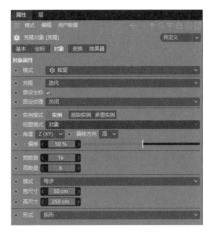

图 13-18　"蜂窝"模式【属性】面板

    □　宽数量 / 高数量：用于设置克隆的蜂窝阵列大小。

    □　形式：用于设置克隆物体排列的形状。

实战演练：制作堆叠文字

    本例将使用"克隆"工具制作一个堆叠文字模型，向用户进一步演示"克隆"工具的使用方法。

01▶单击工具栏中的【文本】工具，在场景中创建一个文本样条"M"。

02▶长按工具栏中的【细分曲面】按钮，从弹出的面板中选择【挤压】工具，为文本样条添加"挤压"生成器，并设置合适的参数，使其效果如图 13-19 所示。

03▶单击工具栏中的【立方体】按钮，在场景中创建一个【尺寸.X】【尺寸.Y】【尺寸.Z】均为 8cm 的立方体模型。单击工具栏中的【克隆】按钮，添加"克隆"，在【对象】面板中将"立方体"放在"克隆"的子层级。

04▶选中"克隆"，在【属性】面板中将【模式】设置为【对象】，将【对象】面板中的"挤压"拖动至【属性】面板的【对象】选项框中，如图 13-20 所示。此时，立方体将附着在文本模型上，如图 13-21 所示。

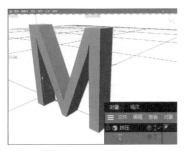

图 13-19　挤压文本

图 13-20　设置克隆对象

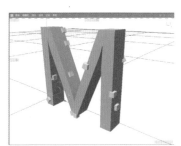

图 13-21　立方体附着在文本模型上

05 在【对象】面板中选中"克隆"，在【属性】面板中将【数量】设置为 1200，此时克隆的正方体将全部覆盖文本模型，如图 13-22 所示。

06 按 Shift+F2 快捷键打开【材质】窗口，创建如图 13-23 所示的"金属"材质，然后将该材质赋予【对象】面板中的"立方体"和"文本"对象。

07 在场景中添加地面、物理天空和灯光，按 Ctrl+R 快捷键渲染场景，效果如图 13-24 所示。

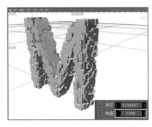 

图 13-22　克隆效果　　图 13-23　创建"金属"材质　　图 13-24　渲染结果

13.2.2　矩阵

　　"矩阵"工具与前面介绍的"克隆"工具类似，也可以复制对象。矩阵可以在场景中独立使用，但在渲染场景时不会被渲染，可以将其理解为占位符。

【执行方式】

　　□ 菜单栏：选择【运动图形】|【矩阵】命令。
　　□ 工具栏：长按工具栏中的【克隆】按钮⚙，在弹出的面板中选择【矩阵】工具🔩。

【选项说明】

　　使用"矩阵"工具复制对象后，【属性】面板中将显示【模式】【生成】【数量】等主要选项，如图 13-25 所示。

　　□ 模式：用于设置矩阵的模式,包括【线性】【放射】【对象】【网格】【蜂窝】5 个选项(与"克隆"的模式一样)。
　　□ 生成：用于设置生成为"矩阵"或 TP 粒子。
　　□ 数量：用于设置矩阵中白色立方体的数量。

图 13-25　矩阵模式【属性】面板

实战演练：制作凹凸球体

　　本例将结合"克隆"和"矩阵"工具制作一个表面由规则立方体组成的凹凸球体模型。

01 在场景中添加地面和物理天空。长按工具栏中的【立方体】按钮🔲，从弹出的面板中选择【球体】工具🔵，在场景中创建一个球体模型，在【属性】面板中将【分段】设置为 50，如图 13-26 所示。

02 长按工具栏中的【克隆】按钮 ⚙，在弹出的面板中选择【矩阵】工具 █，添加"矩阵"，将【模式】设置为【对象】，然后将【对象】面板中的"球体"拖动至【属性】面板的【对象】选项框中，将【分布】设置为【边】，如图 13-27 左图所示。此时，场景中球体每条边上将显示图 13-27 右图所示的"阵列"占位方块。

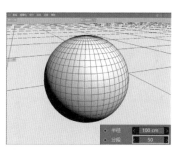
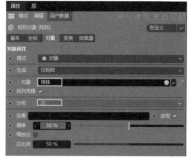
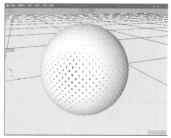

图 13-26　创建球体　　　　　　　图 13-27　设置"矩阵"

03 此时若按 Ctrl+R 快捷键渲染场景，矩阵效果不会被渲染，如图 13-28 所示。

04 单击工具栏中的【克隆】按钮 ⚙，添加"克隆"。单击工具栏中的【立方体】按钮 █，在场景中创建一个【尺寸.X】【尺寸.Y】【尺寸.Z】均为 5cm 的立方体模型。

05 在【对象】面板中将"立方体"放在"克隆"的子层级，然后选中"克隆"，在【属性】面板中将【模式】设置为【对象】，将【对象】面板中的【矩阵】拖动至【对象】选项框，如图 13-29 所示。

06 按 Ctrl+R 快捷键渲染场景，将得到如图 13-30 所示的凹凸表面球体效果。

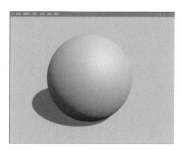

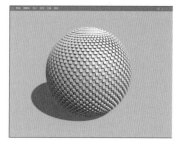

图 13-28　矩阵无法渲染　　　　图 13-29　设置克隆　　　　图 13-30　渲染结果

【知识点滴】

"矩阵"和"克隆"的【属性】面板类似，但"矩阵"在场景中无法直接渲染，其作用往往是为其他对象提供位置信息，以避免设置的效果受到其他第三方效果的影响。因此矩阵一般需要配合其他对象，例如在上例中"矩阵"和"克隆"对象结合使用，在球体上制作出不受球体表面弧度影响的整齐排列的立方体效果。此外，"矩阵"还可以作为"破碎"对象的来源，制作出一些比较规则化的物体破碎效果。

13.2.3　追踪对象

使用"追踪对象"工具可以将对象的运动路径进行显示，为其添加材质后可以制作出各种丰富的特效。

【执行方式】

□ 菜单栏：选择【运动图形】|【追踪对象】命令。
□ 工具栏：长按工具栏中的【克隆】按钮 ✿，在弹出的面板中选择【追踪对象】工具 ∿。

【选项说明】

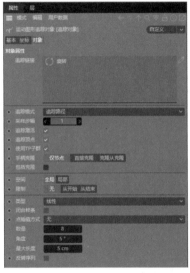

对模型使用"追踪对象"工具后，【属性】面板中将显示【追踪链接】【追踪模式】【类型】等几个主要选项，如图 13-31 所示。

□ 追踪链接：用于设置对象追踪的链接对象。
□ 追踪模式：用于设置追踪对象的模式，包括【追踪路径】【连接所有对象】【连接元素】3 个选项。
□ 类型：显示路径线条的类型，包括【线性】【立方】【Akima】【样条】【B-样条】【贝赛尔】等几个选项。

图 13-31　追踪【属性】面板

实战演练：制作运动光线

本例将使用"粒子""追踪对象"和"吸引场"，演示制作运动光线动画的具体操作，帮助用户掌握"追踪对象"工具的使用方法。

01 在场景中创建一个半径为 1cm 的球体。

02 选择【模拟】|【粒子】|【发射器】命令，在场景中创建一个发射器。在【对象】面板中将"球体"放在"发射器"的子层级。在【属性】面板中设置【编辑器生成比率】和【渲染器生成比率】都为 600，【速度】为 280cm，【变化】为 20%，【终点缩放】为 1，【变化】为 25%，并选中【显示对象】复选框，如图 13-32 所示。

03 选择【运动图形】|【追踪对象】命令，创建"追踪对象"，在【属性】面板中"发射器"将自动添加在【追踪链接】选项框中。此时，若单击【时间线】面板中的【向前播放】按钮 ▶，可以看到小球(粒子)的运动轨迹将显示在视图中，如图 13-33 所示。

04 选择【模拟】|【力场】|【吸引场】命令，在场景中创建"吸引场"力场，在【属性】面板中设置【强度】为 -30。

05 按住 Alt+ 鼠标右键调整场景视角，然后单击【时间线】面板中的【向前播放】按钮 ▶，动画效果如图 13-34 所示。

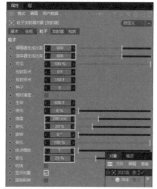

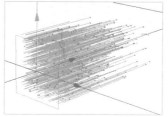

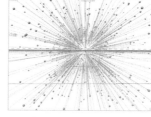

图 13-32　设置发射器属性　　　图 13-33　追踪对象效果　　　图 13-34　粒子动画效果

06 按 Ctrl+F2 快捷键打开【材质】窗口，创建一个发光效果的材质(设置【颜色】【发光】和【辉光】属性)，如图 13-35 所示，并将其赋予【对象】面板中的"球体"。

07 在【材质】面板中选择【创建】|【材质】|【新建毛发材质】命令，创建一个毛发材质，并为其设置渐变属性，制作如图 13-36 所示的材质，并将其赋予【对象】面板中的"追踪对象"。

08 按 Ctrl+B 快捷键打开【渲染设置】窗口，将【帧范围】设置为【全部帧】，然后渲染场景，渲染后的动画效果如图 13-37 所示。

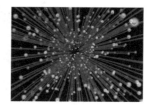

图 13-35　创建发光材质　　图 13-36　创建毛发材质　　图 13-37　动画效果

13.2.4　实例

　　使用"实例"工具可以将源对象复制一个完全一模一样的新对象，并且在修改源对象属性后，复制的对象会同步修改属性，如图 13-38 所示。

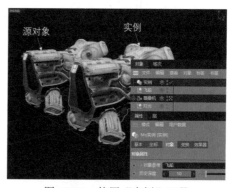

图 13-38　使用"实例"工具

【执行方式】

　　□ 菜单栏：选择【运动图形】|【实例】命令。

　　□ 工具栏：长按工具栏中的【克隆】按钮，在弹出的面板中选择【实例】工具。

【选项说明】

　　将【对象】面板中的源对象拖动至"实例"工具的【属性】面板的【对象参考】选项栏中，即可在场景中创建源对象的实例。

【知识点滴】

为源对象创建"实例"后，场景中的源对象与实例将处于重合状态，用户可以使用【移动】工具 ✛，调整源对象与实例的位置，使其能够分别显示。

13.2.5 破碎(Voronoi)

使用"破碎(Voronoi)"工具可以将一个完整的对象随机分裂为多个碎片(一般情况下需要配合动力学工具实现破碎效果)，如图 13-39 所示。

【执行方式】

☐ 菜单栏：选择【运动图形】|【破碎(Voronoi)】命令。
☐ 工具栏：长按工具栏中的【克隆】按钮 ⚙，在弹出的面板中选择【破碎(Voronoi)】工具 ⬡。

【选项说明】

对模型使用"破碎(Voronoi)"工具后，【属性】面板中将显示【着色碎片】【偏移碎片】【仅外壳】【点数量】等主要选项，如图 13-40 所示。

图 13-39　破碎效果　　　　　　图 13-40　　"破碎(Voronoi)"【属性】面板

☐ 着色碎片：用于设置碎片以不同的颜色进行显示。
☐ 偏移碎片：用于设置碎片之间的距离，如图 13-41 所示。
☐ 点数量：用于设置模型所产生碎片的数量，如图 13-42 所示。
☐ 仅外壳：选中【仅外壳】复选框后，模型将成为空心状态。

图 13-41　偏移碎片　　　　图 13-42　点数量 20(左图)点数量 100(右图)

13.2.6 多边形 FX

使用"多边形 FX"工具可以结合"随机"效果器使模型或样条呈现炸裂效果，如图 13-43 所示。对模型使用"多边形 FX"工具后，选择【运动图形】|【效果器】|【随机】命令，添加"随机"效果器，然后调整【属性】面板中的【强度】，即可调整模型炸裂程度。

【执行方式】

□ 菜单栏：选择【运动图形】|【多边形 FX】命令。
□ 工具栏：长按工具栏中的【克隆】按钮⚙，在弹出的面板中选择【多边形 FX】工具⚠。

【选项说明】

对模型使用"多边形 FX"工具后，在【属性】面板的【模式】选项中可以选择【整体面(Poly)/分段】和【部分面(Polys)/ 样条】两种模式，如图 13-44 所示。

图 13-43　模型炸裂效果　　　　　　　图 13-44　【属性】面板

13.3　效果器

在菜单栏中选择【运动图形】|【效果器】命令，在弹出的子菜单中可以使用效果器来影响运动图形，如图 13-45 所示。效果器可以丰富运动图形工具的效果，其功能说明如表 13-2 所示。

表 13-2　效果器

效果器名称	说　明
简易	可以影响运动图形元素的位置、缩放、旋转和颜色
延迟	可以使多个对象的多个效果动画产生随机和延迟
公式	可以以数学公式来控制运动图形效果
继承	可以使一个对象模仿另一个运动图形的动画效果
推散	可以将克隆对象沿中心推离
Python	可以通过编写 Python 代码来影响运动图形的效果
声音	可以通过添加声音来影响运动图形的变化
样条	可以让样条的形状变成另外一个形状
步幅	可以将克隆对象沿设置的曲线分布

图 13-45　效果器

(续表)

效果器名称	说　明
目标	可以让运动图形中的元素朝向某个对象
时间	可以让运动图形的元素在单位时间内产生参数变化
着色	可以使用其内置的着色器或图片影响运动图形参数，此外还可以影响各个元素的颜色，制作炫酷的效果
体积	可以通过另一个体积对象来影响运动图形
群组	可以将几个效果器合并为组，同时影响运动图形
随机	使运动图形对象生成随机效果

　　下面将通过案例介绍几种常用的效果器。

视频讲解：制作矩阵动画

　　本例将通过扫码播放视频方式，向用户演示单独使用"简易""延迟""推散""随机"等效果器制作运动方块矩阵动画的方法。

实战演练：制作随机粒子

　　本例将结合"克隆"工具、"粒子"发射器和"随机"效果器，向用户演示制作喷射随机粒子动画的具体方法。

01 在场景中添加"地板"和"物理天空"，在【对象】面板中右击"地板"对象，从弹出的快捷菜单中选择【模拟标签】|【碰撞体】命令，为地板添加一个"碰撞体"标签▦。

02 选择【模拟】|【粒子】|【发射器】命令，在场景中添加一个发射器，并使用【旋转】工具◐将其旋转一定角度。

03 长按工具栏中的【立方体】按钮◻，从弹出的面板中选择【球体】工具◯，在场景中创建一个【半径】为20cm的球体，在【对象】面板中右击"球体"对象，在弹出的快捷菜单中选择【模拟标签】|【刚体】命令，为球体添加"刚体"标签◉，如图13-46所示。

04 单击工具栏中的【克隆】按钮✿，添加"克隆"，在【对象】面板中将"球体"放在"克隆"的子层级，如图13-47左图所示。

05 选中"克隆"对象，在【属性】面板中将【模式】设置为【对象】，指定克隆【对象】为"发射器"，如图13-47右图所示。

06 在【对象】面板中选中"克隆"，选择【运动图形】|【效果器】|【随机】命令，为"克隆"添加"随机"效果器。此时，在"克隆"的【属性】面板中选择【效果器】选项卡，在【效果器】选项框中可以看见添加的"随机"效果器。

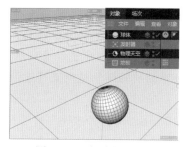

图 13-46　创建场景元素

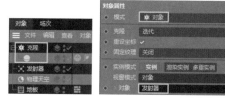

图 13-47　设置"克隆"

07 在【对象】面板中选中"随机",在【属性】面板中选择【参数】选项卡,取消【位置】复选框的选中状态,选中【缩放】和【等比缩放】复选框,在【缩放】文本框中输入 -0.6,如图 13-48 所示,设置随机效果。

08 在【时间线】面板中将【场景结束帧】设置为 200F,然后单击【向前播放】按钮▶播放动画,效果如图 13-49 所示。

图 13-48　设置随机效果

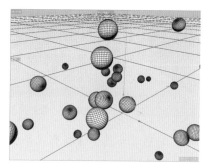

图 13-49　播放动画

实战演练：制作装配动画

本例将通过制作一个立方体装配动画,向用户演示"继承"效果器的具体使用方法。

01 长按工具栏中的【克隆】按钮，在弹出的面板中选择【矩阵】工具，创建一个矩阵,然后在【属性】面板中将【数量】都设置为 4,【尺寸】都设置为 50cm,如图 13-50 左图所示。

02 选择【坐标】选项卡,在【P.Y】输入框中输入 100cm,如图 13-50 右图所示。

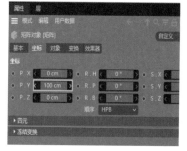

图 13-50　设置矩阵属性

03 单击工具栏中的【立方体】按钮 🧊，创建一个立方体，如图 13-51 所示。

04 选中立方体后按住 Alt 键，长按工具栏中的【克隆】按钮 ⚙，在弹出的面板中选择【破碎(Voronoi)】工具 🔧，为立方体添加一个"破碎"，在【属性】面板中选择【来源】选项卡，删除【来源】选项框中默认的对象，将【对象】面板中的"矩阵"拖动至【来源】选项框中，如图 13-52 所示。

05 选择【坐标】选项卡，在【P.Y】输入框中输入 100cm，调整"破碎"的位置。

06 选择【几何粘连】选项卡，选中【启用几何粘连】复选框，将【粘连类型】设置为【簇】，将【簇数量】设置为 50，如图 13-53 所示。

图 13-51　创建立方体　　　图 13-52　【来源】选项卡　　　图 13-53　【几何粘连】选项卡

07 选择【排序】选项卡，选中【排列结果】和【反转排列】复选框，将【排列结果基于】设置为 Y，如图 13-54 所示。

08 在【对象】面板中右击"破碎(Voronoi)"，在弹出的快捷菜单中选择【模拟标签】|【刚体】命令，为"破碎"添加刚体标签。

09 长按工具栏中的【天空】按钮 🌐，在弹出的面板中选择【地板】工具 🔲 创建地板，然后在【对象】面板中右击"地板"，从弹出的快捷菜单中选择【模拟标签】|【碰撞体】命令，为"地板"添加碰撞体标签。

10 选择【模拟】|【力场】|【吸引场】命令，创建一个"吸引场"，在【属性】面板中将【强度】设置为 -100，【模式】设置为【力】，如图 13-55 所示。

11 在【时间线】面板中单击【向前播放】按钮 ▶ 播放动画，得到如图 13-56 所示的立方体破碎动画。

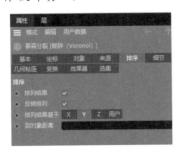

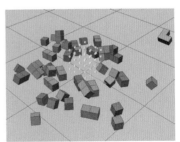

图 13-54　【排序】选项卡　　　图 13-55　设置吸引场属性　　　图 13-56　立方体破碎动画

12 在【时间线】面板中将【场景结束帧】设置为200F，增加帧数。在【对象】面板中右击"破碎(Voronoi)"，从弹出的快捷菜单中选择【MoGraph 标签】|【运动图形缓存】命令，为"破碎"动画添加"运动图形缓存"标签，如图 13-57 所示。

13 在【属性】面板中单击【烘焙】按钮，烘焙"破碎"动画，如图 13-58 所示。

14 在【属性】面板中选择【回放】选项卡，将【偏移】设置为 -120F，如图 13-59 所示。

图 13-57　添加"运动图形缓存"标签　　图 13-58　烘焙动画　　　　图 13-59　设置偏移

15 在【对象】面板中按住 Ctrl 键拖动"破碎(Voronoi)"，复制出"破碎(Voronoi).1"，然后删除"破碎(Voronoi).1"对象的"刚体"和"运动图形缓存"标签，如图 13-60 所示。

16 在【对象】面板中单击两次"破碎(Voronoi)"对象右侧的■按钮，将其状态设置为■，关闭"破碎(Voronoi)"的可见性，如图 13-61 所示。

17 在【对象】面板中选中"破碎(Voronoi).1"对象，选择【运动图形】|【效果器】|【继承】命令，为"破碎(Voronoi).1"添加"继承"效果器，在【属性】面板中将"破碎(Voronoi)"拖动至【对象】选项框，并选中【变体运动对象】复选框，如图 13-62 所示。

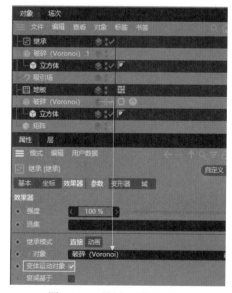

图 13-60　删除标签　　　　图 13-61　关闭对象可见性　　　　图 13-62　设置"继承"属性

18 在【属性】面板中选中【域】选项框，单击【线性域】后的下拉按钮，在弹出的下拉列表中分别选择【实体】和【步幅】选项，为"继承"效果器添加"实体"域和"步幅"域，然后将"实体"域的【混合】模式设置为【减去】，如图 13-63 所示。

19 在图 13-63 所示的【域】选项框中选中【步幅】选项，单击【重映射】按钮，在显示的选项区域中将【最小】设置为 -1000%，如图 13-64 所示。

20 此时，我们可以通过控制"实体"域的【强度】值来控制场景中立方体的组合与分散。在【时间线】面板中将【时间线】滑块移到第 0F 处，选中"实体"域，在【层控制】选项区域中将【数值】设置为 -1000%，然后单击该选项左侧的 按钮，使其状态变为 ，如图 13-65 所示，在第 0F 处创建一个关键帧。

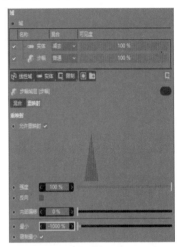

图 13-63　添加域　　　　　图 13-64　设置步幅最小值

21 在【时间线】面板中将【时间线】滑块移至第 200F 处，然后在【属性】面板中将【数值】设置为 100%，并再次单击 按钮，使其状态变为 ，在第 200F 处创建一个关键帧。

22 在【时间线】面板中单击【向前播放】按钮 播放动画，即可观看碎片逐步装配成立方体的动画效果，如图 13-66 所示。

图 13-65　设置关键帧动画

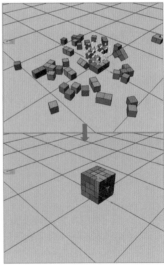

图 13-66　动画效果

第14章
关键帧动画

本章内容

本章将介绍 Cinema 4D 的动画技术，通过本章的学习，用户应掌握使用【自动关键帧】【记录活动对象】按钮设置关键帧动画。关键帧动画常用于影视作品、产品展示视频及电商广告中。

14.1　关键帧动画概述

关键帧动画是指在一定时间内对象的状态发生变化的一种动画形式。这类动画是动画技术中最简单的类型，其工作原理与许多非线性后期软件如 After Effects、Premiere 类似。

关键帧动画中的每一帧指一幅画面，通常 1 秒播放 24 帧(可理解为 1 秒内播放 24 张照片)，形成连续的动画画面。在 Cinema 4D 中使用关键帧在不同的时间内对对象设置不同的状态，可以在画面上形成动画效果。

14.2　动画制作工具

在 Cinema 4D 中用于制作关键帧动画的工具基本位于图 14-1 所示的"时间线"面板中，包括关键帧工具、播放工具、时间设置工具、时间轴和其他动画工具。

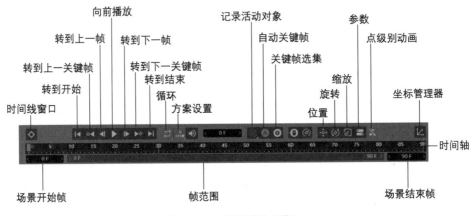

图 14-1　【时间线】面板

14.2.1　关键帧工具

关键帧工具包括图 14-1 所示面板中的"自动关键帧""记录活动对象"和"关键帧选集"工具，如图 14-2 所示。

图 14-2　"时间线"面板中的
关键帧工具

【选项说明】

□　自动关键帧▣(快捷键：Ctrl+F9)：单击【自动关键帧】按钮▣，将其状态激活为▣，表示此时可以记录关键帧。在该状态下，在不同的时刻对模型、材质、灯光、摄像机等设置动画都可以被记录，如图 14-3 左图所示。

□　记录活动对象▣(快捷键：F9)：拖动时间轴，单击该按钮可以添加关键点，如图 14-3 右图所示。长按【记录活动对象】按钮▣，可以在弹出的列表中选择"记录活动对象""记录动画""记录层级"或者"删除关键帧"选项。

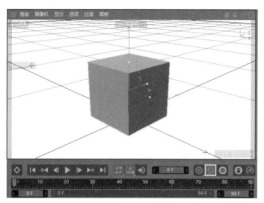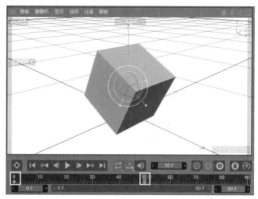

图 14-3 自动关键帧(左图)和记录活动对象(右图)

□ 关键帧选集：用于设置关键帧选集对象。

视频讲解：制作立方体旋转动画

本例通过图 14-2 中的"自动关键帧"工具和"记录活动对象"工具，制作一个不停旋转的立方体动画。

14.2.2 播放工具

播放工具包括图 14-1 中的"转到开始""转到上一关键帧""转到上一帧""向前播放""转到下一帧""转到下一关键帧""转到结束"等工具。此类工具用于播放动画，并在动画播放的过程中跳转时间，如图 14-4 所示。

图 14-4 "时间线"面板中的播放工具

【选项说明】

□ 向前播放▶(快捷键：F8)：向前(正向)播放动画。
□ 转到开始◄(快捷键：Shift+F)：跳转到开始帧的位置。
□ 转到结束▶(快捷键：Shift+G)：跳转到最后一帧的位置。
□ 转到上一关键帧◄(快捷键：Ctrl+F)：跳转到上一个关键帧的位置。
□ 转到下一关键帧▶(快捷键：Ctrl+G)：跳转到下一个关键帧的位置。
□ 转到上一帧◄(快捷键：F)/ 转到下一帧▶(快捷键：G)：跳转到上一帧 / 下一帧。

14.2.3 时间设置工具

"时间线"面板中的时间设置工具用于设置时间轴中的时间长短及起始和结束时间的帧数，如图 14-5 所示。

图 14-5　"时间线"面板中的时间设置工具

【选项说明】

- 场景开始帧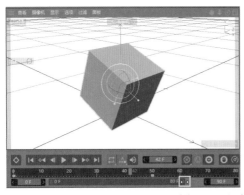：用于设置动画的起始帧数(默认为 0 帧)。例如，若将场景开始帧设置为 10 帧，那么动画将从第 10 帧开始播放。
- 场景结束帧：用于设置动画结束的帧数(默认为 90 帧)。
- 帧范围：显示场景中的帧的范围(默认为 0~90 帧的范围)。拖动"帧范围"两侧的图标，可以设置时间轴中显示的起始和结束帧数，如图 14-6 所示。

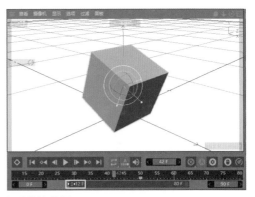

图 14-6　调整动画的帧范围

14.2.4　时间轴

时间轴用于显示动画中的帧与关键帧信息，如图 14-7 所示。

图 14-7　"时间线"面板中的时间轴

如果在时间轴上按住鼠标左键并拖动，可以将动画的时间移动至不同的位置，同时可以在场景中观察动画的运动效果，如图 14-8 所示。

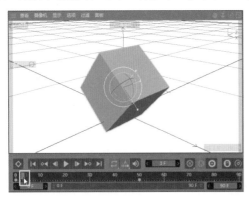
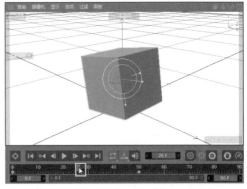

图 14-8　通过拖动时间轴观察动画

14.2.5 其他动画工具

除了上面介绍的各种工具以外，Cinema 4D 的"时间线"面板中还包括"时间线窗口""坐标管理器""位置""旋转""缩放""参数""点级别动画""循环""方案设置"等工具。

【选项说明】

□ 时间线窗口◇(快捷键：Shift+F3)：单击【时间线窗口】按钮◇，将打开时间线窗口，用于调节动画中物体的运动状态。

□ 坐标管理器☑(快捷键：Shift+F7)：单击【坐标管理器】按钮☑，将打开【坐标管理器】面板，用于调整动画中物体的坐标位置。

□ 位置✛：用于控制是否记录对象的位置信息。

□ 旋转◙：用于控制是否记录对象的旋转信息。

□ 缩放◙：用于控制是否记录对象的缩放信息。

□ 参数▣：用于控制是否记录对象的参数层级动画。

□ 点级别动画▦：单击【点级别动画】按钮▦，将其状态激活为▦，可以记录对象的点级别动画。

□ 循环↪：用于控制是否循环播放场景中的动画。

□ 方案设置▦：单击【方案设置】按钮▦，在弹出的列表中可以设置回放比率，如图 14-9 所示。

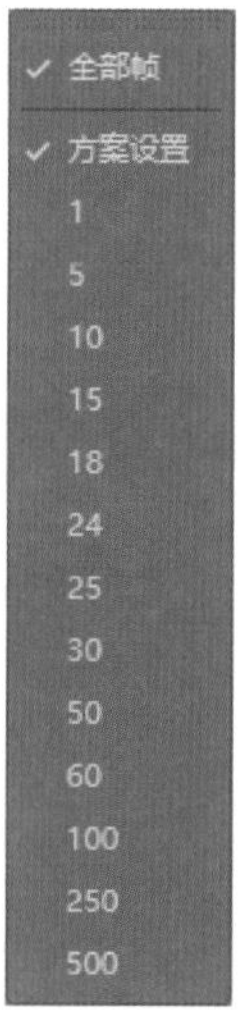

图 14-9 方案设置

14.3 时间线窗口

时间线窗口是制作动画时经常使用的一个编辑器。在"时间线"面板中单击【时间线窗口】按钮◇后，将打开如图 14-10 所示的时间线窗口。在该窗口中单击【函数曲线模式】按钮▣，可以通过快速调节曲线来控制场景中物体的运动状态。

单击时间线窗口中的【摄影表】按钮▣，还可以切换至【时间线(摄影表)】窗口，如图 14-11 所示。

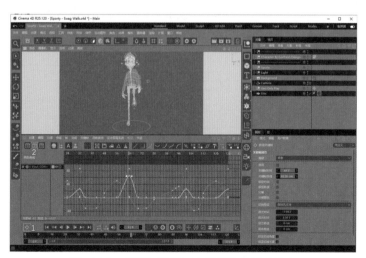

图 14-10 在时间线窗口中控制物体运动状态

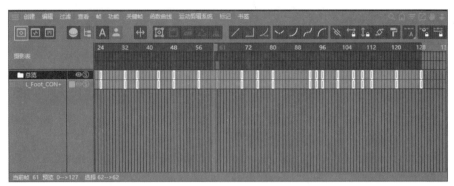

图 14-11　【时间线(摄影表)】窗口

实战演练：制作数字爆炸动画

本例将向用户演示使用关键帧制作一个数字爆炸效果动画的方法。

01 长按工具栏中的【文本样条】按钮 **T**，在弹出的面板中选择【文本】工具 。

02 在【属性】面板的【对象】选项卡的【文本样条】输入框中输入"6"，将【细分数】设置为8，将【点插值方式】设置为【细分】，然后选择【封盖】选项卡，将【封盖类型】设置为【常规网格】，【尺寸】设置为8cm，得到图 14-12 所示的数字"6"模型。

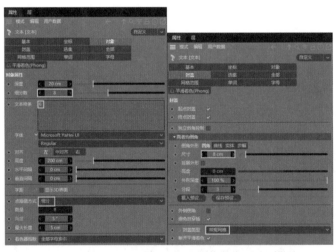

图 14-12　制作数字"6"模型

03 长按工具栏中的【弯曲】按钮 ，从弹出的面板中选择【爆炸】工具 ，添加"爆炸"变形器。在【对象】面板中将"爆炸"放在"文本"的子层级。

04 在【对象】面板中选中"爆炸"，在【属性】面板中设置【强度】为100%、【速度】为256cm、【角速度】为200°、【终点尺寸】为1、【随机特性】为80%。

05 单击【属性】面板中【强度】选项左侧的 ，将其状态激活为 ，此时在【时间线】

面板的第 0F 处将产生动画的第 1 个关键帧，如图 14-13 所示。

06 在【时间线】面板的【场景结束帧】输入框中输入 200F，然后将时间滑块移动至第 100 帧，如图 14-14 所示。

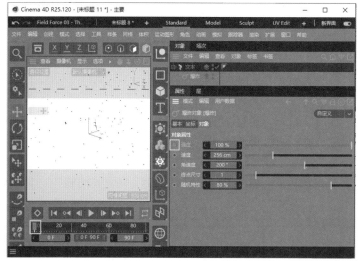

图 14-13　设置第一个关键帧

图 14-14　设置时间轴

07 在【属性】面板中将【强度】设置为 0.5%，然后单击【强度】选项左侧的●，将其状态激活为●，在时间轴的第 100 帧处插入第二个关键帧，如图 14-15 所示。

08 使用同样的方法，在时间轴的第 150 帧和第 200 帧处插入关键帧，并分别设置"爆炸"强度为 100% 和 0.5%。

09 按 Shift+F2 快捷键打开【材质】窗口，创建如图 14-16 所示的"火焰"材质，并将其赋予【对象】面板中的"文本"对象。

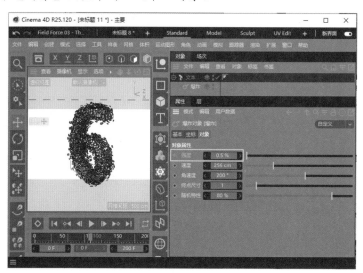

图 14-15　设置第二个关键帧

图 14-16　创建"火焰"材质

10 单击【时间线】面板中的【向前播放】按钮▶(快捷键：F8)播放动画，数字"6"将在爆炸后不断聚拢，效果如图 14-17 所示。

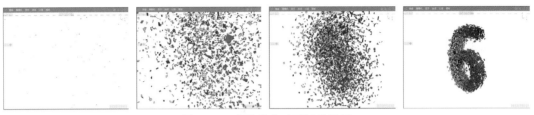

图 14-17 爆炸数字动画播放效果

实战演练：制作倒角变形动画

本例将通过制作一个球体倒角变形效果，向用户演示通过关键帧动画制作倒角分形动画的方法。

01 创建一个球体，在【属性】面板中将【类型】设置为【二十面体】，将【分段】设置为 12，如图 14-18 所示。

02 长按工具栏中的【弯曲】按钮，从弹出的面板中选择【倒角】工具，创建一个"倒角"变形器，然后在【对象】面板中按住 Shift 键同时选中"倒角"和"球体"，按 Alt+G 快捷键群组对象，如图 14-19 所示。

03 在【对象】面板中选中"倒角"，在【属性】面板中按住 Shift 键同时选中【选项】和【多边形挤出】选项卡，将【构成模式】设置为【多边形】，将【偏移模式】设置为【按比例】，将【挤出】设置为 0cm，取消【保留组】复选框的选中状态，将【偏移】设置为 50%，如图 14-20 所示。

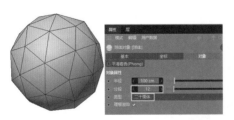

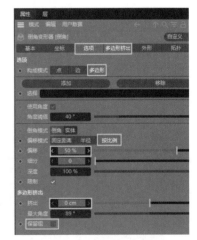

图 14-18 创建球体 　　 图 14-19 群组对象 　　 图 14-20 设置"倒角"属性

04 在【对象】面板中选中"倒角"，然后选择【编辑】|【复制】命令(如图 14-21 所示)，将其复制，然后再选择【编辑】|【粘贴】命令，将其粘贴。

05 在【对象】面板中选中"空白"和复制的"倒角"，按 Alt+G 快捷键群组对象。

06 重复步骤(4)(5)的操作，创建如图 14-22 所示的群组对象。

07 双击步骤(6)创建的"空白"群组对象，将其重命名为"倒角控制器"，然后在【属性】面板中选择【用户数据】|【增加用户数据】命令，如图 14-23 所示。

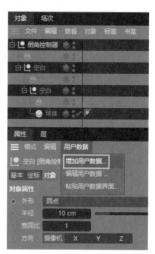

图 14-21 复制倒角   图 14-22 重复创建群组对象   图 14-23 增加用户数据

08 打开【编辑用户数据】对话框，在【名称】文本框中输入一个名称(如"倒角数据")，然后单击 OK 按钮，如图 14-24 所示。

09 在【对象】面板中右击"倒角控制器"，从弹出的快捷菜单中选择【编程标签】| XPresso 命令，打开【XPresso 编辑器】窗口，然后将【对象】面板中的"倒角控制器"拖动至【XPresso 编辑器】窗口的【群组】选项框中。

10 在【属性】面板中选中【用户数据】面板，将步骤(8)创建的"倒角"数据拖动至【XPresso 编辑器】窗口的"倒角控制器"中，如图 14-25 所示。

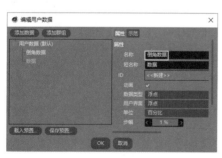

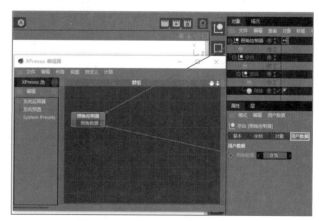

图 14-24 【编辑用户数据】对话框   图 14-25 【XPresso 编辑器】窗口

11 将【对象】面板中的 3 个"倒角"对象也拖动至【XPresso 编辑器】窗口，然后将"倒角控制器"下的"倒角数据"拖动至"倒角"标签上，当出现绿色连接线时释放鼠标，在

弹出的菜单中选择【选项】|【偏移】命令，如图 14-26 所示，链接"倒角控制器"与"倒角"效果。

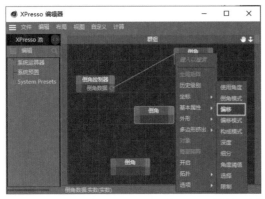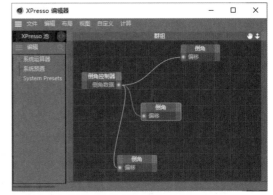

图 14-26　链接"倒角控制器"与"倒角"

12 在【属性】面板中选择【用户数据】选项卡，将【倒角数据】设置为 0，然后单击该选项左侧的▶，将其状态激活为▶，如图 14-27 所示，在【时间线】面板的第 0F 处创建一个关键帧。

13 在【时间线】面板中将【时间线】滑块移动至最后一帧，在【属性】面板中将【倒角数据】设置为 100%，然后单击该选项左侧的▶，将其状态激活为▶，在【时间线】面板的最后一帧插入一个关键帧。

14 在【对象】面板中选中 3 个"倒角"对象，在【属性】面板中将【挤出】设置为 5cm。

15 为场景中的模型赋予材质，然后单击【时间线】面板中的【向前播放】按钮▶(快捷键：F8)播放动画，效果如图 14-28 所示。

图 14-27　设置关键帧　　　　　图 14-28　动画播放效果

视频讲解：制作融球效果动画

　　本例将通过扫码播放视频方式，介绍使用"融球"生成器制作一个融球动画的具体方法。

第15章
粒子系统

本章内容

在 Cinema 4D 中，使用粒子系统可以制作处于运动状态下的、数量众多并且随机分布的颗粒状效果，也可以制作抽象粒子、粒子轨迹等用于特效视频中的碎片化效果。力场是一种可应用于其他物体上的"作用力"，常与粒子系统结合使用，制作粒子运动的特殊效果。

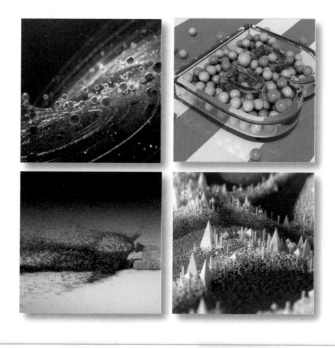

15.1 粒子系统概述

粒子和力场是 Cinema 4D 中密不可分的两种工具。其中粒子是用于制作特殊效果的工具，可以帮助用户制作出处于运动状态的、数量庞大并且随机分布的颗粒状效果；而力场需要依附于其他对象存在，提供引力、反弹、破坏、摩擦、重力、旋转、湍流、风力等力效果。

15.2 粒子

在 Cinema 4D 中，粒子是由"发射器"生成的，然后通过属性模拟粒子的一些生成状态。

15.2.1 发射器

在菜单栏中选择【模拟】|【粒子】|【发射器】命令可以在场景中创建一个发射器。此时，拖动【时间线】面板中的【时间轴】滑块，可以预览粒子的效果，如图 15-1 所示。

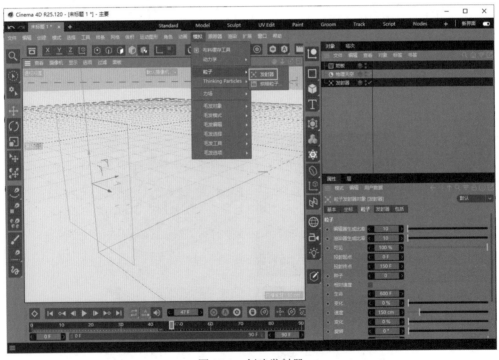

图 15-1 创建发射器

15.2.2 粒子属性

在【对象】面板中选中"发射器"对象，【属性】面板中将显示图 15-2 所示的【粒子】【发射器】【包括】选项卡。

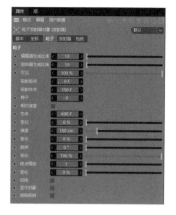

图 15-2 发射器【属性】面板

【选项说明】

- 编辑器生成比率：用于设置发射器发射粒子的数量。
- 渲染器生成比率：用于设置粒子在渲染过程中实际生成粒子的数量。
- 可见：用于设置粒子在视图中的可视化的百分比数量值。
- 投射起点 / 投射终点：用于设置粒子发射的起始和末尾帧数。
- 生命：用于设置粒子的寿命，并对粒子寿命进行随机变化。
- 速度：用于设置粒子的运动速度，并对粒子速度进行随机变化。
- 旋转：用于设置粒子的旋转方向，并对粒子的旋转进行随机变化，如图 15-3 所示。

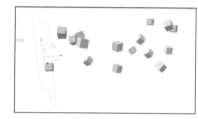

旋转 =0　　　　　　　　　　　　　　　　旋转 =50%

图 15-3 旋转参数对粒子的影响

- 终点缩放：用于设置粒子在运动结束前的缩放大小比例，并对粒子的缩放进行随机变化，如图 15-4 所示。
- 切线：选中【切线】复选框后，发出的粒子方向将与 Z 轴水平对齐，如图 15-5 所示。

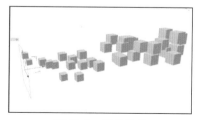

图 15-4 终点缩放效果　　　　　　　　图 15-5 切线效果

□ 显示对象：用于显示场景中替换粒子的对象。

□ 渲染实例：选中【渲染实例】复选框后，将把发射器变成可以编辑的对象，直接选中发射器，按 C 键，发射的粒子都将会变成渲染实例对象。

□ 发射器类型：用于设置"角锥"和"圆锥"两种发射器的类型。

□ 水平尺寸 / 垂直尺寸：用于设置发射器的大小。

□ 水平角度 / 垂直角度：用于设置发射器的角度。

15.2.3　烘焙粒子

模拟粒子效果后，需要将模拟的效果转换为关键帧动画。此时就需要在菜单栏中选择【模拟】|【粒子】|【烘焙粒子】命令，打开【烘焙粒子】对话框设置烘焙粒子，如图 15-6 所示。烘焙后的粒子可以在时间轴中拖动进行回放。

【选项说明】

□ 起点 / 终点：用于设置烘焙粒子的起始和结束时间。

□ 每帧采样：用于设置采样的数值。

□ 烘焙全部：用于设置全部烘焙帧数。

图 15-6　【烘焙粒子】对话框

实战演练：制作粒子运动动画

本例将通过制作一个简单的粒子运动动画，向用户演示创建发射器、设置粒子属性和烘焙粒子的具体方法。

01 长按工具栏中的【矩形】按钮▣，在弹出的面板中选择【弧线】工具◟，在场景中创建一条弧线，如图 15-7(a)所示。

02 长按工具栏中的【细分曲面】按钮◉，从弹出的面板中选择【旋转】工具◢，添加"旋转"生成器，在【对象】面板中将"弧线"样条放在"旋转"的子层级，在场景中制作图 15-7(b)所示的半圆容器模型。

03 使用【旋转】工具⟳和【移动】工具✛将半圆容器旋转一定角度并调整位置，如图 15-7(c)所示。

04 单击工具栏中的【细分曲面】按钮◉，添加"细分曲面"生成器，在【对象】面板中将"旋转"放在"细分曲面"的子层级。

05 长按工具栏中的【细分曲面】按钮◉，从弹出的面板中选择【布料曲面】工具👕，添加"布料曲面"生成器，在【对象】面板中将"细分曲面"放在"布料曲面"的子层级。

06 在【对象】面板中选中"布料曲面"，在【属性】面板中将【厚度】设置为 2cm，为半圆容器设置厚度，效果如图 15-7(d)所示。

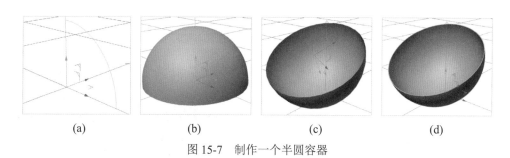

(a)　　　　　　(b)　　　　　　(c)　　　　　　(d)

图 15-7　制作一个半圆容器

07 选择【模拟】|【粒子】|【发射器】命令，在场景中创建一个发射器，并使用【旋转】工具 ⭕ 和【移动】工具 ✛ 调整发射器的位置并将其旋转一定角度，如图 15-8(a)所示。

08 长按工具栏中的【立方体】按钮 🟦，从弹出的面板中选择【球体】工具 ⚪，在场景中创建一个球体，并在【属性】面板中设置球体的【半径】为 16，【分段】为 32。

09 在【对象】面板中将"球体"放在"发射器"的子层级，如图 15-8(b)所示，然后选中"发射器"，在【属性】面板中选中【显示对象】复选框。

10 此时，单击【时间线】面板中的【向前播放】按钮 ▶，球体粒子将从发射器中向下运动，经过半圆容器时穿过该模型，如图 15-8(c)所示。

11 在【对象】面板中右击"布料曲面"，在弹出的快捷菜单中选择【模拟标签】|【碰撞体】命令，为半圆容器模型对象添加一个"碰撞体"标签 ▦。

12 在【对象】面板中右击"发射器"，在弹出的快捷菜单中选择【模拟标签】|【刚体】命令，为发射器添加一个"刚体"标签 ◎。

13 再次单击【时间线】面板中的【向前播放】按钮 ▶，球体粒子向下运动时将与半圆容器产生碰撞，并堆积在容器的底部，如图 15-8(d)所示。

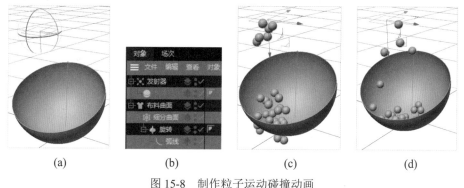

(a)　　　　　　(b)　　　　　　(c)　　　　　　(d)

图 15-8　制作粒子运动碰撞动画

14 按 Shift+F2 快捷键创建一个如图 15-9 所示的"玻璃"材质和"粒子"材质，并将"玻璃"赋予半圆容器，将"粒子"材质赋予"球体"对象。

15 长按工具栏中的【灯光】按钮 💡，从弹出的面板中分别选择【物理天空】工具 🌙 和【日光】工具 ⚙，在场景中添加物理天空和日光。

16 按 Ctrl+R 快捷键渲染当前帧场景，效果如图 15-10 所示。

17 按 Ctrl+B 快捷键，打开【渲染设置】窗口，选择【输出】选项卡，将【帧范围】设置为【全部帧】，如图 15-11 所示，然后按 Shift+R 快捷键打开【图像查看器】窗口渲染动画。

玻璃　　　　粒子

图 15-9　制作材质

图 15-10　渲染结果

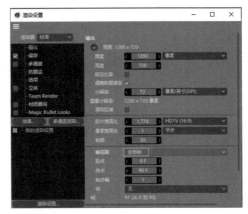

图 15-11　设置帧范围

15.3　力场

在菜单栏中选择【模拟】|【力场】命令，在弹出的子菜单中列出了力场的相关工具，如图 15-12 所示。其中各类力场工具的功能说明如表 15-1 所示。

表 15-1　力场工具及其说明

力场工具	说　明
吸引场	模拟粒子间的吸引与排斥作用
偏转场	模拟粒子间的反弹作用
破坏场	模拟粒子消失
域力场	模拟一个可控的区域力场
摩擦力	模拟粒子间的摩擦作用
重力场	模拟为粒子添加重力
旋转	模拟粒子旋转效果
湍流	模拟粒子的随机抖动效果
风力	模拟为粒子添加风力

图 15-12　力场

下面将主要介绍几种常用的力场。

15.3.1　吸引场

吸引场(引力场)可以对粒子产生吸引和排斥作用，如图 15-13 左图所示。

【执行方式】

在菜单栏中选择【模拟】|【力场】|【吸引场】命令，即可创建吸引场。

【选项说明】

创建吸引场后，【属性】面板中将显示【强度】【速度限制】【模式】【域】等主要选项，如图 15-13 右图所示。

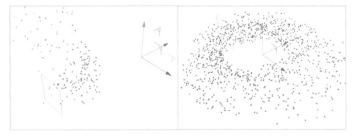

粒子排斥　　　　　　　　　　粒子吸引

图 15-13　吸引场的作用(左图)和【属性】面板(右图)

- 强度：用于设置粒子的吸引和排斥效果。其值为正值时为吸引效果，为负值时为排斥效果。
- 速度限制：用于限制粒子引力之间的距离。其参数值越小，粒子与引力产生的距离效果越小；反之，粒子与引力产生的距离效果越强。
- 模式：可选择"加速度"和"力"两种模式去影响粒子的运动效果。
- 域：可通过添加不同形式的域设置引力的衰减效果。

实战演练：制作桌球运动动画

本例将使用"发射器""吸引场"，为用户演示制作一个桌球运动进入指定洞口的动画。

01 打开图 15-14 所示的场景文件，选择【模拟】|【粒子】|【发射器】命令，创建一个发射器，在【对象】面板中将 1~15 号球模型放在"发射器"的子层级，如图 15-15 左图所示。

02 在【对象】面板中选中"发射器"，在【属性】面板中将【编辑器生成比率】和【渲染器生成比率】设置为 1，将【投射终点】设置为 500F，将【速度】设置为 20cm，选中【显示对象】复选框，如图 15-15 右图所示。

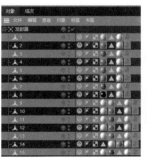

图 15-14　场景文件　　　　　　　　图 15-15　设置发射器

03 在【对象】面板中分别选中"地板"和"球台表面"对象，右击鼠标，从弹出的快捷菜单中选择【模拟标签】|【碰撞体】命令，为"地板"和"球台表面"添加"碰撞体"标签▣。

04 在【对象】面板中选中 1~15 号球对象，右击鼠标，从弹出的快捷菜单中选择【模拟标签】|【刚体】命令，为球模型添加"刚体"标签▣。

05 在【时间线】面板中将【场景结束】帧设置为 500F，然后单击【向前播放】按钮▶。此时，从发射器中射出的球模型将堆积在发射器下互相碰撞，如图 15-16 所示。

06 选择【模拟】|【力场】|【吸引场】命令，在场景中添加一个吸引场，然后使用【移动】工具✛调整吸引场的位置至桌球台面的左下角，如图 15-17 所示。

图 15-16 播放动画(无吸引场)

图 15-17 调整吸引场的位置

07 在【属性】面板中将吸引场的【强度】设置为 60，如图 15-18 所示。

08 渲染并播放动画，球将受到吸引场的吸引向桌球台的左下角运动，如图 15-19 所示。

图 15-18 设置吸引场强度

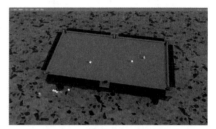
图 15-19 播放动画(有吸引场)

15.3.2 偏转场

"偏转场"可以使粒子产生反弹效果，如图 15-20 左图所示。

【执行方式】

在菜单栏中选择【模拟】|【力场】|【偏转场】命令，即可创建偏转场。

【选项说明】

创建偏转场后，【属性】面板中将显示【弹性】【分裂波束】【水平尺寸】【垂直尺寸】等主要选项，如图 15-20 右图所示。

□ 弹性：用于设置弹力。其参数值越大，反弹幅度越大。

□ 分裂波束：选中【分裂波束】复选框后，可以对一部分粒子进行反弹而忽略其他粒子。

□ 水平尺寸 / 垂直尺寸：用于设置弹力形状的尺寸。

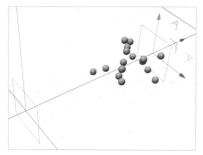
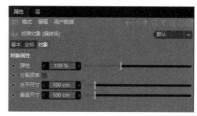

图 15-20　偏转场的作用(左图)和【属性】面板(右图)

15.3.3　破坏场

"破坏场"可以使粒子接触时消失，如图 15-21 左图所示。

【执行方式】

在菜单栏中选择【模拟】|【力场】|【破坏场】命令，即可创建破坏场。

【选项说明】

创建破坏场后，【属性】面板中将显示【随机特性】和【尺寸】两个主要选项，如图 15-21 右图所示。

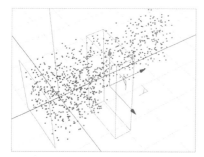

图 15-21　破坏场的作用(左图)和【属性】面板(右图)

□ 随机特性：用于设置粒子在接触破坏场时消失的数量。其参数值越小，粒子消失的数量越多。

□ 尺寸：用于设置破坏场的尺寸大小。

15.3.4　域力场

"域力场"可以搭配动力学、布料、毛发、粒子特效一起，创建出丰富的动画效果，如图 15-22 左图所示。

【执行方式】

在菜单栏中选择【模拟】|【力场】|【域力场】命令，即可创建域力场。

【选项说明】

创建域力场后，【属性】面板中将显示【速率类型】【强度】【考虑质量】【域】【尺寸】等几个主要选项，如图 15-22 右图所示。

图 15-22　域力场的作用(左图)和【属性】面板(右图)

□ 速率类型：用于设置域力场的速率类型，包括【应用到速率】【设置绝对速率】【改变方向】3 个选项。

□ 强度：用于设置域力场的强度。

□ 考虑质量：选中【考虑质量】复选框后，力场将考虑粒子的质量。

□ 域：可添加不同形式的域。

□ 尺寸：用于设置域的大小。

15.3.5　摩擦力

使用"摩擦力"可以在粒子运动过程中产生阻力效果，如图 15-23 左图所示为粒子在经过"摩擦力"力场时受阻力影响堆积在一起。

【执行方式】

在菜单栏中选择【模拟】|【力场】|【摩擦力】命令，即可创建摩擦力。

【选项说明】

创建摩擦力后，【属性】面板中将显示【强度】和【角度强度】等主要选项，如图 15-23 右图所示。

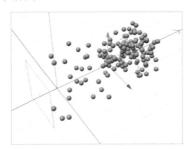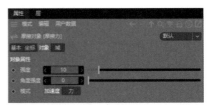

图 15-23　摩擦力的作用(左图)和【属性】面板(右图)

□ 强度：用于设置粒子在运动中的阻力效果。其参数值越大，阻力效果越强。

□ 角度强度：用于设置粒子在运动中的角度变化效果。其参数值越大，角度变化效果越小。

15.3.6　重力场

"重力场"可以使粒子在运动过程中产生下落效果，如图 15-24 左图所示。

【执行方式】

在菜单栏中选择【模拟】|【力场】|【重力场】命令，即可创建重力场。

【选项说明】

创建重力场后，【属性】面板如图 15-24 右图所示。

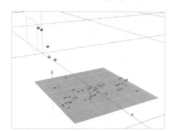 

图 15-24　重力场的作用(左图)和【属性】面板(右图)

□ 加速度：用于设置粒子在重力作用下的运动速度。其参数值越大，粒子的重力速度与效果越明显。

□ 模式：可以选择【加速度】【力】【空气动力学风】3 种模式影响粒子的重力效果。

15.3.7　风力

使用"风力"可以创建粒子在风力作用下的运动效果，如图 15-25 所示。

【执行方式】

在菜单栏中选择【模拟】|【力场】|【风力】命令，即可创建风力。

【选项说明】

创建风力后，【属性】面板如图 15-25 右图所示。

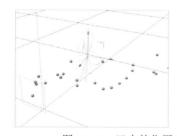 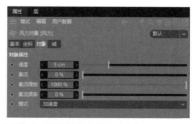

图 15-25　风力的作用(左图)和【属性】面板(右图)

□ 速度：用于设置风力的速度。其参数值越大，对粒子运动效果的影响越强。

□ 紊流：用于设置粒子在风力运动下的抖动效果。其参数值越大，粒子抖动的效果越强。

□ 紊流缩放：用于设置粒子在风力运动下抖动时的聚集和散开效果。

□ 紊流频率：用于设置粒子的抖动幅度和次数。其参数百分比值越高，频率越高，粒子抖动的幅度和效果越明显。

15.3.8 湍流

"湍流"可以使粒子在运动过程中产生随机的抖动效果，如图 15-26 左图所示。

【执行方式】

在菜单栏中选择【模拟】|【力场】|【湍流】命令，即可创建湍流。

【选项说明】

创建湍流后，【属性】面板中将显示【强度】【缩放】【频率】等几个主要选项，如图 15-26 右图所示。

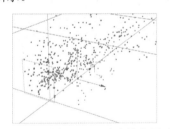

图 15-26　湍流的作用(左图)和【属性】面板(右图)

□ 强度：用于设置湍流对粒子影响的强度。其参数值越大，湍流对粒子产生的效果越明显。

□ 缩放：用于设置粒子在湍流缩放下产生的聚集和散开效果。其参数值越大，聚集和散开效果越明显。

□ 频率：用于设置粒子的抖动幅度和次数。

15.3.9 旋转

"旋转"力场可以使粒子在运动过程中产生如图 15-27 左图所示的旋转效果。

【执行方式】

在菜单栏中选择【模拟】|【力场】|【旋转】命令，即可创建"旋转"力场。

【选项说明】

创建"旋转"力场后，【属性】面板中将显示【角速度】和【模式】两个主要选项，如图 15-27 右图所示。

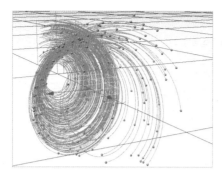 

图 15-27　旋转的作用(左图)和【属性】面板(右图)

□ 角速度：用于设置粒子在运动中的旋转速度。其参数值越大，粒子在运动中旋转的速度越快。

□ 模式：可选择【加速度】【力】【空气动力学风】3 种模式。

实战演练：制作光线旋转动画

本例将通过为粒子添加"旋转"和"湍流"力场，为用户演示制作一个光线旋转散射的动画效果。

01 使用"发射器"工具在场景中创建一个发射器，在【属性】面板的【发射器】选项卡中设置【水平尺寸】和【垂直尺寸】均为 150cm，如图 15-28 所示。

02 在【属性】面板中选择【粒子】选项卡，将【编辑器生成比率】和【渲染器生成比率】都设置为 50，如图 15-29 所示。

03 选择【运动图形】|【追踪对象】命令添加"追踪对象"，单击【时间线】面板中的【向前播放】按钮，追踪对象效果如图 15-30 所示。

图 15-28　设置发射器　　图 15-29　设置粒子　　　　图 15-30　追踪对象效果

04 选择【模拟】|【力场】|【旋转】命令，添加"旋转"力场，在【属性】面板中设置【角速度】为 35，如图 15-31 所示。

05 选择【模拟】|【力场】|【湍流】命令，添加"湍流"力场，在【属性】面板中设置【强度】为 8cm，如图 15-32 所示。

06 再次单击【时间线】面板中的【向前播放】按钮，粒子运动效果如图 15-33 所示。

  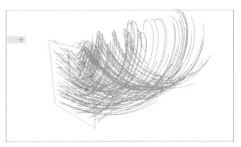

图 15-31　设置"旋转"力场　图 15-32　设置"湍流"力场　　图 15-33　粒子运动效果

07 按住 Alt 键拖动鼠标左键调整视图角度，如图 15-34 所示。

08 按 Shift+F2 快捷键打开【材质】窗口，选择【创建】|【材质】|【新建毛发材质】命令，创建一个"毛发"材质，在【材质编辑器】窗口中为其设置"颜色"和"粗细"参数，如图 15-35 所示。按 Ctrl+R 快捷键渲染动画，效果如图 15-36 左图所示。

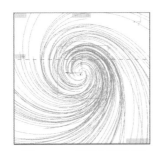 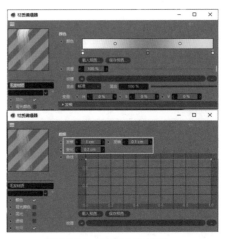

图 15-34　调整视图角度　　　　　图 15-35　设置毛发材质

09 将"毛发"材质赋予"追踪对象"，在场景中创建一个半径为 10cm 的球体，并为其赋予带有"发光"和"辉光"效果的材质，按 Ctrl+R 快捷键渲染动画，效果如图 15-36 中图所示。

10 将"发射器"的【编辑器生成比率】和【渲染器生成比率】均设置为 150，并设置半径为 1cm 的发光"球体"作为其对象，按 Ctrl+R 快捷键渲染动画，效果如图 15-36 右图所示。

图 15-36　光线旋转动画渲染效果

第16章

动力学系统

本章内容

　　Cinema 4D 的动力学系统可以通过为物体添加不同的动力学标签，从而使物体能够模拟各种自然界动作，如玻璃破碎、建筑倒塌、物体散落、布料撕裂等。

16.1　动力学概述

在 Cinema 4D 中，动力学系统可以为项目添加真实的物理动作模拟，制作出比关键帧动画更加真实、顺畅的动画效果。

制作动力学效果，需要在选中场景中的对象后使用如图 16-1 所示的"模拟标签"。"模拟标签"可以模拟刚体、柔体、碰撞体、布料等类型的动力学效果，如表 16-1 所示。

表 16-1　模拟标签类型

模拟标签	说　明	
刚体	用于模拟表面坚硬的动力学对象	
柔体	用于模拟表面柔软的动力学对象	
碰撞体	用于模拟动力学对象碰撞的对象	
检测体	生成检测体模拟触发对象碰撞的对象	
布料	用于模拟布料对象	
布料碰撞器	用于模拟布料对象产生碰撞的对象	
布料绑带	用于模拟布料连接的对象	图 16-1　模拟标签

16.2　刚体

"刚体"标签主要用于制作参与动力学运算的坚硬的对象，此类对象与碰撞体发生碰撞后，效果如图 16-2 所示。

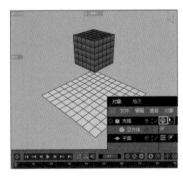 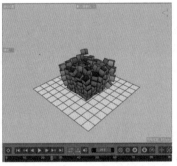 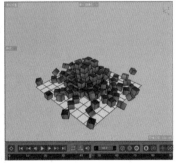

图 16-2　刚体碰撞效果

【执行方式】

□ 菜单栏：选中对象后，选择【创建】|【标签】|【模拟标签】|【刚体】命令。

□ 【对象】面板：在【对象】面板中右击对象，从弹出的快捷菜单中选择【模拟标签】|【刚体】命令。

【选项说明】

为对象添加"刚体"标签后，可以在【属性】面板的【动力学】【碰撞】【质量】【力】
【缓存】等选项卡中设置刚体效果，如图 16-3 所示。其中比较重要的选项功能说明如下。

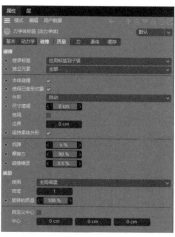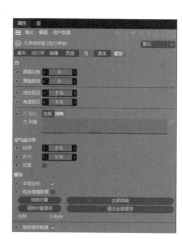

图 16-3　刚体【属性】面板

□ 启用：用于设置是否在视图中启用动力学。

□ 动力学：包括【关闭】【开启】【检测】3 个选项。当选择【关闭】选项时，刚
体标签转换为碰撞体标签；选择【开启】选项时，为刚体标签；选择【检测】选项时，
刚体标签转换为碰撞体标签，并且当动力学为检测时，不发生碰撞。

□ 设置初始形态：单击【设置初始形态】按钮，可将对象的当前动力学设置恢复到
初始位置。

□ 激发：用于设置刚体对象的计算方式，包括【立即】【在峰速】【开启碰撞】【由
XPresso】4 种模式，默认为【立即】模式，会无视初速度进行模拟。

□ 清除初状态：单击【清除初状态】按钮，可以清除初始状态。

□ 自定义初速度：选中【自定义初速度】复选框后，在激活的选项区域中可以设置
初始线速度、初始角速度、对象坐标参数。

□ 本体碰撞：选中该复选框后，模型本身也会产生碰撞。

□ 外形：用于设置刚体的反弹力度。其参数值越大，反弹效果越强烈。

□ 摩擦力：用于设置刚体与碰撞对象的摩擦力。其参数值越大，摩擦力越强。

□ 使用：用于设置刚体对象的质量，从而改变碰撞效果，包括【全局密度】【自定
义密度】【自定义质量】3 个选项。

□ 自定义中心：选中【自定义中心】复选框后，可以自定义对象的中心位置。

□ 跟随位移：用于设置添加力后刚体对象跟随力的位移。

□ 烘焙对象：将选中对象的刚体碰撞效果生成为关键帧动画。

□ 全部烘焙：将场景中所有对象的刚体碰撞效果生成为关键帧动画。

实战演练：制作刚体滚动动画

本例将使用"刚体"和"碰撞体"标签制作一个小球受到引力影响从盒盖上滚动至盒子内部的动画。

01 打开场景文件后，选中场景中的"小球"模型，选择【创建】|【标签】|【模拟标签】|【刚体】命令，为其添加"刚体"标签 ⚫，如图 16-4 所示。

02 在【对象】面板中选中"刚体"标签 ⚫，在【属性】面板的【碰撞】选项卡中将【反弹】设置为 50%，【摩擦力】设置为 60%，如图 16-5 所示。

03 选择【力】选项卡，将【跟随位移】设置为 0.2，如图 16-6 所示。

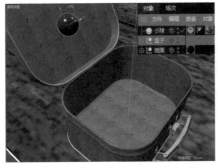 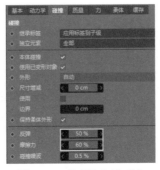 

图 16-4 　为小球添加"刚体"标签 　　　图 16-5 　【碰撞】选项卡 　　　图 16-6 　【力】选项卡

04 在【对象】面板中选中"盒子"对象，右击鼠标，从弹出的快捷菜单中选择【模拟标签】|【碰撞体】命令，为其设置"碰撞体"标签 ▨。

05 按住 Ctrl 键拖动场景中的"小球"模型，将其复制多份，然后单击【时间线】面板中的【向前播放】按钮 ▶，即可观看小球滚动进入盒子的动画效果，如图 16-7 所示。

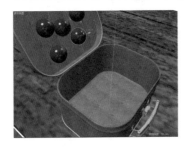 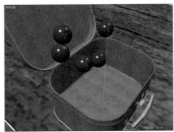 

图 16-7 　小球滚动动画效果

16.3　柔体

"柔体"标签主要用于制作参与动力学运算的柔软、有弹性的对象，此类对象与碰撞体发生碰撞后，效果如图 16-8 所示。

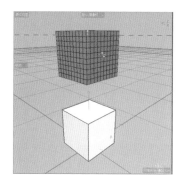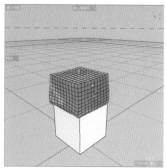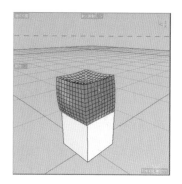

图 16-8　柔体碰撞效果

【执行方式】

□ 菜单栏：选中对象后，选择【创建】|【标签】|【模拟标签】|【柔体】命令。

□ 【对象】面板：在【对象】面板中右击对象，从弹出的快捷菜单中选择【模拟标签】|【柔体】命令。

【选项说明】

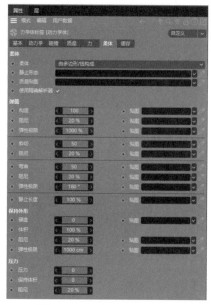

为对象添加"柔体"标签 后，可以在"柔体"标签的【属性】面板的【柔体】选项卡中设置柔体效果，如图 16-9 所示。

□ 柔体：用于设置柔体效果，包括【关闭】【由多边形 / 线构成】【由克隆构成】3 个选项，若选择【关闭】选项，则为刚体效果。

□ 构造：用于设置柔体对象在碰撞时的变形效果，其参数值为 0 时完全变形。

□ 阻尼：用于设置柔体与碰撞体之间的摩擦力。

□ 弹性极限：用于设置柔体弹力的极限值。

□ 硬度：用于设置柔体外表的硬度。

□ 压力：用于设置柔体对象内部的强度。

图 16-9　柔体【属性】面板

视频讲解：制作柔体碰撞动画

本例将使用"柔体"和"碰撞体"标签，向用户演示制作一个小球撞击多米诺骨牌的动画效果。

16.4　碰撞体

"碰撞体"标签在动力学中是静止的，其主要用于与刚体或柔体等进行碰撞，若没有碰撞体，刚体与柔体将在场景中一直下落。

【执行方式】

☐ 菜单栏：选中对象后，选择【创建】|【标签】|【模拟标签】|【碰撞体】命令。

☐ 【对象】面板：在【对象】面板中右击对象，从弹出的快捷菜单中选择【模拟标签】|【碰撞体】命令。

【选项说明】

在【对象】面板中创建并选中"碰撞体"标签■后，在【属性】面板中将显示图16-10所示的【动力学】【碰撞】【缓存】选项卡。其中比较重要选项的功能说明如下。

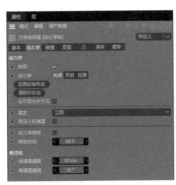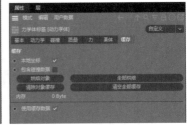

图 16-10　碰撞体【属性】面板

☐ 反弹：用于设置刚体和柔体对象的反弹强度，其参数值越大，反弹效果越强烈。

☐ 摩擦力：用于设置刚体和柔体对象与碰撞体之间的摩擦力。

☐ 全部烘焙：单击【全部烘焙】按钮可将模拟的动力学动画烘焙成关键帧后，进行动画播放。

☐ 清除对象缓存：单击【清除对象缓存】按钮，可以将选中对象所烘焙的关键帧删除，以便重新进行模拟。

☐ 清空全部缓存：单击【清空全部缓存】按钮，可以将场景中所有对象所烘焙的关键帧全部删除。

【知识点滴】

动力学动画只有在烘焙后才能进行正常播放，没有烘焙的动画只能向前播放而无法后退播放。

16.5　布料

"布料"标签可将模型设置为布料属性，从而与布料碰撞器进行碰撞。添加了"布料"标签的对象在模拟动力学动画时，会模拟布料碰撞效果，如图16-11所示。

【执行方式】

☐ 菜单栏：选中对象后，选择【创建】|【标签】|【模拟标签】|【布料】命令。

□ 【对象】面板：在【对象】面板中右击对象，从弹出的快捷菜单中选择【模拟标签】|【布料】命令。

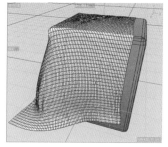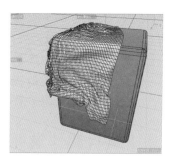

图 16-11　布料碰撞效果

【选项说明】

在【对象】面板中创建并选中"布料"标签 后，【属性】面板将显示【基本】【标签】【影响】【修整】【缓存】【高级】几个选项卡，如图 16-12 所示。其中比较重要的选项功能说明如下。

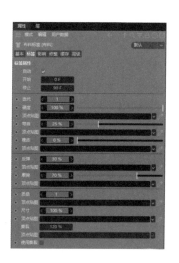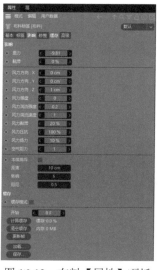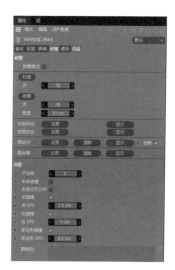

图 16-12　布料【属性】面板

□ 自动：选中【自动】复选框后，将从时间线的第 1 帧开始模拟布料效果。取消【自动】复选框的选中状态，则可以手动设置布料模拟的帧范围。

□ 迭代：用于设置布料模拟的精确度，其参数值越高，模拟效果越好。

□ 硬度：用于设置布料的变形与穿插效果。

□ 弯曲：用于设置布料的弯曲效果。

□ 橡皮：用于设置布料的拉伸弹力效果。

□ 反弹：用于设置布料之间的碰撞反弹效果。

□ 质量：用于设置布料的质量。

□ 使用撕裂：选中【使用撕裂】复选框后，布料会变形为碰撞撕裂效果。

□ 重力：用于设置布料受到的重力强度。

□ 风力强度：用于设置风力的强度。

□ 风力粘滞：用于生成与风力方向相反的力，减缓风力的强度。

□ 风力方向 .X/ 风力方向 .Y/ 风力方向 .Z：用于设置布料初始速度的方向。

□ 本体排斥：选中【本体排斥】复选框后，将减少布料模型相互穿插的效果。

□ 计算缓存：将模拟的布料动画烘焙为关键帧动画。

□ 松弛：用于设置平缓布料的褶皱。

视频讲解：制作透明塑料动画

本例将演示使用"布料"和"布料碰撞器"标签，为场景中的对象制作一个透明塑料覆盖其上的动画效果。

16.6　布料碰撞器

"布料碰撞器"标签与"碰撞体"标签类似，可以模拟布料碰撞的效果。

【执行方式】

□ 菜单栏：选中对象后，选择【创建】|【标签】|【模拟标签】|【布料碰撞器】命令。

□ 【对象】面板：在【对象】面板中右击对象，从弹出的快捷菜单中选择【模拟标签】|【布料碰撞器】命令。

【选项说明】

在【对象】面板中创建并选中"布料碰撞器"标签后，将显示图 16-13 所示的【属性】面板。其中比较重要选项的功能说明如下。

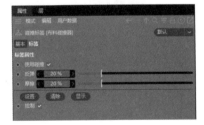

□ 使用碰撞：选中【使用碰撞】复选框后，布料与碰撞器产生碰撞效果。

□ 反弹：用于设置布料与碰撞器之间的反弹强度。

□ 摩擦：用于设置布料与碰撞器之间的摩擦力。

图 16-13　布料碰撞器【属性】面板

16.7　布料绑带

为对象使用"布料绑带"标签，可以使对象与相连接的对象形成连接关系，使"布料"向下运动时受到连接对象的约束，如图 16-14 所示。

【执行方式】

□ 菜单栏：选中对象后，选择【创建】|【标签】|【模拟标签】|【布料绑带】命令。

□　【对象】面板：在【对象】面板中右击对象，从弹出的快捷菜单中选择【模拟标签】|【布料绑带】命令。

下面制作图 16-14 所示的布料运动效果。

01　在场景中创建图 16-15 所示的平面和立方体，选中平面，按 C 键将其转换为可编辑对象。

02　单击工具栏中的【点】按钮 ，切换至"点"模式，然后在【对象】面板中右击"平面"，在弹出的快捷菜单中选择【模拟标签】|【布料】命令，为其添加"布料"标签。

03　切换至正视图，选择【选择】|【框选】命令，使用"框选"工具选中平面与立方体相交处的点，如图 16-16 所示。

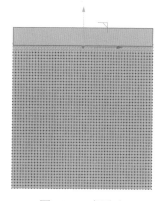

图 16-14　布料绑带效果　　图 16-15　创建平面和立方体　　图 16-16　框选点

04　在【对象】面板中右击"平面"，从弹出的快捷菜单中选择【模拟标签】|【布料绑带】命令，为"平面"添加"布料绑带"标签，然后在【属性】面板中将"立方体"拖动至【绑定至】选项框内，并单击【设置】按钮，如图 16-17 所示。

05　此时，平面与立方体之间将显示图 16-18 所示的黄色连接点。

06　单击【时间线】面板中的【向前播放】按钮 ，即可得到图 16-19 所示的动画效果。

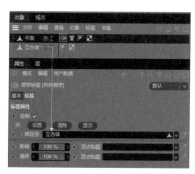
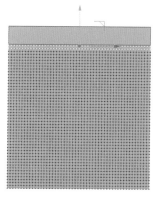

图 16-17　设置布料绑带对象　　图 16-18　显示黄色连接点　　图 16-19　动画效果

【选项说明】

在图 16-17 所示的"布料绑带"【属性】面板中，比较重要选项的功能说明如下。

☐ 设置：单击【设置】按钮，可以将布料与连接的对象相关联。

☐ 绑定至：用于设置连接绑定的对象。

☐ 影响：用于设置布料绑带的影响范围(默认为 100%)，如图 16-20 所示。

☐ 悬停：用于设置布料绑带的悬停比例(默认为 100%)，如图 16-21 所示。

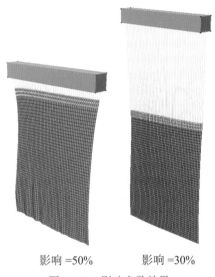

影响 =50%	影响 =30%	悬停 =200%	悬停 =2000%

图 16-20　影响参数效果　　　　　　　　图 16-21　悬停参数效果

视频讲解：制作布料变形动画

本例将通过扫码播放视频方式，介绍使用"布料"和"布料绑带"标签制作一个布料下垂变形的动画效果。

第 17 章

体积和域

本章内容

体积和域是 Cinema 4D R20 版本推出的两个新工具，它可以帮助用户制作出艺术感和抽象感十足的模型和动画作品。

17.1　体积和域概述

体积可以理解为一种加强版的布尔运算，可以让模型之间形成各种类似布尔运算的效果；域则是一种可以配合体积或粒子生成不同形态的工具。

17.2　体积

在 Cinema 4D 工具栏中长按【体积生成】按钮，在弹出的面板中可以使用体积工具，如图 17-1 所示。其中各工具的功能说明如表 17-1 所示。

表 17-1　Cinema 4D 的体积工具

工具名称	说　明	
体积生成	用于生成体积模型	
体积网格	用于将体积模型实体化	
SDF 平滑	用于生成 SDF 平滑效果	
雾平滑	用于生成雾平滑效果	
矢量平滑	用于生成矢量平滑效果	图 17-1　体积工具

下面将主要介绍表 17-1 中比较重要的"体积生成"和"体积网格"工具。

17.2.1　体积生成

使用"体积生成"工具可以将多个对象合并为一个新的对象(该对象无法被渲染)，如图 17-2 所示。

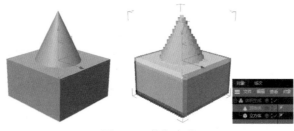

图 17-2　体积生成

【执行方式】

    □ 工具栏：单击工具栏中的【体积生成】按钮。

    □ 菜单栏：选择【体积】|【体积生成】命令。

【选项说明】

创建"体积生成"后，【属性】面板中将显示【体素类型】【对象】【模式】【SDF 平滑】等几个比较重要的选项，如图 17-3 所示。

□ 体素类型：用于设置体积模型的类型，包括【SDF】【雾】【矢量】3 种，如
图 17-2 所示为 SDF 类型，图 17-4 所示分别为"雾"类型和"矢量"类型。

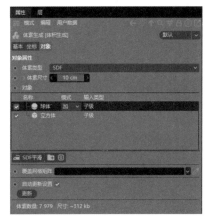

图 17-3　体积生成【属性】面板

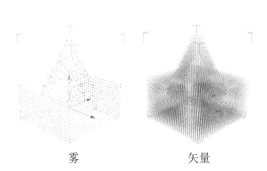

雾　　　　　矢量

图 17-4　体素类型(雾和矢量)

□ 体素尺寸：用于设置生成模型的精度，其参数值越小，模型精度越高，如图 17-5
所示。

□ 对象：用于显示需要合成的对象列表。

□ 模式：用于显示对象的合成模型，系统提供【加】【减】【相交】3 种模式，如
图 17-6 所示。

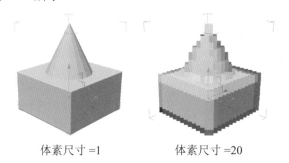

体素尺寸 =1　　　　　体素尺寸 =20

图 17-5　体素尺寸对模型的影响

图 17-6　3 种体积生成模式

□ SDF 平滑：单击【SDF 平滑】按钮，将在对象中增加"SDF 平滑"层，对象形成
平滑效果，如图 17-7 左图所示。同时显示图 17-7 右图所示的【滤镜】选项区域。

图 17-7　SDF 平滑效果(左图)和【滤镜】选项区域(右图)

在图17-7右图所示的【滤镜】选项区域中，【强度】参数用于设置模型平滑的强度；【执行器】选项用于设置平滑的模型(默认为"高斯")；【体素距离】参数用于设置平滑的大小，其参数值越大，平滑效果越明显。

17.2.2　体积网格

使用"体积网格"工具可以为"体积生成"所形成的对象添加网格，从而使其生成实体模型，如图17-8左图所示(添加"体积网格"之后模型才可以被渲染)。

【执行方式】

□ 工具栏：长按工具栏中的【体积生成】按钮，在弹出的面板中选择【体积网格】工具。
□ 菜单栏：选择【体积】|【体积网格】命令。

【选项说明】

创建"体积网格"后，【属性】面板中将显示【体积范围阈值】和【自适应】两个比较重要的选项，如图17-8右图所示。

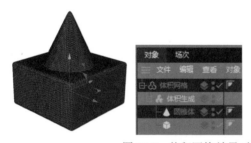 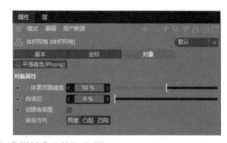

图17-8　体积网格效果(左图)和【属性】面板(右图)

□ 体素范围阈值：用于设置网格生成的大小。
□ 自适应：用于设置模型布线的数量。

实战演练：制作溶解效果

本例将通过制作一个立方体溶解效果，向用户演示"体积生成"和"体积网格"工具的使用方法。

01 单击工具栏中的【立方体】按钮，在场景中创建一个立方体,然后在按住Alt键的同时，单击工具栏中的【体积生成】按钮。

02 在【对象】面板中选中"体积生成"，在【属性】面板中将【体素类型】设置为"雾"，然后按住Alt键，长按工具栏中的【体积生成】按钮，在弹出的面板中选择【体积网格】工具，添加"体积网格"，如图17-9所示。

03 长按工具栏中的【线性域】按钮，在弹出的面板中选择【随机域】工具，新建一个"随机域"，在【对象】面板中将"随机域"放在"体积生成"的子集，如图17-10所示。

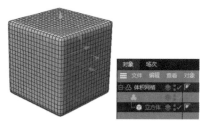

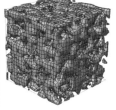

图 17-9　创建"体积网格"　　　　　图 17-10　创建"随机域"

04 ▶ 在【属性】面板中将"随机域"的【噪波类型】设置为 Poxo，将【比例】设置为15000%，如图 17-11 所示。

05 ▶ 单击工具栏中的【线性域】按钮，创建一个"线性域"，将【对象】面板中的"线性域"拖入体积生成【属性】面板的【对象】选项框中，如图 17-12 所示。

06 ▶ 在【对象】选项框中将"随机域"的【模式】设置为【最小】，将【线性域】的【模式】设置为【加】，如图 17-13 所示。

图 17-11　设置随机域属性　　　图 17-12　创建线性域　　　图 17-13　设置域模式

07 ▶ 在【对象】面板中选择"体积网格"，在【属性】面板中展开【体素范围阈值】选项区域，选中【使用绝对数值(ISO)】复选框，将【表面阈值】设置为 0.6，如图 17-14 所示。

08 ▶ 在【对象】面板中选择"体积生成"，在【属性】面板中将【体素尺寸】设置为5cm，如图 17-15 所示。

09 ▶ 为体积网格赋予材质后，在场景中拖动"线性域"，可得到如图 17-16 所示的溶解效果。

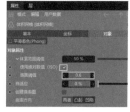

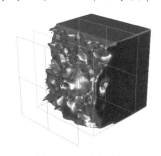

图 17-14　设置表面阈值　　　图 17-15　设置体素尺寸　　　图 17-16　溶解效果

视频讲解：制作冰块模型

本例将通过扫码播放视频方式，介绍使用立方体、球体和体积生成工具制作冰块模型的方法。

17.3 域

通过【实战演练：制作溶解效果】的操作，我们将域理解为衰减，其影响强度从 0~1 过渡，功能强大，可控性非常强。

长按 Cinema 4D 工具栏中的【线性域】按钮，在弹出的面板中用户可以使用各种域工具，如图 17-17 所示。其中各种工具的功能说明如表 17-2 所示。

表 17-2　Cinema 4D 的域工具

工具名称	说　明
线性域	用于生成线性衰减范围
球体域	用于生成球形衰减范围
圆柱体域	用于生成圆柱体衰减范围
胶囊体域	用于生成胶囊体衰减范围
随机域	用于生成随机的衰减范围
声音域	根据特定频率下的声音幅度定义衰减强度
Python 域	通过编写程序定义衰减
径向域	用于在径向平面内通过轴心线的方向定义衰减范围
立方体域	用于生成方形衰减范围
圆锥体域	用于生成圆锥形衰减范围
圆环体域	用于生成圆环形衰减范围
着色器域	可以使用其内置的着色器或图片影响衰减效果
公式域	可以结合公式创建衰减效果
组域	用于将多个域合并为一组，快速、统一修改由多个域组成的效果

图 17-17　域工具

下面将主要介绍表 17-2 中比较常用的几种域工具。

17.3.1 线性域

使用"线性域"工具可以在场景中生成一个线性的衰减区域，如图 17-18 所示。

【执行方式】

□ 工具栏：单击工具栏中的【线性域】按钮。

□ 菜单栏：选择【创建】|【域】|【线性域】命令。

【选项说明】

创建"线性域"后，【属性】面板中将显示【类型】【长度】【方向】几个比较重要的选项，如图 17-19 所示。

□ 类型：用于设置域的种类，如图 17-20 所示。

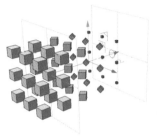
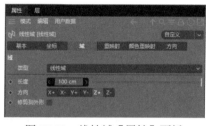

图 17-18　线性域效果　　　　图 17-19　线性域【属性】面板　　　图 17-20　域类型

□ 长度：用于设置线性域的长度。

□ 方向：用于设置线性域的方向。

实战演练：制作滚动方块

本例将通过制作图 17-18 所示的滚动显示的方块动画，向用户演示线性域的使用方法。

01 单击工具栏中的【立方体】按钮■，在场景中创建一个立方体，在【属性】面板中将【尺寸.X】【尺寸.Y】【尺寸.Z】均设置为 20cm。

02 按住 Alt 键并单击工具栏中的【克隆】按钮■，添加"克隆"，在【属性】面板中将【数量】设置为 3、3、30，将【尺寸】均设置为 50cm，如图 17-21 所示。

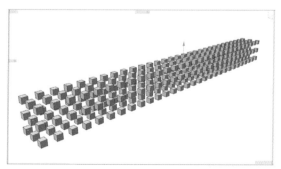

图 17-21　设置克隆

03 选择【运动图形】|【效果器】|【简易】命令，创建"简易"效果器，然后在【属性】面板中选择【参数】选项卡，取消【位置】复选框的选中状态，选中【旋转】复选框，将【R.H】和【R.B】均设置为90°，将【R.P】设置为360°，选中【缩放】复选框和【等比缩放】复选框，将【缩放】设置为-1，如图17-22所示。

04 按住 Shift 键并单击工具栏中的【线性域】按钮，添加"线性域"。在【属性】面板中将【方向】设置为 Z+，如图17-23所示。

05 在【对象】面板中选中"简易"，在【属性】面板中选择【域】选项卡，在【颜色】选项区域中设置颜色的 RGB 值为 R:255、G:13、B:173，如图17-24所示。

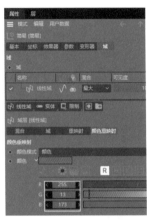

图 17-22　【参数】选项卡　　　图 17-23　设置线性域方向　　　图 17-24　设置颜色

06 使用【移动】工具 沿 Z 轴拖动场景中的"线性域"，效果如图17-25所示。

07 将"简易"效果器拖动至图17-25左图所示的位置，在【对象】面板中选中"克隆"，在【属性】面板中选择【坐标】选项卡，单击【P.Z】输入框左侧的 按钮，将其状态设置为 ，如图17-26所示。

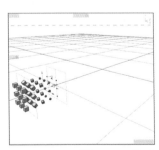
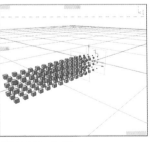

图 17-25　拖动"线性域"位置　　　　　　图 17-26　【坐标】选项卡

08 将【时间线】面板中的【时间线】滑块 调整至时间线的最后一帧，然后在【P.Z】输入框中输入 -500cm，并单击其左侧的 按钮，将其状态设置为 。

09 单击【时间线】面板中的【向前播放】按钮，即可观看动画效果。

17.3.2 球体域

使用"球体域"工具可以在场景中生成一个球形的衰减区域，如图 17-27 左图所示。

【执行方式】

□ 工具栏：单击工具栏中的【球体域】按钮 ◎ 。
□ 菜单栏：选择【创建】|【域】|【球体域】命令。

【选项说明】

创建"球体域"后，【属性】面板如图 17-27 右图所示。其中比较重要选项的功能说明如下。

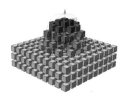 

图 17-27 球体域效果(左图)和【属性】面板(右图)

□ 类型：用于设置域的种类。
□ 尺寸：用于设置球体域的半径。

17.3.3 立方体域

使用"立方体域"工具可以在场景中生成如图 17-28 左图所示的方形衰减区域。

【执行方式】

□ 工具栏：单击工具栏中的【立方体域】按钮 ◎ 。
□ 菜单栏：选择【创建】|【域】|【立方体域】命令。

【选项说明】

创建"立方体域"后，【属性】面板如图 17-28 右图所示。其中比较重要选项的功能说明如下。

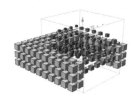 

图 17-28 立方体域效果(左图)和【属性】面板(右图)

□ 类型：用于设置域的种类。
□ 尺寸 .X/ 尺寸 .Y/ 尺寸 .Z：用于设置立方体域各个方向的尺寸。
□ 修剪到外形：选中【修剪到外形】复选框后，立方体域将自动与对象的大小匹配。

17.3.4　随机域

使用"随机域"工具可以在场景中生成一个立方体衰减区域，如图 17-29 左图所示。

【执行方式】

- 工具栏：单击工具栏中的【随机域】按钮▣。
- 菜单栏：选择【创建】|【域】|【随机域】命令。

【选项说明】

创建"随机域"后，【属性】面板如图 17-29 右图所示。其中比较重要选项的功能说明如下。

- 类型：用于设置域的类型。
- 随机模式：用于设置随机衰减的模式，包括【随机】【排列】【噪波】3 个选项。
- 种子：用于设置衰减的随机分布。
- 噪波类型：用于在"噪波"模式下设置噪波的类型，如图 17-30 所示。
- 比例：用于设置随机分布的全局比例。

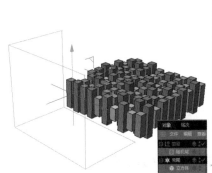

图 17-29　随机域效果(左图)和【属性】面板(右图)　　　图 17-30　噪波类型

视频讲解：制作奶酪模型

本例将通过扫码播放视频方式，介绍使用体积生成和随机域制作奶酪模型的具体方法。

第 **18** 章
角色和毛发

本章内容

    Cinema 4D 中的角色动画是一种高级动画，它可以为角色模型创建骨骼、蒙皮和肌肉，并为其控制权重和添加约束命令；而毛发系统则可以通过为模型制作生长毛发，使动画效果更加逼真。

18.1　角色与毛发概述

角色动画是指以人或物体为形态，产生动画的变化，其重在演绎角色情绪，动作习惯特征。角色动画的应用范围非常广泛，如广告设计、游戏设计、影视动画等。

毛发系统可以模拟布料、刷子、头发和草坪的效果，将毛发系统与动力学系统搭配使用，可以使作品的效果更加出彩；将引导线与毛发材质配合使用，则可以形成更加逼真的模型效果。

18.2　角色

Cinema 4D 提供了预置的骨骼系统，可以帮助用户快速创建一整套角色骨骼。在菜单栏中选择【角色】菜单命令，从弹出的菜单中用户可以使用系统提供的各种角色动画工具，如图 18-1 所示。其中重要工具的功能说明如表 18-1 所示。

表 18-1　Cinema 4D 的角色动画工具

工具名称	说　明
管理器	包含姿态库浏览器、权重管理器和顶点映射转移工具(VAMP)
约束	包含多个约束命令。可以将两个或两个以上对象之间的运动关系进行管理和关联
角色 /CMotion/ 角色创建	可以对角色骨骼系统进行创建和修改
关节工具 / 关节对齐工具 / 创建 IK 链 / 权重工具 / 镜像工具 / 命令 / 转换	主要用于创建关节骨骼及 IK 链等，使骨骼与骨骼之间产生联系
关节 / 蒙皮 / 肌肉 / 肌肉蒙皮	主要用于为角色对象创建关节、设置肌肉、进行蒙皮等操作
簇 / 创建簇 / 添加点变形 / 添加变换变形 / 衰减	主要用于创建与管理簇、添加变形和设置衰减

图 18-1　角色动画工具

下面将主要介绍角色与关节相关的工具。

18.2.1　关节

"关节"工具用来创建角色模型的关节和骨骼，"关节"模型由圆形的"关节"和椎体的"骨骼"两部分组成，如图 18-2 所示。

【执行方式】

□ 关节工具：按住 Ctrl 键的同时，在菜单栏中选择【角色】|【关节工具】命令，然后在场景中不同的位置单击鼠标，系统将自动创建关节及关节之间相连的骨骼。

□ 关节：在菜单栏中选择【角色】|【关节】命令，在场景中将创建一个关节，将关节复制多份，然后在【对象】面板中设置各个"关节"对象之间的层级关系，如图 18-3 所示，系统将自动在相互有关系的两个关节之间创建骨骼。

图 18-2　关节和骨骼

图 18-3　设置关节层级

【选项说明】

创建"关节"后的【属性】面板如图 18-4 所示，其中比较重要的选项功能说明如下。

□ 骨骼：用于设置骨骼生长的方式，包括【空白】【轴向】【自父级】【至子级】几个选项。

□ 轴向：用于设置骨骼生长的方向。

□ 长度：用于设置骨骼的长度。

□ 显示(【骨骼】选项组)：用于设置骨骼的显示方式，包括【无】【标准】【方形】【直线】【条形】【多边形】几个选项。

□ 尺寸：用于设置骨骼的粗细，包括【自定义】和【长度】两个选项，其中【长度】选项可以根据骨骼长度自动设置骨骼的粗细。

□ 显示(【关节】选项组)：用于设置关节的显示方式，包括【无】【轴向】【球体(线框)】【圆环】【球形】几个选项。

创建关节与骨骼后，用户可以使用移动工具、旋转工具和缩放工具对关节和骨骼进行调整，如图 18-5所示。

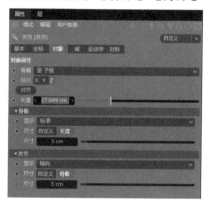

图 18-4　关节【属性】面板

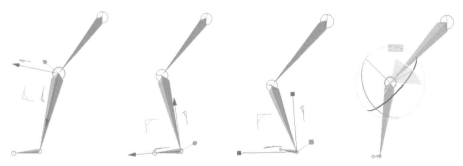

图 18-5　调整关节和骨骼

18.2.2 IK 链

IK 链用于为两个关节之间设置 IK 控制器，使两个关节之间的关联运动更加符合真实的运动效果，如图 18-6 所示。

【执行方式】

在场景中或【对象】面板中选中两个"关节"对象后(如图 18-7 所示)，在菜单栏中选择【角色】|【创建 IK 链】命令，即可在选中的关节之间创建 IK 链。

【选项说明】

创建 IK 链后，【对象】面板中将添加"关节 [数字]. 目标"对象，在【属性】面板中显示如图 18-8 所示的选项，其中比较重要选项的功能说明如下。

- 使用 IK：用于设置是否在两个关节之间使用 IK 链。
- IK 解析器：用于选择 IK 解析器的类型。
- 结束：用于设置 IK 控制器的结束端。
- 目标：用于设置 IK 链的控制目标。

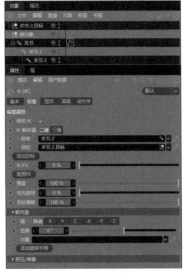

图 18-6　IK 链控制关节　　图 18-7　选择两个关节　　图 18-8　IK 链【属性】面板

实战演练：制作可控肢体

本例将通过制作一个简单的可控肢体，向用户演示创建关节、骨骼，并设置 IK 链的具体操作方法。

01 按住 Ctrl 键的同时选择【角色】|【关节工具】命令，然后在场景中单击鼠标，创建图 18-9 所示的关节与骨骼。

02 在【对象】面板中将"关节"重命名为"球窝"，将"关节 1"重命名为"屈戌"，将"关

节 2"重命名为"椭圆",然后按住 Ctrl 键选中"球窝"和"椭圆",在菜单栏中选择【角色】|【创建 IK 链】命令创建 IK 链,如图 18-10 所示。

03 在场景中创建一个长方体,并调整长方体的大小和位置,使其包裹创建的关节与骨骼,如图 18-11 所示。

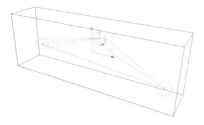

图 18-9　创建关节与骨骼　　图 18-10　创建 IK 链　　图 18-11　创建长方体

04 按 C 键将立方体转换为可编辑对象,然后单击工具栏中的【多边形】按钮,进入"多边形"模式,在场景中右击鼠标,在弹出的快捷菜单中选择【循环 / 路径切割】命令,对长方体进行分段切割,如图 18-12 所示。

05 切换至"点"模式,使用【框选】工具、【移动】工具和【缩放】工具调整切割线,使其如图 18-13 所示。

06 使用同样的方法进一步调整模型,使其效果如图 18-14 所示。

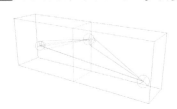

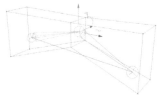

图 18-12　创建切割线　　图 18-13　调整切割线　　图 18-14　模型调整后的效果

07 切换至"多边形"模式,在【对象】面板中按住 Ctrl 键分别选中"屈成""球窝""椭圆""立方体",选择【角色】|【绑定】命令,创建"绑定",如图 18-15 所示。

08 在【对象】面板中选中"椭圆 . 目标",即可在场景中通过拖动控制球,调整肢体运动,如图 18-16 所示。

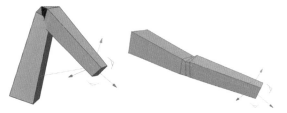

图 18-15　绑定关节与立方体　　图 18-16　控制肢体运动

18.2.3　角色

Cinema 4D 提供了预置的骨骼系统,可以方便用户快速创建一整套骨骼。

【执行方式】

在菜单栏中选择【角色】|【角色】命令后，在【属性】面板中单击【模板】下拉按钮，从弹出的下拉列表中用户可以选择不同类型的骨骼，如图 18-17 所示。

【选项说明】

在图 18-17 所示的下拉列表中比较重要选项的功能说明如下。

☐ Advanced Biped(高级骨骼)：用于创建完整的人体骨骼系统。

☐ Advanced Quadruped(高级四足动物)：用于创建完整的四足动物骨骼，如猫、狗、乌龟等。

☐ Biped(骨骼)：用于创建人体骨骼系统。

☐ Bird(鸟)：用于创建鸟类骨骼。

☐ Fish(鱼)：用于创建鱼类骨骼。

☐ Insect(昆虫)：用于创建昆虫骨骼。

☐ Mixamo Control Rig(控制装置)：用于创建人体骨骼。

图 18-17　角色模板列表

☐ Mocap(动作捕捉)：用于创建人体骨骼。

☐ Quadruped(四足动物)：用于创建四足动物骨骼。

☐ Reptile(爬行动物)：用于创建爬行动物骨骼。

☐ Wings(翅膀)：用于创建带翅膀类动物的骨骼。

18.3　毛发

Cinema 4D 的毛发系统包括毛发对象、毛发模式、毛发编辑、毛发选择、毛发工具、毛发选项，如表 18-2 所示。在菜单栏中选择【模拟】菜单命令，从弹出的菜单中可以看到这些工具，如图 18-18 所示。

表 18-2　Cinema 4D 的毛发系统工具

工具名称	说　明	
毛发对象	用于选择毛发对象，包括添加毛发、羽毛、绒毛 3 个工具	
毛发模式	可以切换毛发的模式，包括发梢、发根、点、引导线、顶点等工具	
毛发编辑	可以对已创建的毛发进行编辑处理	
毛发选择	包括框选、选集、实时选择等选择工具	
毛发工具	可以对毛发进行梳理、卷曲、修剪等处理	
毛发选项	包括对称、对称管理器、交互动力学 3 个工具	

图 18-18　毛发工具

下面将主要介绍毛发对象和毛发材质的【材质编辑器】窗口。

18.3.1　毛发对象

在菜单栏中选择【模拟】|【毛发对象】命令，从弹出的子菜单中可以选择毛发的对象，包括【添加毛发】【羽毛】【绒毛】3 个选项，选择【添加毛发】命令即可为对象添加毛发，添加的毛发对象将以引导线的形式呈现，如图 18-19 所示。同时，【材质】窗口中将自动创建一个"毛发材质"材质球(如图 18-20 所示)，双击该材质球在打开的【材质编辑器】窗口中可以对毛发材质进行设置，如图 18-21 所示。

  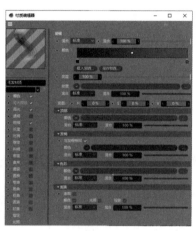

图 18-19　添加毛发　　图 18-20　【材质】窗口　　　　图 18-21　设置毛发材质

【执行方式】

选中对象后，在菜单栏中选择【模拟】|【毛发对象】命令，从弹出的子菜单中选择相应命令。

【选项说明】

在为对象添加毛发对象后，【属性】面板中将显示图 18-22 所示的选项。

1. 【引导线】选项卡

【引导线】选项卡(如图 18-22 左图所示)用于设置毛发引导线的相关参数，通过设置引导线可以改变毛发的生长形状。其中比较重要选项的功能说明如下。

- □ 链接：用于设置生长毛发的对象。
- □ 数量：用于设置引导线的显示数量。
- □ 分段：用于设置引导线的分段。
- □ 长度：用于设置引导线的长度(毛发的长度)。
- □ 发根：用于设置毛发生长的位置，包括【多边形】【多边形区域】【多边形中心】【多边形顶点】【多边形边】【UV】【UV 栅格】【自定义】几个选项。
- □ 生长：用于设置毛发生长的方向(默认为对象的法线方向)。

2.【毛发】选项卡

在【毛发】选项卡(如图 18-22 中图所示)中可以设置毛发生长数量和分段等。其中比较重要选项的功能说明如下。

- □ 数量：用于设置毛发的生长数量。
- □ 分段：用于设置毛发的分段。
- □ 发根：用于设置毛发的分布形式。
- □ 偏移：用于设置发根与对象表面的距离。
- □ 最小间距：用于设置毛发间距，也可以加载贴图进行控制。

3.【编辑】选项卡

在【编辑】选项卡(如图 18-22 右图所示)中可以设置毛发的显示效果。其中比较重要选项的功能说明如下。

- □ 显示：用于设置毛发在视图中显示的效果，包括【无】【引导线线条】【引导线多边形】【毛发线条】【毛发多边形】几个选项。
- □ 生成：用于设置显示的样式(默认为"与渲染一致")。

 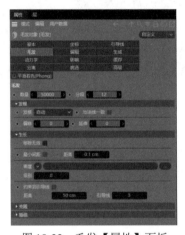 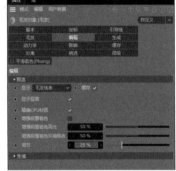

图 18-22 毛发【属性】面板

实战演练：制作毛绒文字

本例将通过制作一个毛绒文字，向用户演示为场景中的三维文字模型添加毛发的方法。

01 单击工具栏中的【文本样条】按钮 T，创建一个文本样条，在【属性】面板的【文本样条】输入框中输入 C4D，设置【水平间隔】为 -23cm，设置【字体】为"微软繁琥珀"，如图 18-23 所示。

02 按住 Alt 键，长按工具栏中的【细分曲面】按钮，从弹出的面板中选择【挤压】工具，添加"挤压"生成器，在【属性】面板中将【偏移】设置为 28cm，如图 18-24 所示。

03 在【对象】面板中选中"挤压"，按 C 键将场景中的立体文字 C4D 转换为可编辑对象，然后单击工具栏中的【边】按钮，进入"边"模式，如图 18-25 所示。

图 18-23　设置样条文本属性

图 18-24　设置挤压

图 18-25　进入"边"模式

04 按住 Shift 键的同时，长按工具栏中的【弯曲】按钮，从弹出的面板中选择【倒角】工具，添加"倒角"变形器，在【属性】面板中设置【偏移】为 3cm，如图 18-26 所示。

05 单击工具栏中的【多边形】按钮，切换至"多边形"模式，然后在场景中右击鼠标，从弹出的快捷菜单中选择【三角花】命令和【细分】命令，为模型增加布线，效果如图 18-27 所示。

06 选择【模拟】|【毛发对象】|【添加毛发】命令，为文字模型添加毛发效果，在【属性】面板中将【长度】设置为 10cm。按 Ctrl+R 快捷键渲染场景，效果如图 18-28 所示。

图 18-26　设置倒角

图 18-27　增加布线

图 18-28　渲染结果

视频讲解：制作毛绒玩具

本例将通过扫码播放视频方式，通过制作一个毛绒玩具模型，帮助用户进一步巩固为模型添加毛发的具体操作方法。

18.3.2　毛发材质

在创建毛发时，【材质】窗口中将自动创建如图 18-20 所示的"毛发材质"材质球，双击该材质球后，在图 18-21 所示的【材质编辑器】窗口中用户可以对毛发的颜色、高光、粗细、长度、集束、弯曲、卷曲等参数进行设置，下面将介绍其中比较重要的几个参数。

1. 颜色

【颜色】选项可以设置毛发的颜色及纹理效果，如图 18-29 所示。

【选项说明】

□ 颜色：用于设置毛发的颜色(通常用渐变色条进行设置)。

□ 亮度：用于设置材质颜色显示的程度。当设置为 0 时为纯黑色，设置为 100% 时为自发光效果。

□ 纹理：用于为材质加载内置纹理或外部贴图的通道。

2. 高光

【高光】选项用于设置毛发的高光颜色(默认为"白色")，如图 18-30 所示。

【选项说明】

□ 颜色：用于设置毛发的高光颜色(白色表示反光为最强)。

□ 强度：用于设置毛发的高光强度。

□ 锐利：用于设置高光与毛发的过渡效果，其参数值越大，边缘越锐利。

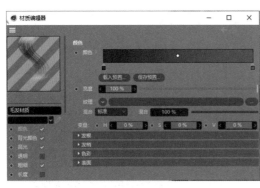

图 18-29　【颜色】选项

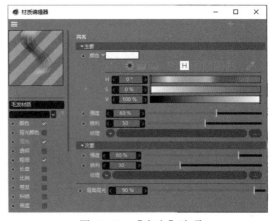

图 18-30　【高光】选项

3. 粗细

【粗细】选项可以设置毛发的发根与发梢的粗细程度，如图 18-31 所示。

【选项说明】

□ 发根 / 发梢：用于设置发根和发梢的粗细。

□ 变化：用于设置发根到发梢粗细的变化值。

4. 长度

【长度】选项可以设置毛发的长度及变化，如图 18-32 所示。

【选项说明】

- □ 长度：用于设置毛发的长度。
- □ 变化：用于设置毛发长度变化的数量。其参数值越大，毛发长度差距越明显。
- □ 数量：用于设置毛发长度进行变化的数量。

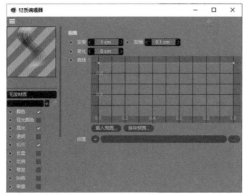

图 18-31 【粗细】选项　　　　　　图 18-32 【长度】选项

5. 集束

【集束】选项可以将毛发形成集束效果，如图 18-33 所示。

【选项说明】

- □ 数量：用于设置毛发需要集束的数量。
- □ 集束：用于设置毛发集束的程度。其参数值越大，集束效果越明显，如图 18-34 所示。
- □ 半径：用于设置集束的半径值。

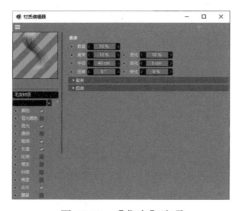

图 18-33 【集束】选项

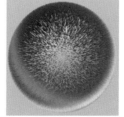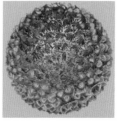

集束 =0　　　　　　集束 =30%

图 18-34 集束效果对比

6. 弯曲

【弯曲】选项可以将毛发形成弯曲效果，如图 18-35 所示。

【选项说明】

　　□ 弯曲：用于设置毛发弯曲的程度，如图 18-36 所示。

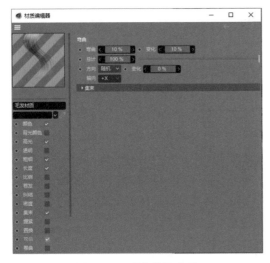

图 18-35　【弯曲】选项

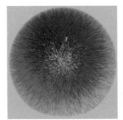 

弯曲 =30%　　　　　弯曲 =100%

图 18-36　弯曲效果对比

　　□ 变化：用于设置毛发在弯曲时的差异性。
　　□ 总计：用于设置需要弯曲的毛发数量。
　　□ 方向：设置毛发弯曲的方向，包括【随机】【局部】【全局】【对象】4 种方式。
　　□ 轴向：用于设置毛发弯曲的方向。

7. 卷曲

　　【卷曲】选项可以将毛发进行卷曲，如图 18-37 所示。

【选项说明】

　　□ 卷曲：用于设置毛发卷曲的程度。
　　□ 变化：设置毛发在卷曲时的差异性。
　　□ 方向：用于设置毛发卷曲的方向，包括【随机】【局部】【全局】【对象】4 种方式。

图 18-37　【卷曲】选项

视频讲解：制作毛发材质

　　本例将通过扫码播放视频方式，向用户演示通过制作毛发材质，改变毛绒文字与毛绒玩具的毛发效果。